国家重点研发计划"政府间国际科技创新合作"重点专项

港口防波堤强浪致灾机理及韧性提升关键技术合作研发

（项目编号：2022YFE0104500）

大比尺波浪水槽
试验模拟技术

陈松贵　段自豪　陈汉宝　著

SIMULATION
TECHNOLOGY FOR
LARGE-SCALE WAVE FLUME EXPERIMENTS

人民交通出版社

北　京

内 容 提 要

本书主要介绍了大比尺波浪水槽试验模拟技术,旨在为港口防波堤及海洋工程结构的设计与优化提供科学依据。全书共分 7 章,分别为绪论、水槽模型试验方法、水槽模型量纲分析、模型相似定律、近岸结构物模型、海洋浮体模型和泥沙输移模型。

本书可供从事海洋工程、港口建设及相关领域的研究人员和工程师阅读使用,也可作为海洋工程设计与试验的参考书。

图书在版编目(CIP)数据

大比尺波浪水槽试验模拟技术 / 陈松贵等著 .

北京 : 人民交通出版社股份有限公司, 2025. 7.

ISBN 978-7-114-20398-5

Ⅰ. TV139.2

中国国家版本馆 CIP 数据核字第 20250WV260 号

DaBichi Bolang Shuicao Shiyan Moni Jishu

书　　　名	:	大比尺波浪水槽试验模拟技术
著　作　者	:	陈松贵　段自豪　陈汉宝
责任编辑	:	姚　旭
责任校对	:	龙　雪
责任印制	:	张　凯
出版发行	:	人民交通出版社
地　　　址	:	(100011)北京市朝阳区安定门外外馆斜街3号
网　　　址	:	http://www.ccpcl.com.cn
销售电话	:	(010)85285857
总 经 销	:	人民交通出版社发行部
经　　　销	:	各地新华书店
印　　　刷	:	北京科印技术咨询服务有限公司数码印刷分部
开　　　本	:	720 × 960　1/16
印　　　张	:	15.5
字　　　数	:	264千
版　　　次	:	2025年7月　第1版
印　　　次	:	2025年7月　第1次印刷
书　　　号	:	ISBN 978-7-114-20398-5
定　　　价	:	88.00元

(有印刷、装订质量问题的图书,由本社负责调换)

前　　言

我国是世界上遭受海洋灾害影响最严重的国家之一。近10年的《中国海洋灾害公报》发布的权威数据显示,由近岸台风大浪直接导致的防波堤、护岸等损毁长度达3000km。随着全球气候变化,近年来港口防波堤、远海工程的破坏情况呈现逐年加剧趋势。然而,传统的设计方法未能考虑到结构在超越设计标准后的韧性水平。

现有规范主要着眼于结构在设计标准荷载下的安全性,对极端灾害作用后的性能劣化机理、残余承载能力评估及快速修复策略缺乏系统考虑。这种局限性导致许多工程在遭遇超设计标准的台风巨浪后,出现功能完全丧失且修复困难的情况,造成巨大的经济损失和次生灾害风险。

本书依托国家重点研发计划"政府间国际科技创新合作"重点专项"港口防波堤强浪致灾机理及韧性提升关键技术合作研发"(项目编号:2022YFE0104500)编写,并结合交通运输部天津水运工程科学研究院10年来在大比尺波浪水槽试验技术方面的积累,系统研究了近岸结构物理模型、海洋浮体模型和泥沙输移模型试验等领域的关键问题。本书基于模型材料强度等相似定律,提出了试验模型的建模及分析方法,并结合试验案例对关键因素进行了阐释。大比尺波浪水槽试验克服了比尺效应的影响,为相关学者进行类似试验提供了重要参考。

全书共分7章。第1章为绪论,简要阐述了目前海岸及海洋工程物理模型试验研究中的关键问题。第2章为水槽模型试验方法,介绍了物理模型试验的测试方法及数据分析方法。第3章为水槽模型量纲分析,介绍了水槽模型量纲的分析原理及方法。第4章介绍了模型相似定律。第5章介绍了近岸结构物模型,并给出了胶结抛石堤、直立式防波堤大比尺模型试验案例。第6章介绍了海洋浮体模型,描述了常规相似比尺和海洋环境荷载,给出了张力腿平台物理模型试验案例。第7章介绍了泥沙输移模型,包括推移质和悬移质模型,并给出了海床沙纹演变试验案例。

　　在撰写本书过程中,我们力求全面、准确地反映当前港口防波堤及海洋工程结构领域的试验研究进展和关键技术,以期为相关研究人员和工程师提供有价值的参考。然而,由于作者水平和时间所限,疏漏之处在所难免,敬请读者批评指正。

作　　者

2024年5月20日

目　录

1 绪　　论

随着海洋经济成为国家经济发展战略的重要组成部分,港口建设、航道整治、大型桥梁建设以及滩涂开发利用等涉水工程的实施成为推动海洋经济发展的关键。在这些工程中,水动力及泥沙问题作为决定工程成败的核心技术问题之一,对港口航道开发利用效果、港工建筑物结构稳定、围填造陆工程后期开发利用及海洋平台建设等方面具有深远影响。因此,对海岸及海洋工程问题的研究显得尤为重要。

目前,研究海岸及海洋工程问题主要依赖物理模型、数学模型和原型观测三种技术手段。物理模型,作为一种重要的研究方法,通过模拟与原型相似的边界条件和动力学条件,研究河口、海岸和海洋在天然或工程条件下的水流结构、河床演变以及工程方案治理效果,在我国重大复杂工程问题的研究中发挥了重要作用。物理模型的优势在于其无须对复杂的水沙动力过程进行简化假设,能够较为真实地反映水流、泥沙运动及其与建筑物的相互作用的规律。同时,模型的小尺寸使得数据收集更为经济高效,且试验控制程度高,能够模拟多变或罕见的环境条件,为研究人员提供直观的视觉反馈。

然而,物理模型也存在一定的局限性。由于比尺效应的存在,缩小比例的模型可能导致材料强度、表面张力、黏性力等变量与原型不成比例地变化,影响模拟结果的准确性。具体如下:

(1)传统上,模型试验通常在小比尺水槽中进行,通过相似比尺原理来模拟实际工程场景。然而,这种方法的局限性也逐渐显现出来,尤其是在材料强度相似性的处理上。由于小比尺水槽的尺寸限制,很难确保模型材料和实际工程材料在强度上完全一致,这就导致模型在承受波流作用时,其力学响应可能与实际工程结构存在显著偏差。这种偏差不仅影响了试验结果的准确性,也限制了模型试验在工程实践中的应用价值。

(2)珊瑚礁地形上的防浪堤是重要的防护建筑物,防浪堤在极端条件下不可避免地会发生越浪,防浪堤迎浪面的受力和越浪量的大小对珊瑚礁上的工程安全起到了决定性的作用。但由于珊瑚礁水深变化大、陡坡的地形特点,小比尺水槽试验很难同时满足模型尺寸和水深的要求,尺度效应影响严重。同时,极端波浪在珊瑚礁边缘破碎强烈,产生的波生流具有高流速、强紊动和大掺气的特点,采用基于弗劳德相似准则设计的常规缩尺物理模型试验无法同时满足表面张力、空气压缩、底摩阻等相似准则,导致在模型试验时气体体积模量比尺很难与长度比尺保持一致,进而产生了破碎波浪力的比尺效应,其结果无法直接推广到实际工程中。

(3)波浪-浮体试验多关注涡激振动和运动涉及结构的动态响应问题,其中惯性效应对于模型的振动特性至关重要。尺度缩小可能导致惯性效应的不同比例,从而影响试验结果,特别是在涉及高频振动时,较小的比尺模型可能无法捕捉到大尺度结构中存在的涡旋结构,以及结构高阶-多阶模态的振动现象。

(4)泥沙问题是海岸工程研究领域中较为复杂的问题之一。泥沙模型试验中,除重力相似条件外,摩擦力相似、黏性力相似也会对泥沙的起动、输移、沉降产生影响,同时受制于泥沙材料的不可压缩性,比尺效应的影响可能是显著的。例如,在动床冲淤验证试验中,水流结构及泥沙运动都不是严格相似的,另外输沙量比尺及河床变形时间比尺等目前尚无法正确计算,都要依靠验证试验来解决。

大比尺波浪水槽提供了更加真实的海洋环境,通过扩大试验尺度,有效地减小了比尺效应的影响,使得试验结果更具可靠性和适用性。为了在实验室中模拟更加贴近原型的物理模型试验,将试验结果直接推广到实际工程中,一些国际科研机构相继建成了大比尺波浪水槽,如表1-1所示。1979年,第一个大型波浪水槽——荷兰的三角洲水槽投入使用,随后是德国沿海研究中心的大比尺波浪水槽、日本海洋研究开发机构的大型波浪水槽设施等。这些大比尺波浪水槽常被应用于研究水沙与结构物相互作用、防浪建筑物冲击特性、海上风电设施稳定性、生态防护工程等方面。这些水槽具有先进的波浪生成和测量设备,各研究机构在指导和进行大型物理模型试验方面都积累了独特的方法和经验,为开展各类波浪与结构相互作用、水动力学等方面的试验提供了有力的技术支持,主要介绍如下。

全球大比尺波浪水槽情况   表1-1

所属国家或机构	长度 (m)	宽度 (m)	深度 (m)	最大造波能力 (m)	造波周期 (s)
中国交通运输部天津水运工程科学研究院	456	5.0	8~12	3.5	2~10

续上表

所属国家或机构	长度（m）	宽度（m）	深度（m）	最大造波能力（m）	造波周期（s）
德国汉诺威滨海研究中心	330	5.0	7.0	2.5	2~8
荷兰三角洲	300	5.0	9.5	4.0~4.5	1~15
中国台湾成功大学水工试验所	300	5.0	5.2	1.0	2.5~4.3
日本电力工业中央研究所	205	3.4	6.0	2.0	—
日本港湾空港技术研究所	184	3.5	12	3.5	6~8
北美环境水力学试验室（加拿大）	120	5.0	5.0	1.8	3~10
俄罗斯国立水文研究所	110	4.0	7.5	2.0	—
美国俄勒冈州立大学	107	3.7	4.6	1.7	0.8~12
西班牙加泰罗尼亚理工大学	100	3.0	4.5	1.5	—

1）中国交通运输部天津水运工程科学研究院大比尺波浪水槽

中国交通运输部天津水运工程科学研究院大比尺波浪水槽设计总长度456m，宽5m，最深处12m，如图1-1所示。按波浪的形成、试验、消波等分为造波机段、生波段、试验段、消波段。其中试验段水槽深为12m，从底面开始设有4m高的铺砂坑，标准试验水深为5m。水槽最大能产生3.5m的波浪，造波周期范围为2~10s。造波装置采用推板式造波板，用电动机带动齿轮和齿条的驱动方式，电动机采用4台403kW的交流伺服电机。造波板的前后都注水，采用背面平衡方式，最大冲程为±5m，采用位移控制，并且可以利用造波板前面的波高传感器所采集的波高信息，进行吸收式造波。造波板运动由内部软件控制，能够产生多种类型的波，从规则波和不规则波到自定义波，造波能力如图1-2所示。造流的环流装置由水泵、管路、廊道和控制设备组成。环流水路与水槽平行，长约100m，宽1.5m，高8.5m。其中，水泵部分的宽度为2m。环流水路的中央设置4台220kW的轴流可动翼式水泵，通过螺旋桨叶的倾斜角的变化来调节流量。正流方向最大流速为1m/s，流量为20m³/s，逆流方向的最大流速是正流方向的70%。进出水口经过试验验证采用底部出流方案，进出水口闸门的关闭采用油压式结构。

大水槽铺砂段位于水槽试验段部分，铺砂段长100m，砂层厚度为4m，铺砂段顶面距离水槽顶面为8m。沉砂坑位于水槽试验段后面,用于收集试验中水体所夹带的砂。铺砂段可以进行海洋地基冲刷、沙质地基液化等方面的模拟。

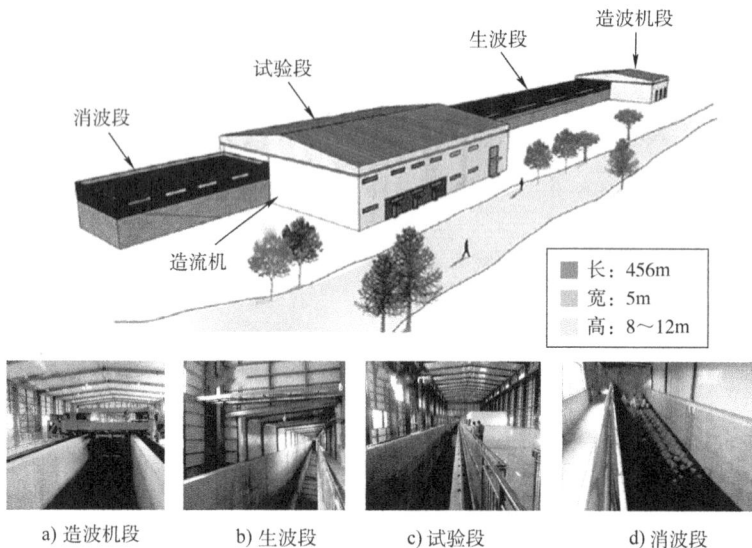

a) 造波机段   b) 生波段   c) 试验段   d) 消波段

图1-1 中国交通运输部天津水运工程科学研究院大比尺波浪水槽示意图

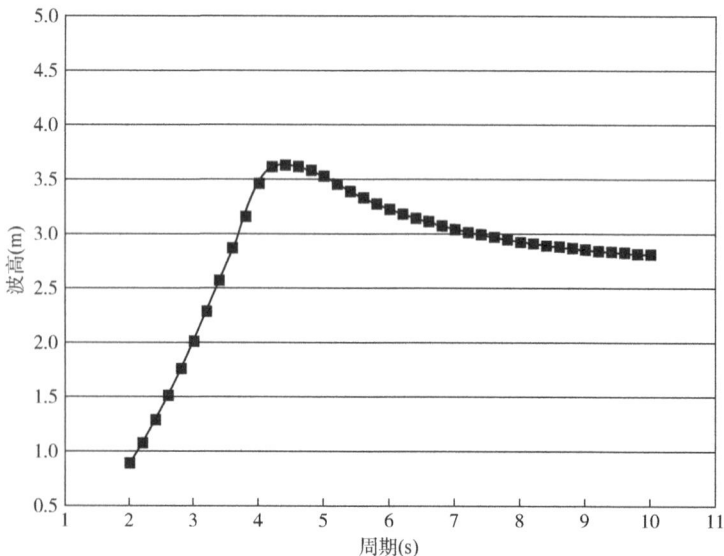

图1-2 造波能力(最大波高)曲线图(水深8m,推波板最大速度1.7m/s,推波板行程10m,功率1612kW,最大波高3.5m)

目前,大比尺波浪水槽配备1台20t桥式起重机,起吊重型机械及设备进入水槽,实现高效的模型安装和拆卸。水槽上方轨道安装有拖曳车,可实现最大4m/s的拖曳速度,进行船模测试试验。同时,大比尺波浪水槽拥有多种先进的测量设备,包括高精度波高传感器、单点及剖面流速仪、水下拉力传感器、大量程压力传感器、六分量力传感器、六分量位移传感器、光纤光栅应变传感器、Trimble三维激光扫描仪和Seatek高频超声波测距仪及水下高清摄像机等。

2)德国GWK水槽

德国GWK水槽是汉诺威莱布尼兹大学和布伦瑞克理工大学联合成立的滨海研究中心的关键设施。它长约300m,宽约5m,深约7m,被认为是世界上最大的同类设施之一。GWK活塞式造波机的最大行程为4.2m,最大能够产生2.5m的波高,最大有效波高(波谱)为1.3m,造波周期为2~8s,并配有主动吸波系统,以避免波浪在桨叶处产生不必要的再反射。该标准实现允许产生规则波、理论和测量的自然波谱、聚焦波和孤立波。在最大水深5m处,规则波的最大波高为2.1m。

3)荷兰三角洲水槽

荷兰三角洲水槽是世界最大的波浪水槽之一,长约300m,宽5m,高9.5m,造波机为活塞式波浪板造波机,配备主动吸收造波功能,以防止反射波重新反射到水槽中。可产生的最大有效波高约为2.2m,最大个别波高在4.0~4.5m之间,造波周期为1~15s。荷兰三角洲水槽的一个主要优点是进一步减小了规模效应,增加了雷达和激光系统,可以测量任何地点的波高。

4)日本港湾空港技术研究所水槽

日本港湾空港技术研究所大比尺波浪水槽的主体尺度为:长184m,宽3.5m,深12m,造波机为活塞式造波机,最大造波3.5m(3.5m其实仅为其设计造波能力,实际的造波能力为其设计值的1.1倍,即3.9m),造波周期为6~8s,采用吸收式无反射造波。造波类型为规则波和随机波,可产生2m/s的水流,此外还安装了一个可使喷砂层液化的渗流发生器,以及水槽侧面的大观察窗,允许观察水和喷砂层中发生的现象。模型比例尺为1:5~1:1的大比例尺试验可以在没有大比尺效应问题的情况下进行。

5)美国俄勒冈州立大学大比尺波浪水槽

美国俄勒冈州立大学大比尺波浪水槽是北美最大的波浪水槽,长107m,宽3.7m,深4.6m,造波机为推板式造波机,配备主动吸收造波功能,能够最大产生

1.7m的波高,造波周期为0.8~12s,造波类型为规则波、不规则波、海啸波等。

6)西班牙加泰罗尼亚理工大学水槽

西班牙加泰罗尼亚理工大学(UPC)海洋工程实验室(LIM)的大型波浪水槽是欧洲第三的大型波浪水槽,水槽尺寸为长100m,宽3m,深4.5m。造波系统基于楔形造波机,是这一尺寸等级中唯一一个具有清洁水、多个侧窗、光学试验段和动态吸收楔形桨叶的,特别适用于中深度波浪。它能够在试验段产生高度超过1.5m的波浪。造波类型主要为规则波和不规则波。

为了解决上述物理模型试验和实际工程中的关键问题,在中国交通运输部天津水运工程科学研究院大比尺波浪水槽内相继开展了考虑材料强度相似的胶结抛石堤试验、考虑比尺效应的波浪力冲击与掺气效应试验、全比尺浮式平台运动特性试验及海底沙床冲淤变化研究等,克服了比尺效应的影响,为相关研究和工程提供了可靠的依据。

可靠的试验结果需要精准的仪器和准确的测量方法及设计方案。本书接下来将对模型设计、测试及分析方法进行阐述,强调近岸结构物模型、海洋浮体模型和泥沙输移模型试验的一般方法,并结合相关案例对重点考虑因素进行分析。

2 水槽模型试验方法

2.1 实验室测量

物理模型试验可以直接反映自然界中真实的物理作用过程。在水利和海洋工程领域,进行了多年的模型试验,用于阐明在近岸及海洋中发生的各种现象的机制,如波浪、水流和海滩的演变。此外,在各种结构的设计中,模型试验被用于测试结构抵御波流的性能、确定最优方案等通用技术。最初,各种观测和测量都是通过在波槽中产生规则波来进行的,但随着人们越来越认识到波浪作用在海岸结构上的不规则性的重要性,开始使用不规则波来进行试验。与此相适应,发展了不规则波特有的试验方法。但是,如果没有可靠的方法来测量流体动力学过程的特征和随后的模型响应,那么大多数实验室研究将毫无意义。只有通过精确的测量,才能使用物理模型和实验室试验来支持理论或解决理论无法掌握的工程问题。例如,线性波理论在沿海工程中被广泛使用,是因为实验室测量表明它在其理论限制范围之外相当准确。此外,如果无法进行正确的测量,或者无法在正确的空间位置上测量正确的参数,则无法通过测量进行任何解释。高质量、准确的测量对于成功进行基础和应用工程的实验室研究至关重要。

实验室结果的可靠性通常取决于工程师对物理过程的理解以及实验室测试设备和仪器的能力和局限性。目前,工程师进行模型试验研究面临的主要挑战有:

(1)必须测量哪些物理参数才能对物理过程进行有意义的解释;

(2)应该在什么位置进行测量;

(3)什么仪器适合进行测量;

(4)如何确保测量的准确性和可靠性。

2.1.1 测量类型

每个物理模型试验都需要根据研究人员的目的进行设计,要测量的内容取决于以下一个或多个因素：

(1)测量能力；

(2)仪器的可用性和/或成本；

(3)可获得的熟练技术支持；

(4)可获得的分析测量方法；

(5)与以往研究保持一致；

(6)测量的可重复性。

在某些情况下，不能直接测量特定的物理量，在这种情况下，可以测量理论上与目标参数有关的数据。例如，直接测量波长可能很困难，因此通常测量波浪周期和水深，并根据色散关系计算波长。实验室测量值可以通过多种不同方式进行分类，主要分为以下五种：几何测量、流体特性测量、流体运动测量、力和输移测量、其他环境测量。

1)几何测量

几何尺寸与长度(或角度)的基本单位有关。典型的几何尺寸包括：

(1)原型边界或按比例缩放到模型尺寸的实体；

(2)相对于固定坐标系的模型中不同的位置和高程；

(3)静止水位；

(4)海平面高程(波动)的变化；

(5)动床和示踪模型的颗粒尺寸；

(6)浮体的位移；

(7)动床模型的底部变化；

(8)卵石结构轮廓；

(9)海滩或结构坡度。

2)流体特性测量

流体特性测量与流体的物理特性有关。常见的流体性质测量包括：

(1)流体温度；

(2)流体密度；

(3)盐度；

(4)动态和运动黏度；

(5)表面张力。

3)流体运动测量

流体运动测量涉及流体运动的运动学和动力学特性。常见的流体运动测量包括：

(1)流体速度；

(2)流体压力；

(3)波浪周期(或频率)；

(4)流量；

(5)波浪加速和越浪。

4)力和输移测量

力和输移测量涉及流体或重力对固体物体施加的静态和动态力。一些较常见的测量包括：

(1)石材或护面块体的力；

(2)结构上的波浪力；

(3)锚泊和系泊缆的载荷；

(4)混凝土块石的应变和应力；

(5)颗粒或沉积物的运输；

(6)沉积物下落速度；

(7)振动。

5)其他环境测量

其他环境测量包括前四类未涵盖的测量,例如：

(1)大气压；

(2)气温；

(3)空气湿度；

(4)风速；

(5)时间(与试验时间、可动床的演变等一起记录时)。

除了直接测量的试验特征外,还可以分析各种测量结果,以获得不易测量的其他参数。大多数"流体运动"和"力与运输"测量值是在流体状态下的某个点获得的。在许多情况下,数据以等间隔的时间增量收集,以在该时间点提供时间序列记录。如果要对流场进行空间描述,则需要多种仪器或重复试验。视觉和遥感技术可用于在某个时间点获取流场的"快照"。

2.1.2　仪器的选择

在实验室选择适当的仪器,以获得必要的测量结果。相反,尝试使用不当的仪器进行测量可能会损害试验或对结果产生怀疑。因此,研究人员应对可用仪器及其功能和局限性有充分的了解,则大多数沿海工程实验室研究将受益。

仪器的选择应在试验设计阶段进行,特别是对于一些本身需要嵌入模型中的仪器,例如压力传感器或应变仪。在计划的早期确定仪器的需求,将使得在仪器用于试验之前,有足够的时间进行维修、校准和测试。如果要使用新的或不熟悉的仪器,需要学习如何使用仪器进行可靠、准确的测量。在深入洞悉所研究过程物理特性的基础上,仪器选择的过程得以显著简化。这种深刻的理解为确立测量仪器所需满足的规范标准提供了坚实的依据,进而保障了测量数据的准确性和可靠性。具体而言,当面对如冲击垂直壁的波浪在极短时间内产生的冲击压力这一复杂现象时,对于测量仪器的要求尤为严苛。为确保测量数据的真实性和完整性,所选仪器必须能够迅速响应并记录这一瞬间的压力变化,同时避免在记录过程中产生不适当的压力时间历程失真。

实验室研究涉及静态量和动态量的测量。静态量(例如长度测量)或缓慢变化的量(例如稳定流速)相对容易测量,使用简单的仪器和测量技术即可获得可靠的结果。通常使用与计算机连接的专用电子设备来获取动态量(例如压力或力)和运动量(例如不稳定流量或湍流)的测量值。

2.1.2.1　选择因素

在选择与海岸工程相关的实验室试验仪器时,需全面考量以下(非穷尽性)关键要素:

(1)明确要测量的变量的确切类型与预期范围,以精准选取在既定测量范围内具有卓越响应性能的仪器。

(2)对目标变量预期的时间变化率有充分的了解至关重要,这将直接决定所需仪器的频率响应特性。

(3)了解预期记录的数据量(时间跨度或数据点数)至关重要,所选仪器与记录系统必须能够高效处理预计的数据流,并具备足够的存储容量。

(4)变量的最小空间覆盖范围决定了试验所需的最少仪器数量及必要的数据

通道数(假设为点测量),这对于试验设计的完整性至关重要。

(5)具备仪器与数据记录仪互换性的能力是一种优势,因为它允许通过备用仪器或传感器的快速替换来减少因设备故障导致的停机时间。

(6)确保传感器活动部件的固有频率远高于测量预期频率,以消除时间延迟并保障传感器与记录仪之间的准确放大。同时,评估传感器在流体中的安装座振动对测量的潜在影响是不可或缺的。

(7)仪器的物理尺寸与测量规模的比例至关重要。中型和大型试验需要更为坚固的设备,而小型试验则更倾向于选择小型且高精度的仪器。在所有情况下,都应尽量减少传感器对流体流动的干扰,同时确保数据分辨率充足。

(8)试验的特定物理几何形状可能会影响对特定类型仪器的偏好。

(9)评估仪器是否以适合预期数据分析方法的形式收集数据是选择过程中的重要一环。

(10)理想情况下,仪器应能明确标识可疑数据值,以确保数据质量的失真是显而易见的,而非难以察觉。

(11)在选择仪器时,操作成本、维护需求以及所需的专业技能始终是需要考虑的关键因素。

(12)与仪器操作有关的因素包括:

①仪器在预计的测量范围内的灵敏度;

②仪器的温度稳定性或进行温度补偿的能力;

③易于校准并且可以长时间保持校准的能力;

④仪器的准确性和可靠性;

⑤对加速度的响应可忽略不计;

⑥高分辨率和低噪声水平;

⑦测量范围内的非线性度低;

⑧滞后性和零位移小。

2.1.2.2 仪器组件

在深入探讨测量仪器的构造与功能时,可以将其解构为两大核心组件:一是换能器(或称传感器),它负责将待测物理量转化为可记录的信号;二是记录单元,负责捕获并存储这些测量值。除此之外,仪器还可能包含信号调节器,该组件负责以最小失真将机械或电子信号中继至记录设备;以及控制单元,其目的在于对仪器进行精准配置,并提升操作便捷性。以压力传感器为例,它能够感应静压与动压的组合,并将压力转换为模拟电信号。在信号传递至计算机系统记录之前,这些电信号可经过增强或调节,实现从模拟到数字的转换。通过应用预设的转换系数,电压值可准确转换为压力单位,确保数据的准确性。

大多数传感器所测量的属性与目标物理量具有某种相关性。弹簧秤便是典型的例子,它通过测量弹簧挠度来间接确定施加在秤上的力(即重量)。类似地,某些波表也通过监测电线电容的变化来推算水位变化。在这两种情况下,都需要通过已知的转换常数或校准过程来确定实际测量值与所寻求物理量之间的确切关系。

值得强调的是,传感器实际测量的物理量与所欲表征的物理量之间,必须存在明确的物理关系。以弹簧秤为例,弹簧挠度与施加重量之间的物理关系已被广泛认可,且在特定挠度范围内保持有效。

对于难以直接测量的物理量,通常需要寻找与之相关的、易于测量的物理量作为替代。这往往涉及对物理关系的假设,因此,除非经过严格验证,否则测量结果可能存疑。例如,线性波浪矿石的使用允许我们根据底部附近的波浪速度来估算海平面高程,但这种对应关系在波浪表现出强非线性时便不再准确。

在数据记录方面,既可以采用传统的日志记录方式,也可以采用最新计算机技术进行大规模、自动化的电子数据采集。模拟与数字数据记录是液压实验室中的主要记录形式。模拟记录器的一个典型例子是条形图,它通过墨水笔将连续数据绘制在图表上。然而,随着技术的进步,模拟记录器正逐步被数字记录器所取代,后者将模拟数据转换为电子数字格式,便于存储在磁性介质(如计算机磁盘、磁带等)上。这些数字记录器不仅提供了类似于模拟记录器的视觉输出,还具备数据处理的便捷性,为后续数据分析提供了有力支持。

在电子仪器中,信号调节器发挥着至关重要的作用,它负责将测量信号传递至记录仪,并为传感器提供精确的电压电平。信号放大和其他信号处理功能有时也被集成在信号调节器中。由于每种传感器都有其独特的信号调节需求,这些组件通常在仪器制造过程中进行匹配。信号调节单元的主要设计要求在于以最小失真来操作被测信号,确保数据的准确性。

仪器控制单元简化了实验室中仪器的配置与操作,同时提供了对错误输入的防护措施(如高压保护)和故障检测技术,确保测量结果的高质量。尽管仪器控制单元极大地便利了仪器的操作与数据管理,但研究人员仍需确保设备由专业人员正确操作,以保障测量数据的准确性与可靠性。

2.1.2.3　仪器操作

在实验室研究工作中,正确的仪器操作与选择合适的仪器同样至关重要。以下是推荐的仪器设置与操作步骤,以确保试验数据的准确性与可靠性:

(1)在操作电子仪器之前,应细致检查是否存在潜在的接地问题或仪器校准过程中可能未检测到的其他电气或机械相互作用。特别值得注意的是,线路噪声(如50/60 Hz)常常是影响实验室仪器准确性的重要因素。

(2)对仪器进行校准和测试,以验证其准确性和稳定性。这一步是确保测量数据准确的基础。

(3)在模型或实验室设施中进行初步测量,以验证仪器在特定位置和测试条件下能否正常运行。这有助于在实际应用前发现潜在问题。

(4)分析测量记录,评估数据质量。在这一步骤中,可能需要对仪器或数据收集参数进行必要的调整,以优化测量效果。

(5)尽管许多仪器操作相对简单,但初始设置和操作应由具备专业知识的仪器专家负责。这不仅是保障试验顺利进行的必要措施,也是培养其他仪器操作员的重要时机。

(6)定期操作仪器和设备的人员应具备足够的经验,以便能够及时发现仪器输出中的错误。

(7)持续的数据质量检查应纳入日常操作程序中。若需分析数据以确定其质量,这些分析工作应在数据收集后尽快进行(最好在同一天内完成),长时间等待可能导致数据质量的下降。

2.1.3　测量精度和误差

试验数据的准确获取与存储至关重要。应通过运用特定设备将所测量的试验数据以数字格式被精准地记录在存储介质中,来确保数据的完整性和可追溯性。在数据收集过程中,必须秉持严谨细致的态度,以确保能够精确捕捉目标现象的所有关键特征。此外,为验证数据的可靠性与可重复性,对在相同试验条件下进行的重复测量结果进行比对分析显得尤为重要。这种对数据的严格把控和深入分析,不仅有助于提升试验结果的准确性,更为后续的科学研究和工程应用提供了坚实的数据支撑。

2.1.3.1　采样间隔

试验数据可以通过模拟/数字(A/D)转换得到数字数据。由于该数据是通过对原本连续的模拟数据进行离散得到的,因此在处理时必须谨慎。例如,在测量波高时,为了准确地测量波,需要在一个波(一个波周期)中采集10~20个数据样本。此外,在测量波浪力、波浪压力等随时间变化剧烈的现象时,应通过将采样间隔缩短至1/1000s的单位来捕捉峰值。

2.1.3.2　测量时间

测量时间应根据目标确定。例如,在不规则波试验中确定显著波的规格时,应在测量时间内捕获100~200个波,以获得统计稳定的数据。此外,当检查消波混凝土块的稳定性时,例如,可能需要大约1000个或更多的波。当测量包含长周期成分的现象时,必须通过长周期确保足够的测量时间。

2.1.3.3　分析方法

对于水面高程数据的分析,常采用向上过零法和向下过零法两种方法。对于常规波浪,这两种方法所得的不规则波浪周期和高度典型值往往相近,向上过零法因其简便性和普适性而被广泛采用。在水深较浅的区域或冲浪带,向下过零法也具备其应用价值。

在向上过零法中,平均水位是通过统计所有测量数据得出的。当水面高程上升并首次与平均水位相交时,视为波浪的开始;当水面高程下降后再度上升,直至再次与平均水位相交,此周期即被定义为单个波浪的周期。而单个波浪内水面高程的最高点与最低点之差,即为波高。基于这些数据,我们可以进一步定义最大波(即最高波)、最高波的1/10值、显著波(最高波的1/3等)、平均波等关键参数。

当需要预测或评估波浪作用下平均水位的上升量时,通常会在波浪作用前进行预测,其值由波浪产生时测量数据的平均值与预测平均值的差值确定。计算平均水位上升的方法与从流速仪数据中求取平均流速的方法类似,体现了数据处理的一致性和科学性。

在确定流速的波动分量时,向上过零法与测波仪数据的处理方式具有相似性。然而,值得注意的是,向上过零法在处理波浪力和波浪压力数据时可能存在局限性。例如,当波浪压力表安装在防波堤沉箱静水面以上位置时,由于缺乏槽侧数据,过零概念可能无法直接应用。在此情况下,波浪计通常直接安装在沉箱等结构前方,用以测量波浪力和波浪压力。通过分析波浪计数据的零上交叉点,可以准确确定每波的开始和结束时间,进而检测该时间段内波浪力和波浪压力的最大值,并作为每波的局部最大值。

为了更全面地了解波浪力和波压的特性,通常会进行统计处理,整理出关键统计量。在分析过程中,应特别注意测量系统固有振动对测量数据的影响,尤其是在涉及冲击现象的情况下,这种影响更为显著。因此,在数据分析过程中,应采取措施消除这种影响,以确保测量结果的准确性和可靠性。

1)精确度

对物理量的测量在实验室试验或物理模型研究中扮演着至关重要的角色,它为我们提供了关于研究对象的物理过程中的关键信息。虽然简单直接的测量方法在某些基础试验中表现出高效和可接受性,但众多复杂试验的需求促使我们采用更为精密的仪器系统来进行测量。在任何情况下,测量的特性和可靠性均受到仪器所提供精度和准确度的直接影响,同时操作人员的可靠性和技能也扮演着不可或缺的角色。

"精度"通常用于描述在重复测量同一不变物理量时,各次独立测量值之间的相互一致程度。而"准确度"则关注的是测量值与真实值或理论值之间的接近程度。以装有静止水的波箱为例,若在箱底安装压力传感器进行重复的压力测量,我们可以基于这些测量值评估传感器的精度。然而,仅当我们将这些测得的压力值与基于理论计算或采用其他已知准确度的仪器测得的压力值进行对比时,才能准确判断用于静态测量的传感器的准确度。这一对比过程不仅有助于我们深入了解测量设备的性能,还为后续的数据分析和试验设计提供了宝贵的参考。

2)仪器校准

仪器的"校准"是确定仪器的输出信号与被测物理量之间的关系的过程。校准过程通常会在传感器的输出和物理量之间产生数学关系(最好是线性关系)。有些仪器在出厂时仅需要进行初始校准,而有些仪器则需要在环境条件发生变化或每次进行新试验时进行校准。高质量的仪器系统应该能够进行校准,以便其输出产生的答案在选定的工作范围内达到真实值的1%以内。

即使已知其性能良好,要求校准的仪器也应定期校准。尽管这似乎是在浪费精力,但在测量中获得安全性所带来的额外舒适感可以弥补不便之处。

3)测量误差

测量误差对实验室结果的影响程度取决于误差相对于其他试验误差的大小。如果特定的试验受到实验室和比尺的影响,这些误差源可能会导致变化远超任何仪器误差。例如,与测量的海滩剖面中的3%误差相比,动床模型中沉积物运移的缩放问题在已知情况下更容易对试验结果造成显著偏差。

在需要高精度的试验中,消除或减少测量误差尤为关键,这些误差应不受实验室条件和比尺效应的不利影响。以大规模波浪轨道速度测量为例,±1 cm/s的误差范围可能是可接受的,但在研究波浪引起的湍流的实验室环境中,同样的误差则无法接受。对于作为原型规模项目的小型物理模型实验室研究,Kamphuis的观点提供了重要的参考:"从仪器中输出的模型质量远超一般模型的能力,并受到规模和实验室影响的限制。"

量化测量误差对于建立实验室研究的可靠性至关重要,但这一过程可能颇具挑战性,因为测量中观察到的部分变化可能源于仪器外部的因素。例如,由于无法精确复制流动条件或某些流动问题固有的随机性,重复测量可能会产生差异。

当能够获得足够的重复测量次数时,可以在类似条件下操作时确定仪器的统计误差范围。此外,系统的测量误差通常由研究人员可控的某些外部因素导致,如仪器调整不当、传感器结垢、电气连接故障以及超出仪器工作范围的操作等。统计分析通常无法揭示系统性错误,因此消除错误的唯一方法是对仪器、试验装置和方法进行细致且持续的检查。

2.2　测量工具和技术

以下将详细概述在沿海工程研究中通常涉及的实验室测量技术,并对执行各类测量任务所需的仪器进行简要说明。

2.2.1　波高测量

实际上,所有沿海工程物理模型和实验室研究都具有某种类型的振荡波运动;

在绝大多数情况下,波浪是模型中最重要的强迫函数。振荡波随时间变化,不稳定,因此很难精确描述整个模型中的流体流动。但是,理论提供了一种方法,用于基于该位置海平面高程的变化来估计某个点的流浪特征。此外,许多经验设计程序都基于波场的统计参数。

海平面高程变化的测量通常称为波浪测量,用于获得测量值的各种仪器称为波浪测量仪。自模型首次以机械产生的波动为特征的时间以来,研究人员一直在某一点进行波浪测量。从那时起,波浪测量技术发展到了将可靠的波浪测量视为常规实验室功能的地步。波高是水工模型试验中经常测量的项目之一。通常使用电容式测波仪或伺服式测波仪进行测量。图2-1给出了电容式浪高仪中探头和主单元(放大器)的示例。探头安装在测量位置,利用探头的电容线与水之间的电容量随水位的变化而变化的事实来测量波高。伺服式测波仪驱动伺服电机,使针电极与地电极之间的电阻始终恒定,用电位器测量针电极的位置,作为水位的变化。

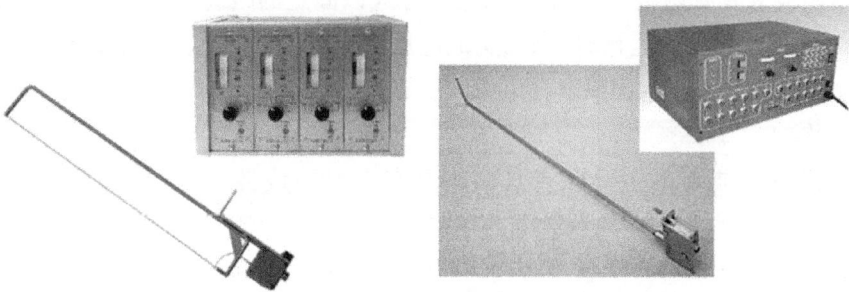

图2-1　电容式浪高仪

尽管规则波高和周期可以通过线性刻度尺和秒表来获得,但大多数研究要求更精确地测量海平面高程的变化。以固定的、短的间隔对海平面高程进行采样,可以在某个点上提供时间序列记录。这些记录揭示了波浪经过标尺位置时的形状和尺寸,并且可以使用时间序列的统计或频域分析来表征波浪。通常获得海平面高程作为电压(或频率)的模拟记录,然后将其转换为在数据点之间具有均匀间隔的数字时间序列记录。记录存储在计算机文件中,该计算机文件的"标题"包含足以将文件与特定浪高仪和试验编号链接的信息。具有数字形式的数据极大地方便了数据分析,并且提供了在计算机屏幕上显示实时数据的功能。

选择采样时间间隔以数字化海平面高程时,常见的经验法则是,必须在一个波长(时间等于一个波周期)上至少获得10个均匀空间样本的绝对最小值。更少的样本可能会错过波峰,特别是对于陡峭的波浪。对于典型的1s实验室电波周期,需要至少以10Hz的频率收集电波数据,通常大多数试验人员会以更高的频率(例如20~30Hz)进行采集。只要仪器系统具有足够的容量,较高的采集速率就能更好地描绘波形,并减少信号的混叠。

随着计算机技术的发展,视觉智能识别技术逐渐应用到水利工程领域。为了克服原有浪高仪只能进行单点时域测量的不足,交通运输部天津水运工程科学研究院建立了大水槽全域波浪测量系统,对大水槽中的波浪进行全域、实时的监测。通过高分辨率的摄像头和强大的图像处理算法,系统能够捕捉到波浪的每一个细微变化,并在三维空间中对其进行精确的定位和测量,最终实现任一点位的波高数据采集提取,进而完成波面的空间连续测量。

1)电阻波表

电阻波表具有两根平行的导线,这些导线以固定的距离分开并垂直于波的传播方向排列。当仪表运行时,高频交流电压会通过电线,并记录电线之间的电导率。测得的电导率与水面以下的电线长度成正比。通过水的电导率反映海平面高程的变化。

双线电阻波表的主要优点是该表具有良好的线性响应,并且可以实现约±0.1mm的分辨率。它还具有较低的建造成本和较长的使用寿命。该仪器的主要缺点是必须进行频繁的校准,因为水的电导率会随温度和溶解盐浓度的变化而变化。其缺点是线性范围小、辅助设备的成本高以及存在由于分开导线的有限距离而导致的波形失真。

2)电容波表

电容波表的传感器部分由一根细绝缘线组成,该细绝缘线被支撑杆拉紧。杆通常由具有最小横截面的不锈钢制成,以减少流动干扰。导线绝缘层在内部导线和作为"地面"的水之间充当电容器。如果导线绝缘层厚度均匀且无孔洞,则电容会随着海面高度的变化而线性变化。

单线电容波表的两个主要优点是:①该表可在合理的长度范围内表现出良好的线性和动态响应,因此可以用于相当大的波;②该表具有较好的耐久性,同时还具有波前受阻较小、波形不变形、建设成本低等优势。

3）浪高仪校准

电阻或电容波表在传感器输出与水位传感器上的水位高度之间呈现出一种线性或近乎线性的关系。这种关系的确立依赖于静态或动态"校准"浪高仪的精确操作。在静态校准过程中，浪高仪被垂直升降至已知增量的不同位置，相对于静止的水位进行校准，并详细记录每个位置的浪高仪输出。随后，通过数学曲线拟合技术，将记录的浪高仪输出与相应的高程长度单位进行关联，从而确定校准关系。理想情况下，这种关系呈线性，并采用最小二乘线性回归法来获取转换方程。然而，在某些情况下，为提升浪高仪校准的精度，采用高阶曲线拟合方法也是明智之选。

在静态校准过程中，确保水的稳定状态至关重要，因为即使是微小的水位波动也可能对仪表校准的精准性造成不利影响。因此，维护单个波表校准的详细日志是一项标准操作，这样的记录有助于仪器专家及时发现并应对仪表输出质量的下降趋势。对于大多数实验室模拟的波浪条件而言，电阻和电容波表所获得的静态校准通常被认为是充分可靠的。

动态校准则是通过将海浪表安装于可按照已知运动模式在水柱中上下移动的平台（如旋转磁盘）上来实现。动态校准过程中确定数学关系的方法与静态校准类似。其优势在于能够确保仪表准确感测并记录波动的海面高度，且校准过程中可估算出仪表的精度。换句话说，该仪表展现了对水位快速变化的良好动态响应。动态校准通常与现场仪器（如测量浮动物体加速度的仪器）相关，随后通过两次积分得到位移数据。

2.2.2 流速测量

小尺度实验室模型的核心优势之一在于其能够以显著缩小的尺度模拟并重现复杂的流体动力条件。然而，若要充分发挥这一优势、确保流量特性的有效应用，关键在于能否在适当的时间间隔内捕获精确的流速数据，且这个时间间隔应足以在模型尺度上捕捉到关键的时间动态。流体运动模式多种多样，可能呈现单向流动，也可能为振荡流，或两者兼有。尽管"单向"一词通常指代沿单一方向进行的流动，但在本书中，它亦适用于描述任何未发生流态反转的稳定或非稳定流动。沿海模型中单向流的实例涵盖了潮汐潮、潮汐流、沿岸流以及注入港口的河流等。

相较于周期性的单向流动，测量带有周期性流态反转的振荡流速度则显得尤为复杂。此外，湍流作为另一种重要的流动现象，在单向流和振荡流中均有可能发生,且可能出现在流体的边界区域或主体之中。测量这种快速波动的湍流速度,对试验仪器提出了极高的要求,既需保证测量精度,又不能对流动造成干扰。接下来,本书将简要探讨几种目前常见的流体速度点测量方法,这些方法在实验室环境中被广泛应用于获取流体动力特性的数据。

2.2.2.1 皮托管和流速仪

在单向流模型的情况下,有许多成熟的仪器和技术可以测量流场速度。皮托管已经在水力模型研究中使用了很长时间。皮托管由空心皮管制成,该皮管的大小可与皮下注射针管一样小,并且将它们放置在流中并进行定向,以便管末端的开口直接面对主流。将皮托管连接到压力传感器上可以测量该点的总水头。一些皮托管通过在管中设计一个不受流动影响的开口来消除总扬程中的静态分量。一旦总压头的动态成分被隔离,就可以用流速来表示。皮托管必须经过校准,并且其使用必须限制在校准范围内。由于流量头低,某些皮托管可能不适合低速流量,并且它们必须始终与流动方向对齐。

皮托管的优点包括制造成本较低和易于安装;主要缺点是对流动方向的敏感性较高,相对较小的流向变化或较小的对准误差可能会产生错误的速度。此外,皮托管的输出难以自动化。因此,皮托管最适合于稳定或准稳定流量的情况。

比较常用的单向流量测量设备是流速仪(图2-2)。这些仪器具有各种尺寸和配置,但都具有某种由流体流驱动的旋转叶轮。图2-2b)显示的螺旋桨式流速仪是利用旋转叶轮转动测量流量的一种设计。叶轮的旋转速度随流速而变化,通过校准程序建立转速与速度的关系来达到测量流速的目的。

通常,安装在旋转叶轮附近的传感器会"计数"给定时间范围内(由操作员选择)的转数,然后将此值输出到记录仪。接着使用适当的校准因子将读数转换为等效速度。需要注意的是,流体快速的波动(例如更大的湍流)导致短时间内叶轮无法即时加速,将会使得测量的数据不准确,同时,根据设计的不同,某些螺旋桨式流速仪也不适用于非常慢的流量测量。螺旋桨式流速仪的常见测量范围约为30mm/s~1.5m/s。螺旋桨式流速仪的优点包括其可测量不稳定流量以及可测量的流速范围宽;缺点包括操作时间平均长,以及小的纤维或毛发可能弄脏支撑叶轮的宝石轴承。

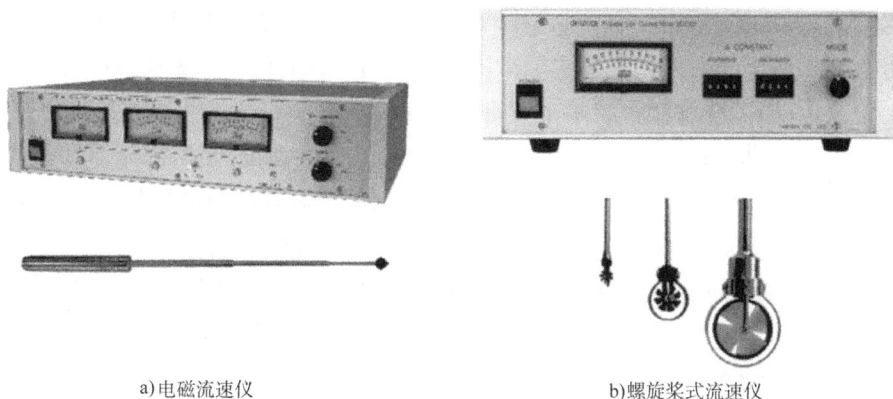

a)电磁流速仪   b)螺旋桨式流速仪

图2-2　用于流速测量的流速仪

2.2.2.2　多普勒流速仪

多普勒流速仪是利用超声波原理、多普勒效应来测量水的流速的仪器,通常称作流速仪传感器。超声多普勒流速仪是应用声学多普勒效应原理制成的测流仪,采用超声换能器,用超声波探测流速,如图2-3所示。测量点在探头的前方,不破坏流场,具有测量精度高、量程宽;可测弱流也可测强流;分辨率高,响应速度快;可测瞬时流速也可测平均流速;测量线性,流速检定曲线不易变化;无机械转动部件,不存在泥沙堵塞和水草缠绕问题;探头坚固耐用,不易损坏,操作简便等优点。

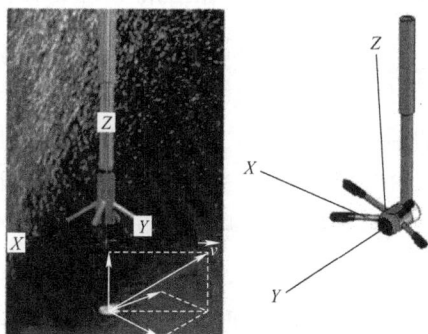

图2-3　超声多普勒流速仪

2.2.2.3　激光多普勒测速仪

激光多普勒测速仪(LDV)是一种非侵入式仪器系统,它将细光束聚焦在流中的某个点,并感测从流体携带的微小颗粒散射的光的频率。流中的粒子运动会导致散射光相对于入射光频率发生轻微的频移(多普勒频移)。假定质点以与水流相同的速度运动,多普勒频移频率将与质点速度成正比。

激光多普勒测速仪由四个组件组成:激光器、光学系统、光电探测器和信号处理单元。激光器提供了高度相干的光源,这是测量相对较小的多普勒频移所需的。激光器发射的光被光学系统分成两束平行光束,并由透镜聚焦到一点。在许多应用中,光学系统位于波纹管的外部,激光束穿过玻璃侧壁到达波纹管内部的焦点。不同的镜头用于获得不同的焦距,接收光学器件检测到散射的光。光电探测器将光信号转换为频率与粒子速度成比例的电信号。最后,信号处理单元将信号频率的变化转换为电压,然后将其转换为数字形式并存储在计算机磁盘上。

激光多普勒测速仪有两种基本配置。第一种配置是在前向散射 LDV 中,散射光被位于与激光源相对的波槽一侧的光学器件接收。这种配置在槽的两侧都需要玻璃侧壁,但是它的优点是可以使用低功率激光来获取高质量的数据,因为更多的光会向前散射。

第二种配置是后向散射 LDV,其中接收光学器件位于与发射光学器件几乎相同的位置。这种方法只需要一个玻璃隔板即可。但是反向散射光比向前散射的光弱得多,并且需要更强大(且更昂贵)的激光,因此反向散射光将具有足够的振幅,以被光电探测器检测到。

激光束非常细,光束交叉点占据的体积很小,这是速度的采样体积。在相交点获得的结果是速度矢量分量,该速度矢量分量位于与两个光束相同的平面中,并且垂直于将两个光束之间的角度二等分的线。通过聚焦另一对具有不同频率的激光束,可以获得在同一点的第二速度分量。通常,两对激光束彼此成直角。通过引入第三光束对可以获得第三速度分量。激光多普勒测速仪的主要优点包括:

(1)LDV 系统组件可以物理地位于流外部,因此不会干扰流。

(2)LDV 的采样量很小(小于 $1mm^3$),非常接近于速度的真实点测量。

(3)LDV 频率响应可能非常高(1000Hz 以上),可以测量非常快速的流量变化。

(4)LDV 能够区分测得的反向流动速度分量是正方向还是负方向。

(5)测量范围可以在 1mm/s~30m/s 或更高之间变化。

(6)LDV 的校准取决于光学器件的几何形状和激光器发射的光速,无须经验校准。

(7)使用不同的配置,可以在同一点测量流体速度的1、2或3个分量。

激光多普勒测速仪的主要缺点是成本高,严重限制了可以同时进行的空间测量的数量。研究人员通过重复精确控制的试验来解决此问题,以便在不同位置进行LDV测量。Buchhave、George和Lumley详细讨论了激光多普勒测速仪的理论方面以及测量的固有准确性和局限性。

上面列出的优点使激光多普勒测速仪非常适合于振荡流的二维水槽研究和流动湍流的研究。小采样体积和低速测量能力允许在层流或湍流边界层内进行测量。重复试验可以提供边界层轮廓的详细信息。湍流测量也可以在固体物体唤醒或逆流过程中获得。当前,激光多普勒测速仪已用于测量波峰中的波运动学。在这种情况下,在部分波周期中激光束不会被浸没;但是一旦将光束浸入水中,就可以获得高质量的速度数据,甚至可以测量模型块石堆结构空隙内的流动。

在激光多普勒测速仪发展的早期,研究机构建立了自己的LDV系统,这需要研究人员在光学、矿石和电子学方面具有高水平的专业知识(通常是博士或教授进行开发以支持他们的试验研究)。从那时起,LDV已经发展到现成的系统在准备运行配置中提供出色功能的地步。尽管新的LDV系统不需要开发者具备非常高的知识水平,但是成功的操作仍然取决于对仪器操作和功能的透彻了解。

现代LDV系统具有许多内置的防护装置,可保护操作员和旁观者免受高功率激光的伤害。不过,在进行激光多普勒操作时,必须格外小心,以防止眼睛受到激光束的直接辐射而永久受损。非侵入式流量测量是LDV系统的理想功能,但有时必须在远离玻璃侧壁的位置获得速度。例如,在实验室水池中,我们可能需要在模型中间某处测量两个或正交的水平速度分量。对于这些情况,LDV可以配备小型防水LDV光纤探头,并将其放置在流量中以测量速度。流动中探头的存在会引起一些干扰。但是,由于测量体积位于与探头相距一定距离的光束交叉点,因此在一定程度上减少了该影响。

在水利工程和海洋工程领域,激光多普勒测速仪是一种依赖流体中微小颗粒散射入射激光来测量流速的关键工具。当流体中自然存在的颗粒足够多时,LDV系统能够直接获得可靠的测量结果。然而,为了获取最佳测量效果,通常需要对流体中的颗粒进行调整,使其具有最佳的尺寸和适当的浓度。在实际操作中,常用的LDV水撒入颗粒包括浓度为10ppm的聚苯乙烯乳胶(其直径范围在0.5~50μm之间)、铝粉(直径小于10μm)和二氧化钛(直径范围在0.5~2μm之间)。这些颗粒的选择和浓度控制对于确保 LDV 系统的高精度测量至关重要。通过精心选择和调整这些参数,可以显著提高测量结果的准确性和可靠性。

2.2.2.4 粒子图像测速

粒子图像测速(PIV)是一种相对较新的非侵入性方法,用于量化非恒定流场。在这种技术中,将已经用荧光染料处理过的几乎中性的浮力颗粒掺入水中,用一片脉冲激光照亮浮力颗粒,并拍摄曝光时间超过激光片脉冲周期的照片。两次或多次曝光的照片将指示粒子行进的短路径,使用激光多普勒测速仪,可以建立速度的空间图,但前提是可以精确地重复多次流动条件。此外,粒子图像测速技术提供了一个时间点上速度空间变化的定量二维"快照",这对于研究复杂的流动现象和验证数值模型非常有用。

2.2.3 压力测量

在某些实验室试验中可能需要进行静态和动态压力测量。例如,我们可能对直立墙上的波浪引起的压力感兴趣,或者可能希望研究块石防波堤内或沙质前陆下方的孔隙压力。

静态压力(或稳定流量条件下的总压力)可以使用简单的仪器(例如 U 形管压力传感器)轻松测量。动态压力的测量是通过使用与适当信号调节单元连接的市售压力传感器来完成的。动态压力表必须提供压力的时间历史记录;在波浪撞击结构的情况下,为了捕获压力脉冲的形状,仪器可能需要以高达 1 MHz 的速率进行采样,并且失真很小。当然,以较慢的速率变化的压力不需要用于测量冲击压力的传感器的高频响应。

作用在结构上的力可以通过测量作用在整个防波堤上的力(波浪力)来测量,也可以通过测量任何位置的波浪压力来测量,如多分量测压元件用于测量波浪力。可以测量的项目包括水平力、垂直力和力矩。根据可测量分量的多少,有三分量测压元件(图 2-4)、六分量测力台(图 2-5)等。它安装在结构的表面,以测量作为压力波动的作用波压力。多分量测压元件和波浪压力传感器都是通过测量应变来提供物理量(波浪力)变化的测量仪器。

为特定应用挑选压力传感器时,首要考量因素在于确保所选仪器能够捕捉并准确反映预期测量范围内的压力信号。这一举措旨在保障所选仪器拥有足够的幅度范围和频率响应以满足试验需求。除此之外,还需综合考虑其他选择标准,诸如仪器尺寸、成本效益、耐用性以及可靠性等关键指标。

图2-4 三分量力传感器

图2-5 六分量测力台

针对压力表的准确性校验,可通过执行静态测试来初步评估。具体而言,可将压力表浸入已知深度的水体中,随后将其输出数据与通过理论计算得出的静态压力值进行对比。而对于动态响应的校验则较为复杂,通常需借助动态压力校准器等专用设备进行。这种专用设备能够模拟各种动态压力变化,从而更为精确地校验压力表的动态性能。

2.2.4 应变和力测量

波浪和水流对系泊船舶、漂浮防波堤、石油平台、码头以及混凝土块体单元等固体结构产生的力效应是结构设计和安全评估中不可忽视的重要因素。为了在实验室内精确模拟和研究这些力效应,采用先进的测量技术显得尤为重要。

首先,表面安装的应变仪是实验室中常用的工具之一,它能够直接测量结构构件在受力过程中的应变变化。然而,在实验室环境中,确保应变传感器及其连接线的防水性和保护应变传感器免受损坏是至关重要的一环。这些保护措施不仅确保了测量数据的准确性,还延长了应变仪的使用寿命。当固体物体由支撑物固定时,为了准确测量流体施加在物体上的总力,通常会在支撑物上安装测力传感器。其中,重力传感器是此类应用中的关键设备,它能够实时、准确地输出与总施加力相关的信号。通过将应变仪与金属薄条结合,可以构建出简单的重力传感器,实现对应力的有效监测。更进一步地,通过在重力传感器中布置多个以不同角度定向的应变仪,可以捕捉到更复杂的力效应,如弯矩和扭转等。

然而,为了确保重力传感器以及整个测量系统的准确性和可靠性,必须进行定期的校准工作。常见的校准方法包括逐步增加负载至最大负载,并随后逐渐卸载以检测是否存在滞后现象。对于需要更高精度的动态校准,则需要采用更为复杂和精确的方法。这些校准步骤对于确保试验数据的准确性和可靠性至关重要。

在应力测量领域,光纤光栅测量技术是一种先进的方法。光纤光栅传感器通过测量光纤中光栅的波长变化来感知应力的变化,具有高精度、高灵敏度和长期稳定性等优点。它能够在恶劣环境下长期稳定运行,且不受电磁干扰的影响。此外,光纤光栅传感器还可以通过复用技术实现多点同时测量,大大提高了测量效率。因此,在波浪和水流对固体结构产生的力效应研究中,光纤光栅测量技术具有广泛的应用前景。

2.2.5　运动量的测量

水中物体的运动量通常采用电磁运动跟踪测量系统测量,系统使用电磁场来确定远程目标的位置和方向,如图2-6所示。该技术由三个同心固定天线组成的发射器产生近场低频磁场矢量,然后用三个同心遥感天线组成的接收器检测磁场矢量。感测信号被输入到一个数学算法中,该算法计算接收器相对于发射器的位置和方向。该系统由一个系统电子单元(SEU)、1~4个接收器、1个发射器、1个电源和1根电源线组成。该系统能够在4个离散载波频率中的任何一个上工作。不同的载波频率允许同时操作4个空间传感器,传感器通过RS232和通用串行总线(USB)串行通信与主机接口。任何单个接收器都可以最快的更新速率(120Hz)运行;任何两个接收器的速率都是这个速率的一半,任何三个接收器的速率都是这个速度的三分之一,或者四个接收器的速率都是最快的更新速率的四分之一。所有活动接收器都以相同的更新速率运行,即一个不能比另一个运行得更快。

2.2.6　泥沙输移测量

实验室中的泥沙输移测量可根据泥沙运动的时间尺度分为两类。第一类测量关注于远超波浪周期的时间段内的平均沉积物传输速率。在此情境下,测量值并非直接表征沉积物的迁移速率,而是反映了在特定时间段内由于沉积物迁移导致的测量深度变化。

图2-6　FASTRAK三维运动量测量系统

　　对于陆上/离岸运输速率的确定,可通过测量配置文件并计算连续两次测量之间沉积物体积的变动来实现。此外,通过分析码头等沿岸障碍物处沉积物的累积情况,亦能间接推断出岸上的沉积物输移速率。而近岸运输速率的直接测量则可通过模型向下漂移边界处的圈闭方法实现。

　　第二类泥沙输移测量的时间尺度与波浪周期相当或更短,这些测量更接近于沉积物迁移的点样本,能够捕捉沉积物迁移的瞬时变化。然而,由于此类测量的复杂性,进行精确的沉积物迁移测量仍是一项极具挑战性的任务。因此,基础测量仪器的研发工作仍在持续进行。目前,大多数仪器开发活动都聚焦于测量悬浮沉积物的浓度。

　　在测量悬浮沉积物浓度的工具中,泵采样器是早期相对成功的工具之一。此设备通过泵送含泥沙的水样至样品瓶,进而分析并确定样品中的沉积物浓度,这一浓度值可代表进气管所在位置的沉积物浓度。然而,利用泵采样器技术测得的沉积物浓度仅代表整个采样时间内的平均值。为了更精确地测量小体积、高采样率的沉积物浓度,一些仪器设备采用了声学和光学技术,如交通运输部天津水运工程科学研究院自主研发的含沙量在线监测系统。

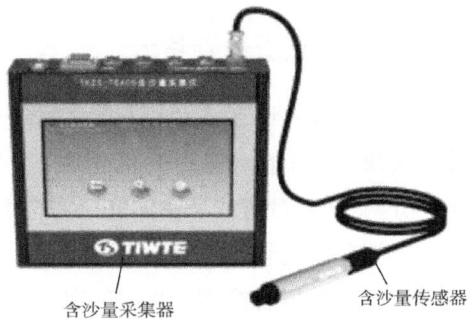

含沙量采集器　　　　　含沙量传感器

图2-7　含沙量在线采集系统

　　含沙量在线监测系统主要包括含沙量采集器、含沙量传感器两部分,如图2-7

所示,可实现5通道数据的实时同步测量。该仪器携带方便,使用便捷。含沙量采集器可用于接收5通道的4~20mA的传感器信号并自动计算出含沙量,将实时测量的数据通过窄带物联网(NB-IoT)无线通信方式传输至管理中心,也可本地查看实时测量的数据。

2.2.7　地形的测量

在动床模型中,重要的是用模型测深法定期测量来记录床的演化。一种方法是使用安装在移动小车上的手动指示器。该手动过程非常费力且费时,因此应尽可能使该过程自动化。可以通过缓慢地将水槽中的水排至已知深度并使用细绳在床的裸露部分标记水位线的位置来记录三维床高程轮廓。从头顶上拍摄轮廓可以记录下测深的变化。如果需要,可以使用常规的测量技术确定细绳的位置,也可以使用立体摄影方法记录和量化动床测深。通过开发各种自动分析仪器,使在波状水槽和水池中对可动床进行分析的任务变得更加容易。例如,红外线轮廓仪由伺服驱动的杆构成,该杆垂直移动,以将杆的底端保持在沙床上方一小段距离。当探头水平移动时,通过反射自底部的红外光束角度的变化可以感应到床高的变化。伺服系统通过向正确方向移动探针以跟随床进行响应。轴的垂直位置由电位传感器监控,该电位传感器可由控制仪器的计算机采样。可以通过串电位器或许多其他方法来提供水平坐标。此外,超声波和光学设备也已经被开发用于测量底床形态变化。

另一种轮廓分析仪设计使用电导率,其位于工作人员底部的两个电极之间,以将探头保持在沙床上方一小段距离。这种类型的探查器只能在水中工作,而红外探头则可以在水中和无水情况下工作。

2.2.8　视觉识别技术

随着计算机计算技术的发展,图像分析技术逐渐被应用到试验中,基于交通运输部天津水运工程科学研究院自主研发的视觉识别技术,对数据集进行训练,进行实例分割,最终对防波堤块体进行损伤识别。

实例分割的代表性算法是Mask R-CNN。在Mask R-CNN框架中,使用ResNet和FPN网络提取特征图。ResNet从下而上提取特征,而FPN使用ResNet在自上而下的路径中提取的特征。然而,在块体层图像中间的块被分割得很好,而那些在边缘的扭王字块被分割得不完全或不正确。此外,扭王字块分割与一般目标分割不同,这是由于扭王字块的密集放置,以及扭王字块之间的遮挡和重叠导致的。先前的研究采用了两种方法来解决这些问题。一种方法是构建特征金字塔,将低层次的高分辨率特征与高层次的丰富语义信息融合。另一种方法是通过增加分辨率来补偿小目标的损失。

通过分析 Mask R-CNN 的体系结构,设计了一种改进的注意引导增强特征金字塔网络(AEFPN)用于防波堤护面层破坏监测,其框架如图2-8所示。FPN通过自下而上的过程提取高级语义特征,使用线性插值对高级特征进行上采样,然后将它们与下一级特征横向连接起来。然而,在特征融合过程中,当通道数量减少时,FPN会丢失一些语义信息,而融合两个语义信息差距较大的特征不可避免地削弱了多尺度特征的表达性。为了解决这一问题,设计了 AEFPN 来在 FPN 上执行局部语义信息增强,从而实现 AM 模块和 SFE 模块功能,以及一个特征超分辨率(SR)模块功能。

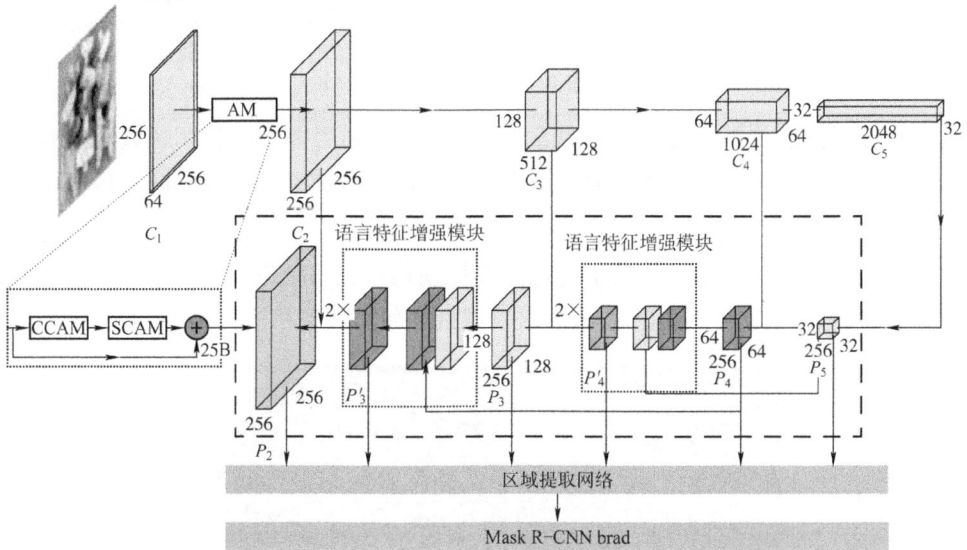

图2-8　注意引导增强特征金字塔网络(AEFPN)的体系结构

SBD2021上的分割结果如图2-9所示,其中奇数行说明了不同方法的分割结果,而偶数行表示局部放大的结果。如图2-9所示,虽然检测到了大多数块,但也忽略了少数块。在第一行中,扭王字块的分割效果从左到右不断提高。在 Mask R-

CNN下,浅色和深色线框中的扭王字块没有被完全分割。然而,在本研究提出的方法下,上述块被分割得很好。第三行显示了不完全块分割(深色框)和重复检测(浅色框)的情况。因此,提出的方法已经被证明可以提高扭王字块分割精度,减少扭王字块的重复识别。

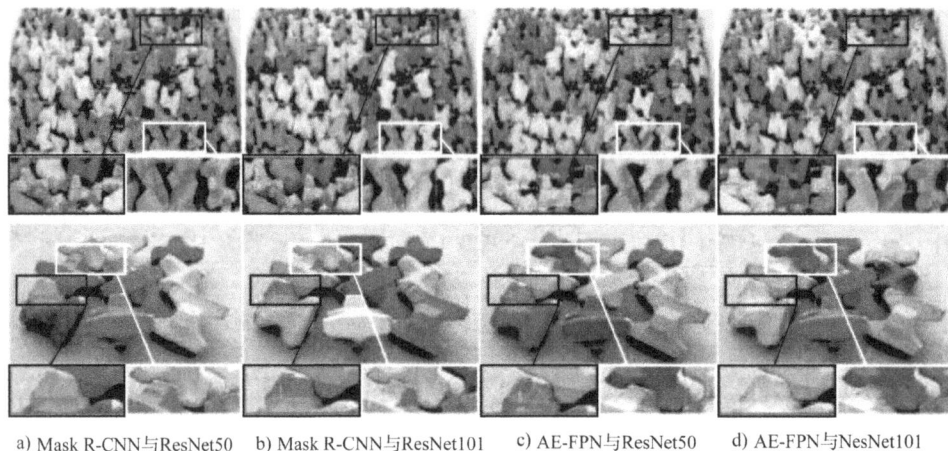

a) Mask R-CNN与ResNet50   b) Mask R-CNN与ResNet101   c) AE-FPN与ResNet50   d) AE-FPN与NesNet101

图2-9　防波堤护面层扭王字块在SBD2021上不同方法的分割结果

在获得防波堤护面层扭王字块的分割结果后,利用提出的破坏区域监测算法来进一步识别防波堤的破坏区域。该算法的目的是快速准确地找到防波堤护面层的破坏区域,并及时预警防波堤的破坏情况,使技术人员能够作出合适的决策,使损失最小。图2-10显示了算法的监测防波堤损伤区域的结果,从图中可以看到,相邻扭王字块的距离大于阈值时,系统自动识别并使用圆形框进行标记。

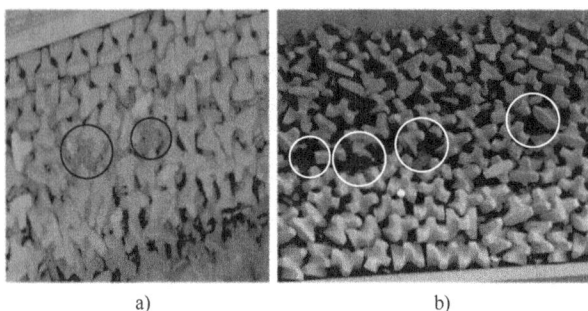

a)   b)

图　2-10

c)

图2-10　通过算法识别出的防波堤破坏区域

2.3　波浪数据分析

对在试验过程中收集的数据进行分析并将其转换为适合其预期用途的形式后,试验阶段即告完成。这并不一定意味着必须分析所有收集的数据。通常情况下,某些数据属于试验失败或本身就是有缺陷的数据,对这些数据进行分析毫无意义。在其他情况下,备用仪器可能已收集了与主要仪器相同的数据,并且只要主要测量的质量很高,就无须分析冗余记录。此外,试验过程中可能已经收集了一些数据,这些数据不是立即引起关注的,而是打算用于某些将来的应用程序。

分析的类型从简单到复杂,取决于特定的试验和研究人员的需求。最基本的分析只涉及将记录的数据转换成更有用的形式(例如,将数字波表电压转换为以工程长度单位表示的等效海平面高程)。更复杂的分析会应用数学关系和理论将数据从一种类型的数据转换为另一种类型的数据,包括将测得的海平面高程表示为概率分布,将模型测深转换为显示深度轮廓的地图,以及将测得的压力分布积分到结构上以获得力。

通常使用时域(统计)技术或频域(频谱)技术分析时间序列数据。

2.3.1　数据编辑

波浪数据编辑是一个可选过程,通过该过程可以手动或自动操作记录的波浪数据,以达到特定目的。执行数据编辑有以下几个原因:

(1)波形记录可能包含由于仪器或数据采集出现问题而引起的"毛刺"或"尖峰",因此在进一步分析之前,消除数据中的这些错误非常重要。

（2）由于仪器或模数转换，某些记录的波浪数据可能包含偏移，或者由于仪器漂移或实际水位变化而可能有缓慢变化的趋势。无论如何，如果按照预期的分析要求，则很容易从数据中删除这些偏移。仅当趋势在物理上是预期的或在数据中明显可见时，才应执行趋势消除。

（3）时间序列波记录有时会被"过滤"，以去除不必要的较高或较低频率分量，然后继续进行后续分析。例如，如果主要关注点是二阶绑定长波，则可以通过低通滤波器从信号中去除短波。类似地，可以使用高通滤波器消除较低的频率波动。

不管数据编辑是自动执行还是在人工监督条件下，目标都是将编辑可能对测量数据的准确性造成的任何负面影响降至最低。此外，最好保存原始的未编辑记录，以备将来使用。

2.3.2　时域（统计）分析

时域分析提供了具有代表性的波浪数据统计描述符，可用于沿海设计，尤其是在设计指南中使用的重要参数之间需要建立经验关系时。

与在频谱分析中使用的线性技术相比，时域分析以更直接的方式包括非线性波效应。因此，时域分析对于浅水浪很重要。时域分析主要用于海平面高程变化的记录。但是，这种分析方法也可以应用于任何随时间变化的数据记录，例如波轨道速度或压力。通常，分析时间序列波动数据的第一步是计算平均值并将其从时间序列中减去。

从时间序列数据可以获得两种类型的时域波统计数据。第一种使用海平面高程（h）的 N 个均匀间隔的值来计算与海平面高程有关的统计信息。通常可计算出以下统计数据：

平均海拔（如果尚未去除均值）：

$$\overline{\eta} = \frac{1}{N} \sum_{i=1}^{N} \eta_i \tag{2-1}$$

方差：

$$(\eta_{\text{rms}})^2 = \frac{1}{N} \sum_{i=1}^{N} (\eta_i - \overline{\eta})^2 \tag{2-2}$$

偏度：

$$\sqrt{\beta_1} = \frac{1}{(\eta_{\text{rms}})^3} \cdot \frac{1}{N} \sum_{i=1}^{N} (\eta_i - \overline{\eta})^3 \tag{2-3}$$

峰度：

$$\beta_2 = \frac{1}{(\eta_{\mathrm{rms}})^4} \cdot \frac{1}{N} \sum_{i=1}^{N} (\eta_i - \overline{\eta})^4 \qquad (2\text{-}4)$$

式中，N 为变量个数；η_i 为海平面高程。

海平面高程也可以用高斯（或正态分布）表示为概率分布，即：

$$p(\eta) = \frac{1}{\sqrt{2\pi}\,\eta_{\mathrm{rms}}} \exp\left[-\frac{1}{2}\left(\frac{\eta - \overline{\eta}}{\eta_{\mathrm{rms}}}\right)^2 \right] \qquad (2\text{-}5)$$

从波浪时间序列记录中提取的另一种时域统计信息与记录中包含的各个波浪有关，通过对具有零均值的时间序列执行的"零交叉"分析来确定各个波。每个波浪被定义为时间序列相对于零海拔的两次连续"下交"或两次连续"上交"之间的海面海拔变化。通过下交方法定义的波由波峰后跟波谷组成，而上交波-波峰后由波谷组成。

波浪高度被视为波峰（波浪的最高高度）与波谷（波浪的最低高度）之间的总垂直距离。如果以足够高的速率对波浪数据进行采样，则可以将波峰和波谷高程作为最高和最低数据值。将样条曲线拟合为波峰和波谷区域中的数据点，可以获得波峰和波谷高度的更精确的近似值。零交叉之间的时间是与波浪相关的波浪周期，并且可以将该时间段估算为与最接近零交叉位置的海拔相关的时间差。通过将曲线拟合到跨越零交叉点的数据点，确定零交叉点的时间，可以获得更精确的波浪周期估计。

如果波形记录包含高频波动，除非采取某些预防措施，否则在计算机分析期间可以将其定义为单独的波动，因此会出现零交叉分析的常见问题。通常的解决方案是过滤掉高频信号，只留下那些代表重力波运动的变化，并确定在计数另一个零交叉点之前必须超过的阈值升高水平。滤波参数和阈值标准是主观的，可能需要进行调整，以使其结果与手工分析的波记录相比较。

通过零上交或零下交方法描绘了单个波浪之后，可以使用波浪高度和相应的波浪周期来计算各种统计量和概率分布。由 N 个波浪确定的常用报告波浪统计信息包括：

平均波高：

$$\overline{H} = \frac{1}{N} \sum_{i=1}^{N} H_i \qquad (2\text{-}6)$$

均方根波高：

$$H_{rmx} = \sqrt{\frac{1}{N}\sum_{i=1}^{N}H_i^2} \tag{2-7}$$

平均波浪周期：

$$\overline{T} = \frac{1}{N}\sum_{i=1}^{N}T_i \tag{2-8}$$

式中，H_i 为第 i 个入射波高；T_i 为第 i 个入射波周期。

还有许多其他时域统计信息可以根据海平面高程的时间序列确定。例如，跨零点波可以表示为波高和波周期的单独概率分布，也可以表示为波高和周期的联合概率分布（瑞利分布），即：

$$p(H) = \frac{2H}{H_{rms}^2}\exp\left[-\left(\frac{H}{H_{rms}}\right)^2\right] \tag{2-9}$$

以上已被证明是不规则波高的良好一阶表示。瑞利分布具有一个拟合参数，即 H_{rms}，而其他分布（例如 Weibull 分布）具有多个拟合参数。

2.3.3 频域（频谱）分析

现代计算机的出现使时间序列数据的频域分析成为一种相当简单明了的过程，沿海设计中使用的一些最常见的波浪参数源自频域分析的参数。使用傅里叶分析技术在频域中分析波浪数据时，须假设波浪时间序列是许多正弦波分量的线性叠加。

波形记录的傅里叶分析（或频谱分析）通常从某种类型的滤波或窗口化开始，以将能量的溢出局部化为其他频率。然后，使用傅里叶变换从时间序列记录中估计能谱。该过程会产生实数和虚数傅里叶分量，将它们平方并求和以给出方差谱。最后，对正频谱范围内的双面频谱部分进行归一化。

傅里叶变换可以立即应用于整个时间序列记录，也可以将记录细分为多个等长记录，并分别进行分析（威尔士方法）。使用前一种技术，可以对几个相邻频率的频谱估计值进行平均，以提供更高的频谱估计稳定性。在后一种方法中，对来自所有较短段的每个频率处的频谱估计值进行平均。两种方法通常用于频谱波分析。如果从几个相邻的波表收集了数据，则可以对数据执行互谱分析，以提供记录之间互相关的指示。

用于频谱分析的波形记录应尽可能长,以实现更好的频谱分辨率。时间序列中样本之间的时间间隔 Δt 也非常重要,因为它确定了由式(2-10)给出的奈奎斯特频率 f_N:

$$f_N = \frac{1}{2\Delta t} \tag{2-10}$$

频率等于奈奎斯特频率的波分量以每波两个高程的速率采样,并且任何频率大于 IN 的波中包含的能量都"折回"到频谱中,就像频率轴被折回一样在 f = IN。这种现象称为"锯齿"。

根据频谱分析确定的两个最常用的参数是峰值频谱周期 T_p 和零矩波高 H_{m0}。峰值频谱周期 T_p 是与包含单峰频谱中最大能量的频谱能带相关的周期。峰值频谱周期通常用于简单设计公式中。

定义零矩波高为:

$$H_{m0} = 4\sqrt{m_0} \tag{2-11}$$

其中,m_0 是能量谱下的面积(谱的零矩),即:

$$m_0 = \int_{f_L}^{f_H} S_{\eta\eta}(f)\mathrm{d}f \tag{2-12}$$

式中,$S_{\eta\eta}(f)$ 是连续能量谱密度;f_L、f_H 分别是频谱的上限和下限。深水中的窄带光谱 H_{m0} 大约等于有效波高($H_{1/3}$),因此,H_{m0} 通常被称为"显著波高"。然而,这一命名在浅水环境中可能引起混淆,因为波浪的非线性特性会导致 H_{m0} 与 $H_{1/3}$ 之间存在显著的差异。在浅水条件下,波浪的变形和破碎等非线性效应显著增强,从而影响了波浪高度的统计特性和频谱特征。因此,在涉及浅水环境时,使用"显著波高"这一术语来指代基于频谱的 H_{m0} 或基于统计的 $H_{1/3}$ 时,必须格外审慎,以避免混淆和误解。在学术研究和工程实践中,应明确区分两者,并根据具体的应用场景选择合适的参数进行描述和分析。

2.3.4 方向光谱分析

由于必须分析来自多个波向表的时间序列,因此使用频域分析对方向性光谱进行激发较为实际。假设定向的、不规则的海况频谱分量是一维能量频谱密度乘以"扩展函数",即:

$$S_{\eta\eta}(f,\theta) = S_{\eta\eta}(f) \cdot D(f,\theta) \tag{2-13}$$

扩展函数 $D(f, \theta)$ 必须满足要求:

$$\int_{-\pi}^{\pi} D(f, \theta) \mathrm{d}\theta = 1 \qquad (2\text{-}14)$$

以下方法可用于分析多个量阵列的定向光谱:

(1)直接傅里叶变换法:其方向光谱是从两个或更多浪高仪对之间的交叉光谱的傅里叶变换估计的。

(2)参数化方法:参数化方法采用特定的方向扩展公式,例如截短的傅里叶级数或余弦平方函数。

(3)最大似然法(MLM):MLM的原理是最小化估计光谱与真实光谱之间的差异方差。这种方法之所以受欢迎,是因为它比直接傅里叶变换方法和参数方法具有更好的方向分辨率。

(4)傅里叶矢量法:该方法通过测量海面高程和波浪轨道速度来计算振幅、相位和方向。

(5)最大熵方法(MEM):MEM是一种迭代方法,它在每个频率 f 下,在 θ 的范围内最大化 $D(f, \theta)$ 和 $\ln\left[D(f, \theta)\right]$ 的积分。MEM比MLM具有更好的方向分辨率。

在实验室中模拟定向海况的目的是复制自然发生的海况。然而,波产生技术只能再现相对少量的频率分量,并且方向扩展是预定的。因此,可以合理预期分析的实验室方向光谱通常比相应的现场光谱更平滑。但是,多方向海浪的多方向波浪产生和频域分析仍是活跃的研究领域,将来对这两种技术进行改进也是非常必要的。

2.4　波浪反射分析

在海岸物理模型试验中,波浪通常被海滩、海岸结构、漂浮或浸没的物体以及模型边界反射,除非采用某种主动吸收技术,否则在实验室研究中难以正确地反演波浪反射,并且反射波的复杂性会在波板上重新反射。

在许多实验室研究中,希望将测得的波列分为入射波分量和反射波分量,以便模型响应可以与入射波场的参数相关。当前,人们已经开发出用于解决二维实验室波道中入射波和反射波列的分析方法。

2.4.1　规则波反射分析

部分反射的正常入射波,即那些不间断且呈现规则波动的反射波,可以通过一阶波动理论的数学表达式来进行精确描述。

$$\eta(t) = a_{\mathrm{I}} \cos(kx - \sigma t + \epsilon) + a_{\mathrm{I}} K_{\mathrm{R}} \cos(kx + \sigma t + \epsilon + \theta) \qquad (2\text{-}15)$$

式中,$\eta(t)$为海面高度;a_{I}为入射波振幅;k为波数;x为水平位置;σ为角波频率;ϵ为任意入射波相位角;K_{R}为反射系数($K_{\mathrm{R}} = a_{\mathrm{R}} / a_{\mathrm{I}}$,其中$a_{\mathrm{R}}$是反射波振幅);$\theta$为反射相移。式(2-15)是沿正$x$方向移动的规则入射波,第二项是沿相反方向移动的反射波。如果$K_{\mathrm{R}} = 1$,则入射波将被完全反射;如果$K_{\mathrm{R}} < 1$,则将部分反射。

入射波和反射波的相互作用产生了一个驻波图,其特征是包络具有均匀的最大值和最小值,它们之间的距离为$L/4$,其中L为波长。在等式中扩展三角函数(2-15)和重新排列给出:

$$\eta(t) = a_{\mathrm{I}}\big[\cos(kx + \epsilon) + K_{\mathrm{R}}\cos(kx + \epsilon + \theta)\big]\cos\sigma t +$$
$$a_{\mathrm{I}}\big[\sin(kx + \epsilon) - K_{\mathrm{R}}\sin(kx + \epsilon + \theta)\big]\sin\sigma t \qquad (2\text{-}16)$$

通过定义:

$$A\cos\beta = \big[\cos(kx + \epsilon) + K_{\mathrm{R}}\cos(kx + \epsilon + \theta)\big] \qquad (2\text{-}17)$$

$$A\sin\beta = \big[\sin(kx + \epsilon) - K_{\mathrm{R}}\sin(kx + \epsilon + \theta)\big] \qquad (2\text{-}18)$$

进一步地:

$$\eta(t) = a_{\mathrm{I}} A \cos(\sigma t - \beta) \qquad (2\text{-}19)$$

系数A通过对方程进行平方得到:

$$A = \sqrt{1 + K_{\mathrm{R}}^2 + 2K_{\mathrm{R}}\cos\big[2(kx + \epsilon) + \theta\big]} \qquad (2\text{-}20)$$

$$\tan\beta = \frac{\sin(kx + \epsilon) - K_{\mathrm{R}}\sin(kx + \epsilon + \theta)}{\cos(kx + \epsilon) + K_{\mathrm{R}}\cos(kx + \epsilon + \theta)} \qquad (2\text{-}21)$$

用等式代入系数A,得到入射波和反射波的叠加形式,即:

$$\eta(t) = a_{\mathrm{I}}\sqrt{1 + K_{\mathrm{R}}^2 + 2K_{\mathrm{R}}\cos\big[2(kx + \epsilon) + \theta\big]}\cos(\sigma t - \beta) \qquad (2\text{-}22)$$

包络的最大波高出现在驻波系统的波腹处:

$$\cos\big[2(kx + \epsilon) + \theta\big] = 1 \qquad (2\text{-}23)$$

其幅度为幅度的两倍,或者:

$$H_{\max} = 2a_I\sqrt{1 + 2K_R + K_R^2} \text{ 或} H_{\max} = H_I(1 + K_R) \tag{2-24}$$

其中入射波高定义为 $H_I = 2a_I$。同样,包络的最小波高出现在驻波系统的节点:

$$\cos\left[2(kx + \epsilon) + \theta\right] = -1 \tag{2-25}$$

其值为:

$$H_{\min} = 2a_I\sqrt{1 - 2K_R + K_R^2} \text{ 或} H_{\min} = H_I(1 - K_R) \tag{2-26}$$

进一步地:

$$H_1 = \frac{H_{\max} + H_{\min}}{2} \tag{2-27}$$

反射系数为:

$$K_R = \frac{H_{\max} - H_{\min}}{H_{\max} + H_{\min}} \tag{2-28}$$

移动量规法一种用于估计规则波反射的通用方法,包括测量驻波包络的最大值和最小值。应用该方法需要沿着平行于波传播方向的线在波槽中缓慢移动波导管,以便测量波包络的最大值和最小值。在不使用主动吸收波板的情况下使用移动浪高仪方法时,波槽必须足够长,以留出足够的时间来完成测量,否则反射波会被波板重新反射并返回测量区域。

使用固定波列来确定波反射比移动单个波列更可取,包括三种方法,可以为规则波确定三个未知参数$(a_I、K_R、\theta)$。下面列出了这些方法以及测得的波参数:

(1)方法Ⅰ:测量两个波高和一个相位角的两个固定波探头;

(2)方法Ⅱ:测量三个波高和两个相位角的三个固定波探头;

(3)方法Ⅲ:三个固定测量三个波高的波探头。

前两种方法最初是针对不规则波开发的,但它们可以应用于规则波。方法Ⅱ提供的已知信息多于未知信息,这允许对结果进行最小二乘拟合。第三种方法避免了测量波列之间的相移。敏感性分析表明,方法Ⅱ最准确,方法Ⅲ最不准确。对于所有方法,入射波高度的估计都比反射系数的估计更准确。

2.4.2 不规则波反射分析

通过分析使用以下仪器部署收集的时间序列记录,可以完成入射波和反射不规则波谱的确定：

（1）空间分离的波浪仪：这种波浪反射分析方法使用两个或多个平行于波浪传播方向的固定波浪仪的海面仰角时间序列记录。

（2）垂直阵列：此方法使用从垂直阵列中排列的水流表和波表收集的水平速度和海平面高程的时间序列记录。

（3）共同定位速度：此方法使用从单个位置处的水流表获得的水平和垂直水速分量的时间序列记录。

这三种方法均基于线性不规则波理论，因此非线性波相互作用未在分析中表示。此外，这三种方法只限于二维情况，即在波浪形槽中以法向入射产生和反射的长波状波。

2.4.2.1　基本线性方程

二维平底上不规则波，线性叠加的反射波的一阶速度势为：

$$\phi(x,z,t) = \sum_{i=1}^{\infty} -\frac{a_{I_i}g}{\sigma_i}\frac{\cos hk_i(h+z)}{\cos h(k_ih)}\sin(k_ix - \sigma_it + \epsilon_{I_i}) +$$
$$\sum_{i=1}^{\infty}\frac{a_{R_i}g}{\sigma_i}\frac{\cos hk_i(h+z)}{\cos h(k_ih)}\sin(k_ix + \sigma_it + \epsilon_{R_i}) \tag{2-29}$$

式中，a_{I_i}为第i个入射波分量振幅；a_{R_i}为第i个反射波分量振幅；k_i为第i个分量的个数；σ_i为第i分量的角波频率（$\sigma_i = 2\pi/T_i$，其中T_i为第i分量的波周期）；ϵ_{I_i}为第i入射波分量的相位角；ϵ_{R_i}第i反射波分量的相位角；x为水平坐标系；h为水深；z为垂直坐标系（静止水位为$z=0$，底部为$z=-h$）；t为时间；g为重力加速度。

与规则波一样，式（2-29）中的第一项表示沿正x方向传播的入射波分量，第二项表示沿相反方向移动的部分反射波分量。

与规则波一样，方程中的第一项表示沿正x方向传播的入射波分量，第二项表示沿相反方向移动的部分反射波分量。

从速度势中可以找到海平面高程（r）、水速水平分量（u）和水速垂直分量（w）的时间序列表达式。

$$r = \frac{1}{g}\left[\frac{\partial\phi}{\partial t}\right]_{z=0} \quad u = -\frac{\partial\phi}{\partial x} \quad w = -\frac{\partial\phi}{\partial z} \tag{2-30}$$

将式(2-30)代入式(2-29),得到线性波方程式:

$$\eta(x,t) = [\, a_{I_i} \cos(\Phi_{I_i} - \sigma_i t) + a_{R_i} \cos(\Phi_{R_i} + \sigma_i t)\,] \qquad (2\text{-}31)$$

$$u(x,z,t) = \sum_{i=1}^{\infty} [\, a_{I_i} Z_i \cos(\Phi_{I_i} - \sigma_i t) - a_{R_i} Z_i \cos(\Phi_{R_i} + \sigma_i t)\,] \qquad (2\text{-}32)$$

$$w(x,z,t) = \sum_{i=1}^{\infty} [\, a_{I_i} Y_i \sin(\Phi_{I_i} - \sigma_i t) - a_{R_i} Y_i \sin(\Phi_{R_i} + \sigma_i t)\,] \qquad (2\text{-}33)$$

入射阶段和反射阶段定义为:

$$\Phi_{I_i} = (k_i x + \epsilon_{I_i}), \Phi_{R_i} = (k_i x + \epsilon_{R_i}) \qquad (2\text{-}34)$$

速度传递函数由下式给出:

$$Z_i = \frac{gk_i}{\sigma_i} \frac{\cos hk_i(h+z)}{\cos h(k_i h)} \qquad (2\text{-}35)$$

$$Y_i = \frac{gk_i}{\sigma_i} \frac{\sin hk_i(h+z)}{\cos h(k_i h)} \qquad (2\text{-}36)$$

上述一阶方程式和定义构成了以下各节中得出的反射分析方法的基础。

2.4.2.2 空间分离法

大多数实验室采用的技术使用一种用于估计入射和反射光谱的分析技术,该方法使用了来自两个波表的海面高程的天气时间序列在平行于波传播方向的线上相隔短距离。

可以使用等式表示两个测得的海平面高程时间序列,即:

$$\eta_1(x,t) = \sum_{i=1}^{\infty} [\, a_1 \cos(\Phi_{I_i} - \sigma_i t) + a_R \cos(\Phi_{R_i} + \sigma_i t)\,] \qquad (2\text{-}37)$$

$$\eta_2(x,t) = \sum_{j=-\infty}^{\infty} [\, a_1 \cos(\Phi_{I_i} - \sigma_i t + k_i \Delta\ell) + a_R \cos(\Phi_{R_i} + \sigma_i t + k_i \Delta\ell)\,] \qquad (2\text{-}38)$$

式中,$\Delta\ell$ 为两个浪高仪之间的距离。

进一步地:

$$\eta_1(x,t) = \sum_{i=1}^{\infty} A_{1i} \cos \sigma_i t + B_{1i}, \sin \sigma_i \qquad (2\text{-}39)$$

$$\eta_2(x,t) = \sum_{i=1}^{\infty} A_{2i} \cos \sigma_i t + B_{2i} \sin \sigma_i t \qquad (2\text{-}40)$$

$$A_{1_i} = a_{I_i} \cos \Phi_{I_i} + a_{R_i} \cos \Phi_{R_i} \qquad (2\text{-}41)$$

$$B_{1_i} = a_{I_i} \sin \varPhi_{I_i} - a_{R_i} \sin \varPhi_{R_i} \tag{2-42}$$

$$A_{2i} = a_{I_i} \cos (k_i \Delta \ell + \varPhi_{I_1}) + a_{R_1} \cos (k_i \Delta \ell + \varPhi_{R_1}) \tag{2-43}$$

$$B_{2i} = a_{I_1} \sin (k_i \Delta t + \varPhi_{I_1}) - a_{R_1} \sin (k_i \Delta t + \varPhi_{R_1}) \tag{2-44}$$

$$\varPhi_{I_i} = (k_i x_1 + \epsilon_{I_1}), \varPhi_{R_i} = (k_i x_1 + \epsilon_{R_i}) \tag{2-45}$$

式(2-41)~式(2-44)表示一个由四个方程组成的系统,其中每个频率分量都有四个未知数,这些未知数以傅里叶系数表示。进而可得出以下方程式:

$$a_1 = \frac{1}{2|\sin k_i \Delta t|} \left[(A_2 - A_1 \cos k_i \Delta t - B_1 \sin k_i \Delta t)^2 + (B_2 - B_1 \cos k_i \Delta t + A_1 \sin k_i \Delta t)^2 \right]^{1/2}$$
$$\tag{2-46}$$

$$a_{R_i} = \frac{1}{2|\sin k_i \Delta \theta|} \left[(A_{2i} - A_1 \cos k_i \Delta t + B_1 \sin k_i \Delta \theta)^2 + (B_{2i} - B_1 \cos k_i \Delta \theta - \right.$$
$$\left. A_1 \sin k_i \Delta \theta)^2 \right]^{1/2} \tag{2-47}$$

$$\varPhi_{I_i} = \tan^{-1} \left(\frac{-A_2 - A_1 \cos k_i \Delta t - B_1 \sin k_i \Delta t}{B_2 - B_1 \cos k_i \Delta t + A_1 \sin k_i \Delta t} \right) = k_i x_1 + c_i \tag{2-48}$$

$$\varPhi_{R_i} = \tan^{-1} \left(\frac{A_2 - A_1 \cos k_i \Delta t + B_1 \sin k_i \Delta t}{B_2 - B_1 \cos k_i \Delta t - A_1 \sin k_i \Delta t} \right) = k_i x_1 + c_i \tag{2-49}$$

式(2-46)~式(2-49)根据等式中给出的傅里叶系数,给出了每个离散频率分量处的入射和反射波幅度和相位频谱分量。式(2-47)和式(2-48)通常使用测量时间序列的快速傅里叶变换来找到这些傅里叶系数,求解方程式。另外,可以通过将所得的幅度和相位分量代入方程的入射和反射部分,来构造合理的尽管是线性的入射和反射波时间序列的估计。

确定入射波和反射波振幅分量的方程式包含一个奇点,当:

$$\sin (k_i \Delta \theta) = 0 \text{或} \frac{\Delta \ell}{L_i} = \frac{n}{2} \tag{2-50}$$

式中,L_i是第i个分量的线性理论波长;n是整数。在这个奇点附近,频谱分量的估计是不同的,因为噪声引起的误差被大幅放大了。这促使 Goda 和 Suzuki 建议将反射分析限制在一定范围内,即:

$$0.05 < \frac{\Delta \ell}{L} < 0.45 \tag{2-51}$$

因此,分析范围内的最小频率对应于 $\Delta \ell / L_{\max} = 0.05$,并且最大频率可以从波长 $\Delta \ell / L_{\min} = 0.45$ 找到。理论上,Goda 法中使用的浪高仪阵列必须位于水平底部上方。同样,基于实验室对水下直立式防波堤反射的测量,Goda和Suzuki建议最接近反射表面的波长计必须位于距表面至少一个波长的位置,以便分辨入射光谱和反射光谱。在反射结构附近,存在强的相位关系,该相位关系会导致代表波参数发生明显的空间变化。这些变化随着与反射结构的距离变小。在实践中,最好至少保持几秒从结构发出的波长,甚至离非吸收波板更远。

以下给出了可能导致估计技术错误的因素:

(1)由于非线性效应而偏离线性色散关系;

(2)入射波列中存在二阶谐波;

(3)驻波场中产生非线性相互作用;

(4)水槽中存在横波和其他干扰;

(5)在所测量的时间序列中出现高水平的信号噪声。

只有在规范记录之间的互相关中显示出高度一致性的频率下,才能获得可靠的结果。由于信噪比低,在包含很少的波能量的频率上会发生错误的估计(通常反射系数远大于1)。因此,相干函数可作为估计入射波和反射波的置信度指标。

通过多个浪高仪的交叉谱分析可得出入射和反射波能量以及噪声信号的估计值。最小二乘程序用于最小化所有三个仪表的噪声信号。这种频域方法集中在浪高仪之间的相位差上,并提供了更好的估计稳定性和更大的频率分辨率范围,而对浪高仪间距的敏感性较低。Mansard和Funke进行的实验室测试表明,通过最小二乘法计算的入射波谱与在无反射结构的相邻通道中同时测量的相应谱之间具有良好的一致性。类似于Goda方法,Mansard和Funke的方法是线性理论分析,并且总体来说,浪高仪放在平坦的底部。当前,大多数实验室都采用Goda方法或Mansard和Funke方法来估计波道中的入射和反射光谱,并且此方法被认为更加准确。

3 水槽模型量纲分析

尽管考虑物理性质的量纲一直是科学和工程学的一个因素,但直到20世纪初,才正式确定了基于量纲的结构化分析方法。

3.1 尺寸

尺寸及其对应的单位系统是物理性能量化评估不可或缺的组成要素。未明确标注尺寸单位将不可避免地引发对测量值解读的歧义与不确定性。尽管在特定场合,基于本地习惯可以对伴随数值的单位作出合理推测,但盲目地假定在所有特定情况下本地习惯均被遵循,实则潜藏着不容忽视的风险。特别是在美国的液压实验室环境中,由于经常使用多个单位系统,这一问题尤为显著。

科学思维的核心在于对抽象物理概念,如力、质量、长度、面积、体积、时间、加速度、速度、温度、比热和电荷等的理解和量化。这些概念实体各自被赋予了特定的度量单位。其中,某些实体(如质量、长度、时间、温度和电荷)具有独立的物理属性,其尺寸可视为基本尺寸,对应的单位为基本单位。而另一些属性(如力、面积、体积、加速度、速度、压力和比热)则是基于定义或物理定律推导出的,它们的尺寸是基本尺寸的组合,从而形成了派生单位。此外,还存在一些补充单位,如平面角和立体角,它们并不包含任何基本尺寸。

在牛顿定律的单位系统中,加速度被定义为由长度(L)和时间(T)的基本单位构成的派生量。随后,质量(M)或力(F)被指定为基本量,而最终的量(力或质量)则作为派生量,其单位由牛顿第二定律确定。根据选择哪个变量作为基本量,我们可以得到不同的单位系统,如长度-时间-质量系统或长度-时间-力系统。

常见的质量测量系统及其对应的长度、质量和时间尺寸包括:

(1)CGS系统(cm-g-s),其中力的单位被定义为达因。

(2)SI系统(m-kg-s),力的单位定义为牛顿。

(3)英国质量系统(ft-lb-s),其力的单位定义为磅(该系统亦被称为英国Ⅱ型)。

（4）在测力系统中，其长度、力和时间尺寸则有所不同，如：

①MKS测力系统（m-kg-s），其中质量的单位被定义为每米千克秒平方。

②美国工程系统（ft-lb-s），其质量的单位定义为斯勒格（此系统亦被称为英国Ⅰ型）。

显然，由于命名法的冲突，各种质量和力系统之间存在持续的混淆。例如，千克在SI系统中代表质量，而在MKS测力系统中则作为基本力单位使用。鉴于质量被广泛视为更基础的概念，本书将遵循广泛接受的SI测量系统（质量系统），并在需要时引入美国工程系统（力系统）以介绍试验结果。Langhaar曾对这些测量系统之间的关系进行了更为详细的探讨。

考虑到质量系统，任何物理量或性质的量纲都可以用长度（L）、时间（T）和质量（M）这三个基本量纲来表示：

$$\alpha [=] L^{\alpha}T^{\beta}M^{\gamma} \tag{3-1}$$

式中，[=]表示"具有尺寸"。Yalin进一步指出，物理量的性质由指数的数值反映，即实体是：

如果是几何量：$\alpha \neq 0, \beta = 0, \gamma = 0$；

如果是运动量：$\alpha \neq 0, \beta \neq 0, \gamma = 0$；

如果是动态数量：$\alpha \neq 0, \beta \neq 0, \gamma \neq 0$。

但是，如果式（3-1）中的$\alpha = \beta = \gamma = 0$，则量"$\alpha$"不能取决于$L$、$T$和$M$的基本尺寸，因此被称为无量纲量，它将保持相同的数值在所有单位制中。角速度、角加速度和频率的基本单位包括时间和角度（或周期），因此，应将其视为运动量。其余未指定的参数全部由质量的基本单位与时间或长度单位组合而成，这些参数应视为动态量，因为基本质量单位的指数不为零，即使时间或长度的指数为零（与Yalin的定义相反）。

使用转换因子可以轻松地在一个单位系统内或另一个单位系统内转换尺寸量的值。转换因子来自定义（例如12in= 1ft；1ft=0.3048m），或者可以说，它们是由牛顿第二定律在不同系统之间的应用而产生的（例如4.448lb=1N）。

3.2　量纲分析原理

分析物理现象的第一步之一就是确定哪些物理变量会对所研究的过程产生影

响。一旦完成,就可以进行理论或试验研究,以建立所有重要变量之间的功能关系。如果找不到理论表述,则必须进行有意义的系统试验,以获取有关变量之间关系的信息。这组试验可能涉及更改试验中的一个变量,而所有其他变量保持不变。显然,随着变量数量的增加,必要试验的数量迅速增加。但是,如果可以将几个过程变量组合起来以形成一个无量纲变量,那么,可以大大减少试验次数。尺寸分析是将物理变量组合成无量纲产品的合理程序,从而减少了需要考虑的变量数量。

简要地说,量纲分析涉及以下步骤:

(1)确定过程中重要的独立变量;

(2)确定哪个变量将成为因变量;

(3)根据这些变量确定可以形成多少个独立的无量纲乘积;

(4)将系统变量减少为适当数量的独立无量纲变量。

无量纲结果的构建可通过两种方法实现:一是通过细致的检查和逻辑推理,二是利用本章后续将详细介绍的更为系统化和正式的程序。在某些情况下,这两种方法可并行使用,以互补优势。完成尺寸分析后,需要借助理论推导或试验验证来确立这些独立的无量纲变量之间的函数关系。量纲分析的核心在于,它基于一个基本前提——现象可以用某些变量之间的尺寸正确方程来描述,从而推导出关于该现象的有价值信息。这一方法的普遍性赋予其显著的优势,但也存在局限性。一方面,其广泛的适用性使得几乎所有问题都能在一定程度上得到处理;另一方面,仅凭尺寸分析难以获得完整的解决方案,更无法深入揭示现象背后的物理机制。值得注意的是,量纲分析本身提供的是定性而非定量的关系,但当与试验程序相结合时,它能够产生定量的结果和精确的预测方程,为工程实践提供有力的支持。

3.2.1 尺寸同质性

如果方程的形式不取决于方程中变量的单位,则该方程在尺寸上是齐次的,这意味着在替换方程式中的变量时,无论使用哪种单位制,尺寸齐次方程都是正确的(前提是单位制在尺寸上是一致的)。尺寸均匀的方程更易于操作,并且更不容易出错,因为在用实数代替变量时,检查尺寸一致性是一项简单的任务。

例如,小振幅波理论(线性波理论)为深水波长给出以下众所周知的方程式:

$$L_{\circ} = \frac{g}{2\pi} T^2 \tag{3-2}$$

式中,$L_{\circ}$是波长;g是重力加速度;T是波浪周期。式(3-2)在尺寸上是均匀的,

因为波长将采用 g 和 T 的尺寸单位组合所产生的任何长度单位。如果选择了 SI 系统,并且 g 的指定值为 9.81m/s^2,T 的单位为 s,则深水波长将以 m 表示。但是,如果将以 m/s^2 为单位的重力值代入方程式,进一步有:

$$L_o = \frac{9.81}{2\pi}T^2 = 1.56T^2 \qquad (3\text{-}3)$$

则得出的方程不再在尺寸上是齐次的,因为必须以 s 为单位指定 T,并且 L_o 始终以 m 为单位。如以上示例所示,尺寸齐次方程不能具有尺寸系数。在方程中,系数 1.56 的单位为 m/s^2。非均质方程的另一个示例是平衡泳滩剖面的方程,公式为:

$$h = Ax^{2/3} \qquad (3\text{-}4)$$

式中,h 是从平均水位到底部的垂直距离;x 是从平均海平面与海滩的交点到水平的距离;等式中的系数 A 的数值取决于水平长度 x 使用的长度单位。当量纲齐次方程包含项的和或差时,所有项必须具有相同的维。如果相加或相减的两个项具有不同的维,则说明存在错误。因为该原理可以应用于微分方程和积分方程以及代数方程,所以它是检查派生、代数运算或经验公式的有力方法。尺寸齐次方程是将尺寸分析应用于物理问题的基础。在尺寸分析中,假设问题的解决方案可以通过尺寸均匀的方程根据指定变量来表示。该假设基于以下事实成立:物理学的基本方程(运动)在尺寸上是齐次的。因此,从这些方程式推导出的所有关系也必须在尺寸上是均匀的。

3.2.2　尺寸分析

准备对实际问题进行量纲分析的第一步是确定哪些变量输入问题的物理学。变量的选择非常重要也很困难,因为需要对问题有足够的了解,才能认识到哪些变量很重要的并且必须包括在内,哪些变量不是必需的,并且不必要地使分析复杂化。重要的变量和参数的识别不应被忽略,因为需要对问题和控制物理定律有足够的了解。包含太多不必要的变量会增加昂贵的耗时试验的数量,这些试验必须建立经验系数或消除不重要的变量。相反,忽略重要变量可能会导致没有结论,或更糟糕的是,将得出错误的结论或经验设计公式。通常,必须包含可能被认为是恒定的变量(例如重力或运动黏度),以便可以将它们与其他变量组合形成无量纲的产品。大多数工程问题的相关变量可以分为三大类:

(1)几何尺寸。

几何在大多数流体力学系统的响应中起着重要作用,这些响应必须包括足够数量的几何变量。几何变量与长度、面积、体积和角度等特性有关,而且通常很容易识别。

(2)材料特性。

外部施加的力会在系统中产生响应,具体取决于系统的材料属性。对于流体力学而言,材料属性是流体的属性,例如密度、动态黏度、表面张力等。当系统响应包括与固体、可渗透或可移动边界的相互作用时,则还必须选择与这些边界特性相关的变量。常用参数可能包括防波堤的渗透性、沉积物的粒度和密度或表面粗糙度。

(3)外部影响。

此类别包含变量,这些变量表征了在所考虑的物理系统中产生变化的任何外部影响。对于沿海水动力,这种类型的典型参数包括压力、速度、加速度(重力)、风切应力等。

大多数物理变量将属于上述大类之一。在选择用于量纲分析的变量时包括六个要点:

(1)清楚地定义问题并确定关注的主要变量。

(2)即使只能提出一个粗略的理论,也要考虑控制物理过程的基本定律。

(3)将变量分为几何、材料属性和外部效应三大类。

(4)考虑不属于三大变量类别之一的其他变量。在许多情况下,时间是一个重要的参数。

(5)包括被认为是恒定的物理参数,例如重力加速度。这些参数可用于形成无量纲参数。

(6)通过在每个大类中的选定变量之间寻找功能关系,确保所有变量都是独立的。例如,流体相对密度(γ)、流体密度(ρ)和重力(g)与众所周知的表达式 $\gamma=\rho g$ 相关,因此,三个变量中只有两个可以被认为是独立的。

总之,最好对过程有一些理论支撑,如主要变量是什么,以及这些变量如何影响过程。如果已经导出了描述过程的微分方程,则它们会立即给出问题的重要变量。尽管在存在大量变量的情况下,维分析可能会很复杂,但是在很多情况下,无论是分析还是试验,该过程都是一种有用的工具。

3.2.3　无量纲结果

确定问题中的重要变量后,要结合使用量纲分析,从所选变量中形成无量纲的结果。

(1)形成无量纲的结果可以减少必须通过试验、数字或现场测量研究的变量数量;

(2)无量纲图提供的信息比包含维数时要多得多,因为它可以覆盖更广泛的参数范围。

(3)无量纲图上的点通常可以使用按比例缩放的模型确定,以使无量纲乘积以缩小的比例保存。

(4)无量纲的结果可用作比尺模型设计和结果解释的基础。

(5)无量纲的结果允许以简洁而系统的方式计划测试并提供试验结果。

虽然无量纲图形和设计辅助工具能提供更多有价值的信息,但它们可能让工程师难以直接将无量纲参数的相对大小与真实现象对应起来。例如,深水波陡度(H/gT^2)的数值几乎无法反映出海况的严重性,直到获得足够的经验为止。

从所选变量中形成无量纲的产品在某种程度上是任意的。通常,有经验的调查员能够通过观察或物理推理来识别无量纲的产品。沿海工程的特定示例包括下降速度参数($H/\omega T$)和破碎指数(H_b/h)。在其他时候,由于数学推导而产生了无量纲参数,例如线性波理论摄动参数(H/L)或斯托克二阶有限振幅波理论产生的Ursell参数(L^2H/h^3)。

在流体物理学领域,有几种无因次积在某些类型的流动中非常重要,如表3-1所示。

重要的流体无量纲数   表3-1

无量纲数	公式	无量纲数	公式
雷诺数	$Re = \dfrac{\rho VL}{\mu} = \dfrac{VL}{\upsilon}$	柯西数	$Ca = \dfrac{\rho V^2}{E}$
弗劳德数	$Fr = \dfrac{V}{\sqrt{gL}}$	马赫数	$Ma = \dfrac{V}{c}$
欧拉数(压力系数)	$Eu = \dfrac{F}{\rho V^2 L^2} = \dfrac{p}{\rho V^2}$	斯特劳哈尔数	$st = \dfrac{\omega L}{v}$
韦伯数	$We = \dfrac{\rho V^2 L}{\sigma}$		

注:ρ-密度;V-速度;L-长度;μ-动力黏度系数;υ-运动黏度系数;g-重力加速度;F-力;p-压力;σ-表面张力;E-弹性模量;c-声速;ω-角速度。

3.3 量纲分析方法

3.3.1 白金汉 π 定理

从一组给定的过程变量中形成一整套无量纲数的系统过程始于确定可以形成多少无量纲产品。除少数情况外,以下经验法则提供了正确的数字。

在涉及 n 个变量的维次方程中,可以由 n 个变量形成的无量纲乘积的数量为 $n{-}r$,其中 r 是变量所包含的基本维数。

该规则被称为白金汉 π 定理,之所以这样命名是因为白金汉使用符号 π 来表示无量纲乘积。涉及 n 个变量的维齐次方程,例如:

$$x_1 = f \quad (x_2, x_3, x_4, \cdots, x_n) \tag{3-5}$$

式(3-5)是一个等式,其中等式左侧的变量的尺寸与等式右侧独立的任何项的尺寸匹配。白金汉 π 定理指出,任何这样的方程都可以重新布置成一个新的方程,该方程以无量纲乘积(π 项)表示,即:

$$\pi_1 = \Phi \quad (\pi_2, \pi_3, \cdots, \pi_{n-r}) \tag{3-6}$$

所需的 π 项数比原始变量数少 r 个,其中 r 是原始变量中包含的基本维数。如果原始 n 个变量是独立的,则 $n{-}r$ 个无量纲乘积也将是独立的,只要所有原始变量在一个无量纲乘积中至少出现一次即可。

白金汉 π 定理给出的规则唯一不成立的时间是特定变量集的 r 的值取决于所选单位制。例如,如果过程变量仅由力和长度组成,则在力-长度-时间系统中,$r=2$;在质量-长度-时间系统中,$r=3$。通过建立变量及其基本量纲的矩阵,可以轻松确定一组变量中的基本量纲。总而言之,完整的无量纲产品集(π 项)的计算按以下方式进行:

(1)确定与几何形状、材料特性和外部影响有关的重要的独立问题变量。

(2)建立一个矩阵,列出每个变量维中包含的每个基本单位的指数。

(3)确定形成成套产品所需的无量纲产品的数量。在几乎所有情况下,该数字都是 $n{-}r$,其中 n 是原始自变量的数量,r 是变量所包含的基本量纲的数量。

(4)通过将 π 项表示为每个升到幂的变量的乘积,或者通过直接检查基本尺寸矩阵来建立 k 值的 r 个独立方程。

(5)对于每个π项,必须指定$(n-r)$个k值,并且从r个独立方程组中求解剩余的r个值。

(6)形成所需数量的无量纲产品。确保每个原始变量都包含在至少一个π术语中,并尝试将物理推理纳入指数选择中。

(7)检查生成的π项,以确保它们是无量纲的。

(8)考虑无量纲产品之间的可能关系。

3.3.2　指数选择

对于给定的变量集合,量纲分析往往能够产生众多不同的完整无量纲乘积组合,这些组合在数学上呈现为无数可能的乘积形式。然而,尽管每一个完整的无量纲乘积集合在数学构造上均具合理性,量纲分析本身并不具备甄别某些乘积相较于其他乘积是否具有更高重要性的能力。鉴于大多数问题难以直接通过行列式系统来求解方程,我们有必要重新审视一系列规则、思想及其他指导性建议,以指导如何合理选取k值以形成有效的无量纲乘积。以下是几个值得考虑的要点:

(1)白金汉π定理指出,当每个可控变量仅被唯一地包含在一个无量纲乘积中时,试验控制将达到最大化。因此,在选择指数时,应优先尝试实现这一目标。若后续分析表明某变量在所考察范围内对过程的影响较小,且其仅出现在一个无量纲乘积中,则该变量可被安全地忽略。

(2)因变量(即被研究的物理量)应避免在多个无量纲乘积中重复出现,以确保分析的一致性和准确性。

(3)在形成无量纲乘积时,应尽量调整指数以获得标准化的无量纲参数,如雷诺数、弗劳德数等。这些标准化参数不仅具有明确的物理意义,而且有助于与已有研究成果进行比对和验证。同时,针对流体流动问题,其他相关的经验结果也可能为分析提供有价值的参考。

(4)在必要情况下,可以对无量纲乘积(π项)进行转换。但此转换需确保新产生的独立乘积数量与原始数量保持一致。在某些情况下,为了分离特定参数以获得更好的试验控制,这种转换可能是有益的。

为便于在量纲分析过程中跟踪重要变量,建议构建一个变量与尺寸矩阵。在此矩阵中,第一个变量应为因变量,第二个变量为最易通过试验手段进行调节的变量,第三个变量为次易调节的变量,依此类推。这样的矩阵设置有助于研究者系统地理解变量之间的关系和优先级,从而提高试验设计的科学性和有效性。

3.3.3　无量纲数

量纲分析的最重要用途之一是帮助关联试验数据和实地测量数据。在假定新的无量纲变量间存在某种关系的条件下,量纲分析提供了一种获取重要变量便捷分组的途径。要确定可能存在的关系,则需借助试验所得或实地测量的数据。在通过量纲分析所获各项之间构建经验关系时,其难度在很大程度上取决于所需考量的各项数量以及获取可靠度量的难易程度。显然,随着项数的增多,为量化变量在足够数值范围内的关系,就必须获取更多的数据。

在极少数情况下,变量数量与变量所包含的基本维度数量($n\text{-}r$)之差等于1。如果发生这种情况,可以将所有变量归为一个 π 项,该 π 项必须等于一个常数,即:

$$\pi_1 = C \tag{3-7}$$

这是一次量纲分析揭示过程变量之间关系的特定形式。该常数的值必须通过理论考虑、试验或现场测量来确定。尽管原则上只需要一个试验即可确定"C",但通常的做法是进行多次确定,以获得可靠的值,并评估常数的可变性。

4　模型相似定律

　　相似性原理在水力模型测试中的实际应用建立在对以下核心事实的深刻理解之上:完美的相似性在现实中是不存在的,但我们可以根据实际需求利用一定程度的非完美相似性。尽管理论和/或数值模型能够解决流体力学中的诸多难题,然而,仍有大量问题依赖于基于试验数据的经验方法才能得到妥善解决。因此,沿海工程师必须熟练掌握实验建模技术,以便有效解读并充分利用其他研究者的成果,以及在实验室环境中独立规划和执行试验。

　　所有物理建模的基础都建立在一个核心理念之上,即模型的行为模式应当与待模拟的原型相类似。基于此,经过充分验证的物理模型可用来预测特定条件下原型的响应。这一关键概念为模型研究提供了重要支撑,使我们能够通过模型研究获取对原型设计有价值的信息,从而避免潜在的高成本错误。同样地,明智的工程师不会假定模型研究能够解答所有问题,他们深知当理论能够准确预测结果时,进行模型研究可能是不必要的。最后,我们必须警惕,物理模型的结果可能无法完全反映原型的实际行为。因此,通过精心的模型设计、严格的模型验证、细致的模型测试以及谨慎的模型结果解读,最小化这种偏差显得尤为重要。

　　本章旨在回顾并阐述物理基础,这些基础为缩小尺度进行水力模型测试提供了合理性依据,并为推导水力物理模型中的适当比尺关系提供了必要的背景知识。

4.1　相似的概念

　　理想情况下,正确设计的实验室模型应在各个方面都像原型的受控版本一样运行。在流体流动模型中,这种类似的行为包括流体的速度、加速度和质量传输,以及流体流施加在固体和边界上的合力。

　　当所有影响反应的主要因素在原型和模型之间成比例时,就可以实现相似性,而在整个建模领域中不成比例的那些因素对过程无关紧要。在动力学考虑、尺寸分析和微分方程的基础上,建立了沿海水力模型相似性的要求。这些要求可以是相似性标准或相似性条件,两者之间的差异非常明显。

相似性的标准源于参数间的物理关系,它们构成了必须通过原型与模型间特定参数比率来满足的数学条件。这些标准,也称为比尺定律,是固定不变的,除非改变基础物理假设。此外,相似性条件是试验者为确保物理模型能产生满意的结果而特意选择的。这些条件可能包含一个或多个相似性标准,同时也可能包含基于观察或直觉确定的其他条件。在物理或数值建模的分析中,一个基本事实是:选择相似性条件和标准需要深刻的物理洞察力。因此,对系统物理原理理解不足可能导致功能模型产生错误但貌似合理的结果。确定模型相似性的方法有以下几种:

(1)通过校准实现模拟。这种方法的历史可追溯到罗马渡槽的物理模型。通过不断调整比尺模型,直到能够合理再现已知的历史条件,从而获得相似条件。校准是一个烦琐且需要反复试验的过程,要求对过去的原型行为有深入的了解。校准方法在处理具有大量变量的复杂情况时最为有效,尤其适用于不适用于尺寸分析的情况。有时,也通过此方法来确定可动床模型的相似性要求。

(2)基于微分方程的相似性。如果控制过程的微分方程式已知且足够精确,则可以通过将方程式转换为无量纲形式,直接从方程式中确定相似性要求。方程中的无量纲参数提供了原型与模型之间的传递关系,重要参数通常可以从方程中识别出来,无须为特定的边界条件求解方程,这是物理模型的任务。这种方法有时也称为检验分析。

(3)通过量纲分析确定相似度。在某些情况下,可以使用尺寸分析来提供由相关过程变量构成的完整无量纲产品集。尺寸分析的相似性要求在原型和模型中,无量纲产品应具有相同的值。如果无法实现这一点,则必须保持那些最重要的产品不变。如第2章所述,对过程的物理洞察对于正确确定用于建立扩展需求的那些产品至关重要。

(4)通过比例系列确定相似度。可以操作以不同比例构建的多个模型,以帮助建立相似性关系并确定比尺效应。当原型数据不足或试图为复杂的物理过程建立缩放标准时,此方法非常有用。分析模型结果时必须谨慎行事,尤其是在将模型结果外推到原型尺度时,必须对模型和原型之间潜在的比尺效应进行仔细的分析。

4.2 相似性要求

物理模型不仅能够提供丰富的定性信息,还能为研究者提供精确的定量数据。以混凝土制成的港口模型为例,该模型通过采用磨碎的煤作为可移动的示踪剂,能够直观地描绘出流动状态下沉积物的迁移路径,为研究者提供定性的流动特性分析。同时,该模型亦能精确量化通过港口入口的短波穿透情况,为港口设计和运行提供重要的定量数据支持。

对于物理模型的研究,其模仿的要求往往取决于所探讨问题的特性和在模型再现原型行为时所需的精确度。一般而言,当从物理模型中寻求定量信息时,我们会根据模型所提供的定量数据的准确性和模型与原型之间的相似程度来对模型进行分类。在这些分类中,完全相似的模型是最高级别的相似性模型。它要求模型在几何上与原型保持相似,并且需要确保原型中所有相关的无量纲参数(即完整的无量纲产品集)在模型中得到精确保留。这种相似性确保了模型在物理行为上与原型具有极高的相似性,从而为研究者提供了高度可靠的试验结果。

除了完全相似的模型外,还存在运动学相似模型和动态相似模型等其他类型的相似性模型。这些模型的相似性类型将在后续章节中进行详细讨论,它们各自具有不同的适用场景和优缺点,为研究者提供了多种选择。

4.2.1 比尺因子

原型参数和模型参数之间的对应关系由比例或比尺表示。常用的约定是按如下方式定义缩放比例:

比尺是原型中参数与模型中相同参数的值之比,象征性地,这表示为:

$$N_X = \frac{X_p}{X_m} = \frac{原型中参数值}{模型中相同参数值} \tag{4-1}$$

式中,N_X 是参数 X 的原型与模型的比尺;下标 p 和 m 分别表示原型和模型。比例比的定义未被普遍接受,并且在某些情况下,比例比被定义为以上定义的倒数,首选式(4-1)是因为它通常会导致标度的值大于 1。例如,如果对模型进行缩放,以使模型中的 1m 代表原型中的 25m,则长度缩放比为:

$$N_{\mathrm{L}} = \frac{L_{\mathrm{p}}}{L_{\mathrm{m}}} = \frac{25\mathrm{m}}{1\mathrm{m}} = 25 \tag{4-2}$$

许多标尺比例不能独立选择,而是其他选定标尺的推导结果。例如,模型中面积的比例直接取决于长度比例,因为面积是具有长度平方的单位。就比尺而言,表示为:

$$N_{\mathrm{A}} = \frac{A_{\mathrm{p}}}{A_{\mathrm{m}}} = \frac{L_{\mathrm{p}}{}^2}{L_{\mathrm{m}}{}^2} = \left(\frac{L_{\mathrm{p}}}{L_{\mathrm{m}}}\right)^2 = N_{\mathrm{L}}{}^2 \tag{4-3}$$

同样,流速具有长度除以时间的维数,因此速度的比尺可以推导为:

$$N_{\mathrm{V}} = \frac{V_{\mathrm{p}}}{V_{\mathrm{m}}} = \frac{\left(\dfrac{L}{i}\right)_{\mathrm{p}}}{\left(\dfrac{L}{t}\right)_{\mathrm{m}}} = \frac{L_{\mathrm{p}}}{L_{\mathrm{m}}} \cdot \frac{t_{\mathrm{m}}}{t_{\mathrm{p}}} = \frac{N_{\mathrm{L}}}{N_{\mathrm{t}}} \tag{4-4}$$

4.2.2 运动相似性

运动学是指系统的运动,该运动可以是固体的运动,也可以是流体在流动状态下的运动。运动定义为相对于时间的长度的任何阶次微分。运动学上的相似性表明模型和原型中粒子之间运动的相似性。当原型和模型的所有矢量运动的分量之间的比率始终在所有粒子上都相同时,就可以实现运动学的相似性。在几何相似的模型中,运动学相似性提供了与原型在几何上相似的粒子路径。

对于重力波,其运动学上类似的波动运动的尺度准则(小振幅波理论)由式(4-5)给出:

$$L = \frac{gT^2}{2\pi} \tanh\left(\frac{2\pi h}{L}\right) \tag{4-5}$$

式中,L 为波长;g 为重力;T 为波周期;h 为水深。项 $2\pi h/L$ 是无量纲的,因此原型和模型之间的参数比率在不变的模型中应该是不变的。通过将比率设为:

$$\frac{\left(\dfrac{2\pi h}{L}\right)_{\mathrm{p}}}{\left(\dfrac{2\pi h}{L}\right)_{\mathrm{m}}} = \frac{h_{\mathrm{p}}}{h_{\mathrm{m}}} \cdot \frac{L_{\mathrm{m}}}{L_{\mathrm{p}}} = \frac{N_{\mathrm{h}}}{N_{\mathrm{L}}} \tag{4-6}$$

当垂直标度(N_{h})和波长标度(N_{L})相同时,比率等于1。

由于原型和模型中的 $2\pi h/L$ 项相同,因此其双曲正切值也将相同。长度和波浪周期尺度之间的尺度关系可从原型与波长的模型比获得,即:

$$\frac{\left[L = \frac{gT^2}{2\pi}\tanh\left(\frac{2\pi h}{L}\right)\right]_{\text{p}}}{\left[L = \frac{gT^2}{2\pi}\tanh\left(\frac{2\pi h}{L}\right)\right]_{\text{m}}} \tag{4-7}$$

$$\frac{L_{\text{p}}}{L_{\text{m}}} = \frac{g_{\text{p}}}{g_{\text{m}}} \cdot \left(\frac{T_{\text{p}}}{T_{\text{m}}}\right)^2 \tag{4-8}$$

这种关系用比例因子表示为:

$$N_{\text{L}} = N_{\text{e}} \cdot N_{\text{T}}^2 \tag{4-9}$$

出于所有实际目的,以上表达式中的重力比尺比率等于1。在运动关系中用 N_{g} 代替,并且注意波长范围 N_{L} 与通用长度范围 N_{L} 相同,故看到重力波运动的运动相似性需要:

$$N_{\text{T}} = \sqrt{N_{\text{L}}} \tag{4-10}$$

式(4-10)构成了相似性的标准,因为它受到波浪运动的数学关系的约束。

4.2.3 动态相似度

在上面的研究中,导出的波浪运动比尺定律不取决于原型或模型流体的属性。因此,如果模型流体的密度与原型流体的密度不同,则运动定律将成立(前提是流体密度仍在推导波长方程式时所调用的假设之内,尤其是无黏性流量假设)。但是,除非满足与原型和模型流体特性有关的其他要求,否则波动在对象或边界上施加的力可能不会与模型相似。这些额外的要求源于维持动态相似性的必要性。

两个几何和运动学上相似的系统之间的动态相似性要求两个系统中所有矢量力的比率相同。该定义意味着作用在系统上的所有质量和力必须具有恒定的原型与模型之比。动态相似性的要求源于牛顿第二定律,该定律将作用在一个单元上的外力的矢量和等同于该单元对这些力的质量反作用,即:

$$m\frac{\mathrm{d}V}{\mathrm{d}t} = \sum_n F_n \tag{4-11}$$

对于流体力学问题,牛顿第二定律可以写成:

$$\hat{F}_{\text{i}} = \hat{F}_{\text{g}} + \hat{F}_{\mu} + \hat{F}_{\sigma} + \hat{F}_{\text{e}} + \hat{F}_{\text{pr}} \tag{4-12}$$

式中，$\hat{F}_i$ 为惯性力（质量 x 加速度）；$\hat{F}_g$ 为重力；$\hat{F}_\mu$ 为黏性力；$\hat{F}_\sigma$ 为表面张力；$\hat{F}_e$ 为弹性压缩力；$\hat{F}_{pr}$ 为压力。

总体动态相似性要求原型和模型之间的惯性力之比等于所有作用力之和的比，或者：

$$\frac{(\hat{F}_i)_p}{(\hat{F}_i)_m} = \frac{(\hat{F}_g + \hat{F}_\mu + \hat{F}_\sigma + \hat{F}_e + \hat{F}_{pr})_p}{(\hat{F}_g + \hat{F}_\mu + \hat{F}_\sigma + \hat{F}_e + \hat{F}_{pr})_m} \tag{4-13}$$

完美的相似性还需要与模型之间的所有力比也应相等，可写为：

$$\frac{(\hat{F}_i)_p}{(\hat{F}_i)_m} = \frac{(\hat{F}_g)_p}{(\hat{F}_g)_m} = \frac{(\hat{F}_\mu)_p}{(\hat{F}_\mu)_m} = \frac{(\hat{F}_\sigma)_p}{(\hat{F}_\sigma)_m} = \frac{(\hat{F}_e)_p}{(\hat{F}_e)_m} = \frac{(\hat{F}_{pr})_p}{(\hat{F}_{pr})_m} \tag{4-14}$$

或按比尺：

$$N_{\hat{F}_i} = N_{\hat{F}_g} = N_{\hat{F}_\mu} = N_{\hat{F}_\sigma} = N_{\hat{F}_e} = N_{\hat{F}_{pr}} \tag{4-15}$$

若模型设计未能满足预定的相似准则，那么，基于某一长度比例尺度所获得的结果可能无法顺利转换为其他尺度比例，这将极大地削弱小尺度模型测试在模拟真实原型行为上的关键优势，尤其是在除方程式（4-13）中特定力比以外的其他情况下。在方程式（4-13）中，某一特定的力比被视为独立的，即一旦所有其他相关力被确定，该力比也将随之确定。通常，在比例尺度的确定过程中，压力被视为一个相关但非决定性的比例参数，因此不直接用于尺度的设定。

值得注意的是，至今尚未有一种流体能够完全满足方程式（4-13）所提出的所有力比要求。因此，在比尺模型设计中，一项至关重要的任务是建立关键力比之间的关联，并为忽略其他非关键力比提供合理的理论依据。以下示例旨在阐释如何将模型中的特定力（如块石单位重量）按比例放大至原型尺度，假设该模型已经过精确缩放，以确保对防波堤稳定性起关键作用的动态相似性得以保持。通过这种方法，我们能够在模型研究中更加准确地模拟原型的行为特性，为实际工程应用提供有力的技术支持。

模型防波堤由平均重量为 5N 的石头构成。不规则波浪的测试表明，当有效波高 H_{m0} 等于 0.3m 时，模型防波堤将失效。假设模型在几何形状上与原型相似，并且原型石具有与模型石相同的密度。考虑在原型中若要承受 10m 的明显波高，需要多少重量的石头：

$$N_{\mathrm{L}} = \frac{(H_{\mathrm{m0}})_{\mathrm{p}}}{(H_{\mathrm{m0}})_{\mathrm{m}}} = \frac{10\mathrm{m}}{0.3\mathrm{m}} = 33.3 \tag{4-16}$$

块石石材的重量是材料的重度乘以石材的体积,即 $W_{\mathrm{s}} = \gamma_{\mathrm{s}} V_{\mathrm{s}}$ (γ_{s} 为块石重度,V_{s} 为块石体积)可以按比尺表示为:

$$N_{W_{\mathrm{s}}} = \frac{(W_{\mathrm{s}})_{\mathrm{p}}}{(W_{\mathrm{s}})_{\mathrm{m}}} = \frac{(\gamma_{\mathrm{s}})_{\mathrm{p}}}{(\gamma_{\mathrm{s}})_{\mathrm{m}}} \cdot \frac{(V_{\mathrm{s}})_{\mathrm{p}}}{(V_{\mathrm{s}})_{\mathrm{m}}} = N_{\gamma_{\mathrm{s}}} N_{V_{\mathrm{s}}} \tag{4-17}$$

因为块石单元在模型和原型中由相同的材料制成,所以有 $N_{\gamma_{\mathrm{s}}} = 1$。此外,在几何相似的模型中,体积比尺只是立方的长度比尺,即 $N_{V_{\mathrm{s}}} = N_{\mathrm{L}}^3$。进行这些替代,有:

$$N_{W_{\mathrm{s}}} = \frac{(W_{\mathrm{s}})_{\mathrm{p}}}{(W_{\mathrm{s}})_{\mathrm{m}}} = N_{\mathrm{L}}^3 = (33.3)^3 = 37037 \tag{4-18}$$

因此,模型测试表明,在原型中抵抗 10m 的明显波高所需的块石重量为:

$$(W_{\mathrm{s}})_{\mathrm{p}} = 37307(W_{\mathrm{s}})_{\mathrm{m}} = 37037(5\mathrm{N}) = 185.2\mathrm{kN} \tag{4-19}$$

4.2.4　材料强度相似

在模拟试验中,主要考虑重力、惯性、弹性和摩擦力等相似,要求同时满足弗劳德(Froude)数(惯性/重力)、柯西(Cauchy)数(惯性/弹性)和 Reynolds(惯性/黏滞力)数相似,同时满足这三个数必须改变流体的黏滞系数,即 $\nu_{\mathrm{p}}/\nu_{\mathrm{m}} = \lambda^{3/2}$,但模型试验中通常只采用水为流体介质,经过比较,着重考虑惯性和重力,试验采用弗劳德数相似准则,则模型材料与原型混凝土的比尺关系如下:

质量:$m_{\mathrm{m}} = m_{\mathrm{p}}/\lambda^3$;

密度:$\rho_{\mathrm{m}} = \rho_{\mathrm{p}}$;

抗弯强度:$\sigma_{\mathrm{fm}} = \sigma_{\mathrm{fp}}/\lambda$;

抗拉强度:$\sigma_{\mathrm{tm}} = \sigma_{\mathrm{tp}}/\lambda$;

抗压强度:$\sigma_{\mathrm{cm}} = \sigma_{\mathrm{cp}}/\lambda$;

弹性模量:$E_{\mathrm{m}} = E_{\mathrm{m}}/\lambda$;

泊松比:$u_{\mathrm{m}} = u_{\mathrm{p}}$;

摩擦因数:$f_{\mathrm{m}} = f_{\mathrm{p}}$。

式中，λ为模型比尺，下标m表示模型量，下标p表示原型量。在模型试验中，最主要的是密度，强度要满足模拟要求。可以看出，材料强度的比尺最终转化为模型长度比尺。

4.3 水力相似性

如4.2节所述，实现所有力比恒定且相等的完全相似性在除原型尺度外的任何尺度上均不现实。然而，对完全相似性要求的深入理解使我们能够评估其违背可能带来的后果。在大多数实际问题中，结合经验和常识有助于选择需要保持相似的比率。对于模型工程师而言，其关键职责在于阐明偏离完全相似性的理由，并在可能的情况下，通过理论修正来补偿缺乏完全相似性所带来的影响。

大多数工程研究涉及简化假设，因此需要在保持问题简单与追求准确性之间找到平衡点。从物理模型中寻求的准确性程度应基于研究的具体目标而定。若模型旨在探究总体趋势而非精确细节，则当某些变量相对于问题所涉及的主要物理机制而言影响甚微时，可以合理忽略。此外，研究人员必须意识到，在原型中微不足道的力，在模型中可能产生显著影响。例如，表面张力和表面粗糙度在原型中可能几乎不产生作用，但在小尺度模型中却可能对水力过程产生决定性作用。当此类现象发生时，可认为模型存在缩放效应。每当物理参数的比尺在模型全域内未能保持一致时，亦会发生比尺效应，这可能是由于模型模拟的流动条件范围过于广泛所致。

为防止比尺效应，建立尽可能大的比尺模型是一种有效方法。然而，这并不意味着工程师可以免除检查潜在比尺效应的责任。因此，在模型设计和分析过程中，必须谨慎处理这些潜在的缩放和比尺效应。

经验表明，几乎任何重大问题都可以简化为两种主要力量的相互作用。这使得相似性标准可以在理论上得到发展。流体流动模型研究的几个众所周知的准则是基于两个力主导流动而其他力较小的假设而发展起来的。惯性力总是存在于流动问题中，所以惯性力需要用方程中给出的其他力来平衡。首先，是用它们的物理单位来表示每一种力，如下所示：

$$\hat{F}_i = 质量 \times 加速度 = (\rho L^3)(V^3/L) = \rho L^2 V^2$$

$$\hat{F}_g = 质量 \times 重力加速度 = (\rho L^3)(V^3/L) = \rho L^3 g$$

$$\hat{F}_\mu = 黏度 \times \frac{速度}{距离} \times 面积 = \mu(V/L)L^2 = \mu VL$$

$$\hat{F}_\sigma = 单位表面张力 \times 长度 = \sigma L$$

$$\hat{F}_e = 弹性模量 \times 面积 = EL^2$$

$$\hat{F}_{pr} = 单位压力 \times 面积 = pL^2$$

式中,ρ 为流体密度;L 为长度;V 为速度;g 为重力加速度;μ 为流体黏度系数;σ 为表面张力;E 为弹性模量;p 为压力。

4.3.1　弗劳德准则

液压流中惯性和重力的相对影响的参数可由惯性 F 与重力 G 之比的平方根给出,即:

$$\sqrt{\frac{F}{G}} = \sqrt{\frac{\rho L^2 V^2}{\rho L^3 g}} = \frac{V}{\sqrt{gL}} \tag{4-20}$$

式(4-20)称为弗劳德数。弗劳德数的物理意义是,它使作用在流体颗粒上的惯性力相对于颗粒重量具有相对重要性。弗劳德数通常也表示为等式的方程式(4-21),要求模型中的弗劳德编号与原型中的相同,即:

$$\left(\frac{V}{\sqrt{gL}} \right)_p = \left(\frac{V}{\sqrt{gL}} \right)_m \tag{4-21}$$

因为

$$\frac{V_p}{V_m} = \sqrt{\frac{g_p}{g_m} \cdot \frac{L_p}{L_m}} \tag{4-22}$$

用比尺表示,得到:

$$\frac{N_V}{\sqrt{N_g N_L}} = 1 或 N_{Fr} = 1 \tag{4-23}$$

式中,N_V 为体积相似比尺;N_g 为重力加速度相似比尺;N_L 为长度相似比尺;N_{Fr} 为弗劳德相似比尺。式(4-23)为弗劳德相似准则,它主要用于模拟由重力主导的惯性力流体,而多数具有自由表面的流动恰好符合这一情形。在海岸工程领域,大多数水工模型均依据弗劳德准则进行比尺计算。所以,在设计海岸模型时,该准则通常作为主要的相似准则。

4.3.2 雷诺准则

当黏性力在液压流中占主导地位时,重要参数是惯性 F 与黏性力 P 之比,由于:

$$\frac{F}{P} = \frac{\rho L^2 V^2}{\mu V L} = \frac{\rho L V}{\mu} \tag{4-24}$$

式(4-24)即雷诺数。雷诺数的物理解释是,它给出了流体粒子上的惯性力与粒子上的黏性力的相对重要性。雷诺首先使用此数字来区分层流和湍流。当模型中的雷诺数与原型中的雷诺数相同时,即达到:

$$\left(\frac{\rho L V}{\mu}\right)_p = \left(\frac{\rho L V}{\mu}\right)_m \tag{4-25}$$

$$\frac{V_p}{V_m} \cdot \frac{L_p}{L_m} \cdot \frac{\rho_p}{\rho_m} = \frac{\mu_p}{\mu_m} \tag{4-26}$$

进一步地,雷诺准则表示为:

$$\frac{N_V N_L N_\rho}{N_\mu} = 1 \text{或} N_{Re} = 1 \tag{4-27}$$

雷诺相似定律用于模拟黏性力占主导的流体运动,如层流的边界层问题和低雷诺数圆柱体上的受力。

4.3.3 韦伯准则

表面张力的相对影响由惯性力与表面张力的比值得出,即:

$$\frac{F}{\sigma} = \frac{\rho L^2 V^2}{\sigma L} = \frac{\rho V^2 L}{\sigma} \tag{4-28}$$

如果两种流体之间存在界面,并且流体粒子上的表面张力与施加到粒子上的惯性力相比很大,则表面张力可能变得很重要。具体示例包括在水塔中夹带的液体和气泡的薄膜流。当表面张力为主时,通过将原型和模型的韦伯数相等并重新排列以得出韦伯准则:

$$\frac{\rho_p}{\rho_m} \cdot \left(\frac{V_p}{V_m}\right)^2 \cdot \frac{L_p}{L_m} = \frac{\sigma_p}{\sigma_m} \tag{4-29}$$

进一步,有:

$$\frac{N_\rho (N_V)^2 N_L}{N_\sigma} = 1 \text{或} N_{we} = 1 \tag{4-30}$$

在原型的海岸工程问题中很少遇到表面张力效应,但是当在比尺模型中减小时,表面张力效应可能会涉及某些现象。因此,选择线性标尺很重要,以避免潜在的表面张力标尺影响。

4.3.4 柯西准则

惯性力对压缩力的相对重要性的指标由惯性力与弹力之比给出,即:

$$\frac{F_{惯性力}}{F_{弹力}} = \frac{\rho L^2 V^2}{EL^2} = \frac{\rho V^2}{E} = \frac{\rho V^2}{E} \tag{4-31}$$

式(4-31)即柯西数。这个数字在惯性力足够大以引起流体可压缩性变化的研究中很重要。柯西数(Ca)与马赫数(V/c)有关,因为流体中的声速为$c=\sqrt{E/\rho}$,即:

$$Ma^2 = \frac{\rho V^2}{E} = Ca \tag{4-32}$$

马赫数用于研究高速气流。将柯西数的原型值与模型值相等会得出柯西准则,用比尺表示为:

$$\frac{N_\rho N_V{}^2}{N_E} = 1 \text{或} N_{Ca} = 1 \tag{4-33}$$

由于通常认为流体不可压缩,因此该标准在涉及流体流动的沿海工程问题中也几乎没有应用。可能的例外可能是由破碎波捕获的压缩空气对结构造成的力。

在弹性力很重要的结构模型设计中,柯西准则是重要的。例如,当对波浪模型中承受水动力载荷的浮体的系泊缆线弹性特性进行缩放时,需要应用柯西准则。

4.3.5 欧拉准则

将压力作为等式中的从属力,可能会出现压力是作用在流上的主导力的情况,此时则以欧拉数表示压力和惯性的相对重要性,即:

$$\frac{P}{F} = \frac{pL^2}{\rho L^2 V^2} = \frac{p}{\rho V^2} \tag{4-34}$$

通过使欧拉数的原型和模型值相等,即:

$$\left(\frac{p}{\rho V^2}\right)_{\text{p}} = \left(\frac{p}{\rho V^2}\right)_{\text{m}} \tag{4-35}$$

$$\frac{p_{\text{p}}}{p_{\text{m}}} = \frac{\rho_{\text{p}}}{\rho_{\text{m}}} \cdot \left(\frac{V_{\text{p}}}{V_{\text{m}}}\right)^2 \tag{4-36}$$

进一步,有:

$$\frac{N_{\text{p}}}{N_{\rho}N_{V}^{2}} = 1 \text{ 或 } N_{\text{Eu}} = 1 \tag{4-37}$$

5 近岸结构物模型

本章深入探讨了在设计和优化常见沿海结构过程中应用的水力建模技术。在项目的初步设计阶段,通过采用基于通用结构参数化的小尺度物理模型测试,结合所得的经验公式和图表,可以为众多沿海结构提供初步设计方案。此类初步设计通常能够大致估算项目成本或协助选择最符合项目需求的结构类型。然而,当涉及更大、更复杂的沿海建筑设计时,为了确保设计的精确性和经济性,通常会采用物理水力模型来进行深入测试和优化。尽管物理水力模型的建立和运行成本相对较高,但与那些过度设计或需要频繁维修的结构相比,进行模型研究的相对成本仍然是较低的。因此,物理水力模型在沿海结构设计和优化中发挥着不可或缺的作用。

5.1 模型简介

5.1.1 结构类型

实现沿海结构经济设计的稳定性是一项复杂且挑战性的任务,这主要源于波浪与结构之间复杂的相互作用机制。例如,当波浪在倾斜结构上破碎时,其在上升与下降过程中会经历非稳态的速度与加速度场,这为设计带来了极大的不确定性。此外,块石结构因其可渗透性、储水能力以及高能量吸收特性,呈现出更为复杂的动力学行为。为了优化此类结构,通常需要依赖系统的物理模型测试进行验证。

沿海结构的主要功能在于保护海岸线或航道免受波浪及其他流体动力因素的影响。在设计过程中,必须全面考虑各种波高、周期,以及由潮汐、风暴潮和风向引起的水位变化。结构上,有些设计倾向于反射波能,而有些则通过促进在可渗透结构内外波能的破碎与消散,以减少波浪能量的影响。以下是几种常见的沿海建筑结构类型。

(1)抛石结构:块石建筑在防波堤、码头、护岸、海堤及波能吸收结构等场合中广泛应用。抛石结构通过多层次的石块底层与较厚的覆盖层,有效地抵御波浪的侵蚀。此类结构适用于水深较浅的区域,并在采石场资源丰富的地区具有显著优势。此外,它们也作为整体式结构的替代方案,尤其适用于基础材料强度不足以支撑整体式结构的情况。堆石防波堤在港口建设中尤为常见,其孔隙性设计显著降低了港口内由波浪反射引起的干扰。在全球范围内,块石结构的稳定性测试是海岸结构模型测试的重点。

(2)不透水倾斜结构:这类结构与抛石结构具有一定的相似性,但主要由预制砌块构成的护岸或带有沥青覆盖层的防波堤和码头组成。随着波浪在坡度上的破碎,波浪能量逐步消散,但其传播特性较渗透性结构更为显著。

(3)直立墙结构:当基础材料的强度足以支撑其自重时,可建造直立墙结构。这类结构常用于港口的防波堤、海堤和舱壁。其垂直设计不仅便于港口活动的进行,如船只停靠与装卸作业,同时也可通过设置挡板或其他措施来减少波反射。

(4)桩柱结构:随着能源需求的日益增长,工程研究逐步由近岸扩展至深海领域,包括风电工程、油气工程及海洋养殖工程等。在这些深海环境中,波浪和水流成为海洋结构物所承受的主要荷载。特别是破碎波浪,因其强烈的破坏力和复杂的时空演变特性,对海洋平台和桩柱结构产生极大的冲击,因此,对结构所受冲击力的研究一直受到研究人员的广泛关注。

5.1.2 目的和要求

构建碎石堆砌结构稳定性模型的常见目的包括但不限于以下七个方面:

(1)评估在不同水位下受到波浪冲击时,保护斜坡、结构脚趾以及块石保护层的稳定性,进而验证特定设计的有效性或针对块石尺寸制定具有普遍适用性的设计指南;

(2)通过波动分析,明确作用于整体结构上的流体动力学特性;

(3)优化结构类型、尺寸和几何形状,以满足既定的性能要求和预算约束;

(4)深入研究不同结构类型、几何形状和/或构造方法所带来的结构特性,诸如波浪的上升、下降、越浪、反射、透射、吸收以及静态/动态内部压力等;

(5)开发和/或测试针对现有结构损坏的修复方法或改善其性能的策略;

(6)预测提议的修改对现有结构稳定性和性能可能产生的影响;

(7)探索不同波浪条件下的替代施工顺序及其效果。

若模型得以正确缩放和操作,且已识别并量化小尺度效应,则针对上述目的的物理模型测试将产生可靠的定量结果。沿海结构物理模型可设计为二维或三维形式,其中成本较高的三维模型更适用于精准确定定位、长度、高度和对准性,从而更有效地保护海岸防波堤。同样,三维模型亦可用于研究斜波冲击和码头头部的稳定性。

在三维模型中优化总体结构形状后,通常会通过较大比尺的二维模型来进一步检验块体和结构脚趾的稳定性,以及量化越浪量等参数。采用较大的比尺模型有助于降低潜在的比尺效应,并提供符合设计标准且成本效益最优的设计方案。在许多情况下,二维模型是满足功能设计需求所必需的。

在构建沿海结构物理模型之前,必须明确定义以下要素:

(1)拟议的结构设计细节,包括尺寸、几何形状和建筑材料。

(2)环境设计条件,如波浪高度、波浪周期、水位等。在一些主要实验室中,使用不规则波浪以模拟更真实的环境条件是标准做法。

(3)在暴露于设计波浪和水位条件下的结构性能标准,例如可接受的破坏程度、最大波浪爬高、波浪传播等。

(4)周围区域(三维)或波浪接近方向(二维)的测深图细节,以确保在模型中构建具有代表性的底部配置。高质量的测深数据对于在模型中准确模拟波浪变换至关重要。

(5)与该结构目的和功能相关的任何其他标准或要求。

鉴于沿海结构中水动力相互作用的复杂性,在将物理模型作为设计工具使用时,必须格外谨慎。在缺乏全面理解的情况下,我们应着重观察原型和模型中过程的宏观特征,并努力将过程的主要参数与结构的稳定性和响应特性相关联。

5.2 抛石结构

5.2.1 结构尺度

抛石防波堤的稳定性问题涉及的参数及其含义,具体见表5-1。

参数及其含义   表5-1

参数	含义	参数	含义
h	在结构脚趾部的深度	Δ	块石单位形状

参数	含义	参数	含义
D	覆盖层损坏百分比(移位数量块石单位除以放置的单位总数)	θ	结构底坡
g	重力加速度	L	波长
H	波高	μ	防波堤附近水的动态黏度
l_a	块石的特征线性尺寸	ε_a	块石表面粗糙度的实际线性尺寸
V_ω	覆盖层附近的水速	ρ_a	块石单位的质量密度
α	从水平面测得的理想坡度角	ρ_ω	防波堤附近水的质量密度
β	入射波角	N_D	直径的相似比尺

尽管在此处未将波周期列为变量,但已通过波长和色散关系将其隐式包括在内。假设上面列出的所有关于碎石堆砌结构稳定性的重要参数都包括在内,我们可以调用尺寸注意事项以表明存在一个函数,使得:

$$f(V_\omega, H, L, h, \beta, \theta, g, \rho_\omega, \rho_a, l_a, \mu, \varepsilon_a, \alpha, \Delta, D) = 0 \tag{5-1}$$

式(5-1)中的前6个变量与流体动力强迫函数(波浪)有关。接下来的4个变量用于描述护面块体的浮力(或抗重力)。变量 μ 和 ε_a 分别与黏性力和摩擦力有关,而 α 和 Δ 是与结构几何形状有关的参数。

没有已知的数学方程式可控制受到波浪袭击的块石结构。因此,必须通过尺寸和检验分析来确定正确的相似关系。上述参数可表达为:

$$F\left(\frac{l_a}{h}, \frac{H}{L}, \frac{h}{L}, \alpha, \beta, \Delta, \theta, \frac{V_\omega}{\sqrt{gl_a}}, \frac{V_\omega l_a}{\mu/\rho_\omega}, \frac{\varepsilon_a}{l_a}, \frac{\rho_\omega}{\rho_a - \rho_\omega}, D\right) = 0 \tag{5-2}$$

如果我们将损坏百分比(D)视为因变量,则只要等式中剩下的每个独立无量纲参数中的每一个都可以实现物理模型中完全的损伤相似度。对于一组特定的波浪条件,模型中的式(5-2)与原型中的相同,即,对相似性的要求如下:

$$\left(\frac{l_a}{h}\right)_p = \left(\frac{l_a}{h}\right)_m \tag{5-3}$$

$$\left(\frac{H}{L}\right)_p = \left(\frac{H}{L}\right)_m \tag{5-4}$$

$$\left(\frac{h}{L}\right)_{\mathrm{p}} = \left(\frac{h}{L}\right)_{\mathrm{m}} \tag{5-5}$$

$$\left(\alpha\right)_{\mathrm{p}} = \left(\alpha\right)_{\mathrm{m}} \tag{5-6}$$

$$\left(\beta\right)_{\mathrm{p}} = \left(\beta\right)_{\mathrm{m}} \tag{5-7}$$

$$\left(\Delta\right)_{\mathrm{p}} = \left(\Delta\right)_{\mathrm{m}} \tag{5-8}$$

$$\left(\theta\right)_{\mathrm{p}} = \left(\theta\right)_{\mathrm{m}} \tag{5-9}$$

$$\left(\frac{V_{\omega}}{\sqrt{gl_{\mathrm{a}}}}\right)_{\mathrm{p}} = \left(\frac{V_{\omega}}{\sqrt{gl_{\mathrm{a}}}}\right)_{\mathrm{m}} \tag{5-10}$$

$$\left(\frac{V_{\omega}l_{\mathrm{a}}}{\mu/\rho_{\omega}}\right)_{\mathrm{p}} = \left(\frac{V_{\omega}l_{\mathrm{a}}}{\mu/\rho_{\omega}}\right)_{\mathrm{m}} \tag{5-11}$$

$$\left(\frac{\varepsilon_{\alpha}}{l_{\mathrm{a}}}\right)_{\mathrm{p}} = \left(\frac{\varepsilon_{\alpha}}{l_{\mathrm{a}}}\right)_{\mathrm{m}} \tag{5-12}$$

$$\left(\frac{\rho_{\omega}}{\rho_{\mathrm{a}}-\rho_{\omega}}\right)_{\mathrm{p}} = \left(\frac{\rho_{\omega}}{\rho_{\mathrm{a}}-\rho_{\omega}}\right)_{\mathrm{m}} \tag{5-13}$$

以上式中,下标 p 和 m 分别代表原型和模型,式(5-3)~式(5-9)将在几何未变形的模型中实现,但要求是块石结构模型必须在几何上长度尺度不变。值得注意的是,模型的几何比尺缩放扩展到提供基本和底层块石单位的形状和尺寸分布的合理近似值。

式(5-10)给出的条件规定了块体的相似性层弗劳德数,它与流体动力学模型的弗劳德准则指定的条件相同。因此,另一个要求是块石结构模型中的流动流体动力学必须符合弗劳德准则。弗劳德准则指出,相对于重力的惯性力可以正确缩放。根据块石单位的特征线性尺寸(通常是石英石的平均直径),将式(5-11)视为块石层雷诺数的相似性,不可能以缩小的比尺完全满足该准则。但是,如果以足够大的尺度进行模型计算以确保通过主块石层的流动保持湍流,则可以合理地满足此条件。因此,还有一个标准是块石结构模型必须具有湍流整个主要块石层的流动条件。但是,如果流速和单位较小,则模型中的黏滞力可能会更大,从而导致比尺效应。因此,最好在可能的情况下以更大的比尺运行。

式(5-12)所表示的条件表明,原型中块石单元的表面粗糙度所产生的影响应与模型中保持一致。在原型比尺的块石单位里,由表面粗糙度带来的运动阻力可被忽略不计。在模型中,试图通过使结构单元的表面尽可能光滑来减小结构单元的相对粗糙度。如果模型中的块石单元之间存在明显的摩擦,则模型将显示出比其原型等效物更高的稳定性。这可能会导致潜在的不安全设计。最后,由式(5-13)给出的条件指出,相对质量块石单位材料与原型中的流体之间的密度关系必须在比尺模型中得以保持。式(5-13)中给出的无量纲数是块石单位的流体质量密度与浸没质量密度之比。重新排列等式给出了相似性要求,有:

$$\left(\frac{\rho_a}{\rho_\omega} - 1\right)_p = \left(\frac{\rho_a}{\rho_\omega} - 1\right)_m \tag{5-14}$$

进一步,有:

$$\left(\frac{\rho_a}{\rho_\omega}\right)_p = \left(\frac{\rho_a}{\rho_\omega}\right)_m \tag{5-15}$$

式(5-15)对于准确确定模型块石单位的质量密度具有显著的重要性,这一要求是为了确保模型能够精确代表正在测试的盐水防波堤原型在淡水模型设施中的表现。为了获得模型块石单位的质量密度,我们可以通过计算原型块石与模型块石之间的质量比尺来实现。这一比尺可以通过式(5-16)表达:

$$W_a = \gamma_a v \tag{5-16}$$

式中,W_a 为块石单位重量;γ_a 为块石单位密度 $(\gamma_a = \rho_a g)$;v 为块石单位体积。式(5-17)给出了重量范围的关系:

$$N_{W_a} = N_{\gamma_a} N_L^3 \tag{5-17}$$

在处理几何未失真的模型时,可将其体积比尺转换为等效的长度比尺关系。需注意的是,因模型被假定受几何校正比尺约束,所以这种转换仅在能够控制模型材料密度时才有效。以制造的块石(例如混凝土块石)建模为例,一种有效的控制密度的方法是采用塑料(或其他合适材料)与黄铜屑的混合物浇铸模型单位。在浇铸过程中,各组分的相对比例可以灵活调整,从而制造出符合特定密度要求的块石单元,以契合相应的试验要求与条件设定。

从技术上讲,式(5-15)和模型之间的水密度不同时,应始终使用来调整模型块石单位的质量密度。但是,在某些情况下,这并非总是可能或在经济上不可行。一个例子是模型的块石单位价格昂贵,并且经常用于几种不同的研究。尽管在最初的研究中可能已经针对密度正确地对模型单位进行了缩放,但在下一个研究中它们可能没有相同的相对密度关系。另一个例子是,对抛石防波堤进行建模,其中很难找到具有式(5-15)要求密度的模型石。

5.2.2 比尺效应

5.2.2.1 黏性尺度效应

抛石结构物理模型中的关键尺度效应,核心在于底层和核心区域流体流动所伴随的黏滞力影响。在模拟碎石堆稳定性时,在所采用的典型尺度下,块石层内部的黏性尺度效应通常不构成主导问题,因为基于块石单位特征尺寸的雷诺数通常足够大,足以确保流动状态为完全湍流。然而,值得注意的是,在某些特定的底层和核心材料配置中,雷诺数可能会下降至一个临界值以下,该值被普遍认为对避免尺度效应具有至关重要的作用。在此情况下,黏滞力的影响将变得更为显著,并可能对抛石结构的稳定性和流体动力性能产生不可忽视的影响。

Dai 和 Kamel 将在实验室进行的一系列小尺度试验与大尺度试验数据相结合,以研究光滑和粗糙的石英石和四脚块石的流动雷诺数的黏性尺度效应。块石层的雷诺数速度表示为 $V_\omega = \sqrt{gh}$,因此雷诺数以下形式表示:

$$Re = \frac{\sqrt{gh}\, l_a}{v} \tag{5-18}$$

式中,l_a 是典型的块石单位长度,按式(5-19)计算:

$$l_a = \left(\frac{W_a}{\gamma_a} \right)^{1/3} \tag{5-19}$$

计算每个条件的稳定性数作为方程式给出的参数。结果发现,雷诺数大于 $3×10^4$ 时,稳定性数相似。

可以用 1:30、1:45 和 1:60 的比尺合理地再现 San Pedro 防波堤的原型损坏。Oumeraci 引用了代尔夫特水力学实验室的一项研究,即对 Arzew 防波堤进行最终修复的 1:61 比尺物理模型产生的结果与 1:11 大比尺模型相同。Mol 等讨论了对 Sines 防波堤的测试,其中比尺为 1:85、1:78 和 1:12 的模型产生了相同的稳定性结果。在这两种情况下,当流动雷诺数大于 $3×10^4$ 时,稳定性数相似。

在模型防波堤的底层和堤心中,材料尺寸的几何缩放可能会导致黏性尺度效应,因为这些层的渗透性会降低,并导致结构内部相对较高的下冲压力或不同的透射和反射值比原型比尺的情况要好。使用 Le Mehaute 和 Keulegan 的方法,得出方程中使用的失真因子 K,以确定模型材料的直径 D。

$$\frac{L_p}{L_m} = K\frac{D_p}{D_m} \text{ 或 } N_L = KN_D \tag{5-20}$$

Jensen 和 Klinting 研究了多孔结构中层流和湍流引起的尺度效应。他们指出,相似性要求模型中的防波堤中的水力梯度必须与原型中相同。这可以通过在模型中使用相对较大的堤心石来实现。Van der Meer 使用不规则波对块石和护岸稳定性进行了广泛的物理模型测试。他通过在 Delta Flume 中采用大比尺模型再现小尺度模型稳定性测试来检验其稳定性方程的有效性,在高于 4×10^4 的块石层雷诺数(这是他的测试中最小的雷诺数)时,没有发生黏性尺度效应。Sakakiyama 和 Kajima 推导了哈德森公式中的稳定系数(K_a)与阻力系数 C_D 之间的理论关系。他们使用 16~6800g 共三种型号的四脚块石模型进行试验,发现单个块石单位上的波浪力在较小的尺度上相对较大。由此得出结论,尺度效应是由相对拖曳力随雷诺数变化而产生的变化所导致的。

上述研究普遍认同了块石相似性的重要性,并指出当块石单位雷诺数降低至某一临界值以下时,模型中的黏性力将对结构的稳定性产生显著影响。然而,值得注意的是,不同研究中关于这一临界雷诺数值的界定存在显著差异,其范围大致在 6×10^3~4×10^5 之间,相差近两个数量级。因此,为了更准确地评估黏性力对稳定性的影响,并消除黏性尺度效应带来的潜在干扰,建议在进行稳定性模型研究时,应尽可能选择较大的比尺进行试验,以确保雷诺数维持在足够高的水平,从而更贴近实际工程环境,提升研究的准确性和可靠性。

5.2.2.2　反射和透射尺度效应

在针对沿海块石结构的试验研究中,波浪反射与透射现象的重要性不言而喻。对于半透性结构,如防波堤和码头,准确模拟波浪传播是其设计的关键要素。同时,对于所有结构类型而言,正确建模的波浪反射都具有不可忽视的重要性。诸如碎石护坡之类的结构,其内部空隙能有效消散波能,因此在这些结构上实现波径的精确模拟,要求模型中的波传播与波反射特性与原型结构具有高度的相似性。

然而,相较于原型结构,多孔、块石结构的几何尺寸物理模型(常因模型块石单位雷诺数过低)通常表现出较低的波能量反射与透射。这种现象源于模型结构内部层流状态的存在,而原型结构在相同条件下应呈现完全湍流状态。为了克服这一局限性,研究人员可以通过在模型结构块石外层设置金属丝网等装置来模拟湍流,从而有效减少模型中的波反射,使其与原型结构的反射值趋于一致。这一方法旨在提高模型试验的准确性,为沿海块石结构的设计与优化提供更为可靠的依据。

5.2.2.3　水密度效应

多数块石结构模型在实验室环境中均采用淡水作为测试介质,此举旨在规避盐水对昂贵的造波机或模型设备中其他金属部件可能造成的腐蚀风险。当原型结构处于盐水环境中(这在实际情况中尤为常见)时,对模型块石的校正过程显得尤为关键。为确保模型与原型之间的准确对应关系,必须运用等式所给出的比尺关系来精确制作单位块石,从而确保模型在淡水环境中模拟的效果能够真实地反映原型在盐水环境中的行为特性。

5.2.2.4　摩擦尺度效应

如果波浪传播距离很长,则在沿海结构模型中可能会产生底部摩擦尺度效应。由于长度尺度的显著影响,块石结构模型在此类情况下通常不被优先考虑。然而,另一个不可忽视的摩擦效应源于相邻块石单元间的接触摩擦。在原型块石堆结构中,相较于主导结构响应的波浪作用力,接触摩擦力往往被视作次要因素而忽略(除非该结构采用特定设计的人工块石,旨在通过单元间的摩擦联锁来增强稳定性)。然而,在小型物理模型中,单元间的摩擦力可能与原型存在显著差异,因为模型块石单元的表面相对粗糙度可能更为显著。

目前,关于接触摩擦尺度效应的系统性研究较为匮乏。为了尽可能减少块石单元间的摩擦,一种标准做法是改善模型单元的表面光滑度。例如,通过涂装漆料可以创造更平滑的表面,并有助于识别潜在的损坏区域。这种做法旨在提高模型与原型在接触摩擦方面的相似性,从而增强模拟结果的准确性。

5.2.2.5　掺气比尺效应

Hall进行了一项试验,检查了气泡直接在结构上破裂并随着水迅速流过固体块石单元而进行流动分离,从而将气泡带入块石模型中的过程。Hall指出,由于原型和模型之间的韦伯数缺乏相似性,因此在小比尺物理模型中夹带的气泡不会是相似的,这会引发模型中的气泡比原型中的气泡相对更大,从而导致模型中的能量耗散过多。因此,块石堆斜坡上的总能量耗散将大于应有的水平,并且波径将受到一定程度的影响。

尽管人们对这种尺度效应的理解不够深刻,无法对尺度效应或经验校正技术进行量化,但Hall还是能够确定这种效应的趋势,以帮助未来的研究。这些趋势表示为:

(1)大多数空气夹带发生在静止水位以上;

(2)波浪中夹带气泡进入结构上升,然后由于浮力而垂直上升;

(3)对于恒定的波浪高度,充气随着波浪周期的增加而增加;

(4)气泡渗透的深度随着波浪高度的增加而增加;

(5)柱塞破损引起最大程度的充气;

(6)由于流动分离而产生的气泡向波上升的方向倾斜;

(7)空气浓度和气泡渗透率随结构斜坡坡度加大而增大;

(8)在高渗透性的结构中通气更为严重。

5.2.3　模型验证

抛石堆结构模型研究的验证工作面临诸多挑战,这几乎被认为是一项艰巨的任务。由于大多数研究聚焦于尚未完善的设计的试验与优化,对于现有结构进行修改的研究往往缺乏足够的原型数据来支持其验证工作。

多数模型测试均依赖于经过广泛验证的缩放指导原则,这些原则已在多项研究中被证实是可行的。通过遵循这些指导原则,研究人员能够在缩放模型中精确地重现原型结构的损坏模式。这种方法不仅提高了模型测试的准确性和可靠性,还有助于深入理解抛石堆结构在复杂海洋环境下的响应机制。尽管如此,但在试验过程中,某些测量结果仍然不可避免地会产生比尺效应,采用大比尺模型试验成为一种行之有效的解决方案。

5.2.4　比尺选择

所有沿海结构模型的尺度选择都涉及在尽可能大的尺度上建立,以避免潜在的尺度效应和在较小比尺下进行测试的经济性之间的折中。在块石结构测试的可接受范围内,比尺的选择决定受实际考虑因素的影响,例如可用模型块石的大小,可用波浪水槽和水槽的水深以及波浪产生能力。有时,研究人员会使用一组模型块石,通过简单地改变长度比尺并相应地改变模型水深和波浪条件,来对几种不同的原型条件进行建模。比尺的范围由波浪槽尺寸和波浪产生能力决定。

基于过去的案例,Hudson等人建议,块石稳定性试验的合适比尺范围在1:5~1:70之间。哈德森在实验室进行的大多数测试的比尺在1:40~1:50之间。Oumeraci指出,块石结构模型的线性比尺在1:10~1:80之间,最常见的是1:50。Jensen和Minting给出了更大的1:30比尺。

5.3　直立墙结构

本节所探讨的直立墙结构,根据其水渗透性特性,可被分类为不同的类型。当该结构不透水时,它能够作为正常入射波的几乎完美反射体,实现高效的波浪反射。此外,垂直壁结构亦能设计为允许部分流体通过的沉井型结构或穿透结构,以适应特定的工程需求。通常情况下,这些垂直壁面会延伸至海底,以确保结构的稳定性和密封性。然而,在复合结构的设计中,垂直壁部分可能仅位于碎石堆的底部,这样的设计旨在通过碎石堆的堆积和分布来增强整体结构的稳定性和流体力学性能。

5.3.1　结构尺度

物理模型测试直立墙结构的重要性之一在于准确测定水动力波荷载在结构上产生的压力。在某些特定条件下,例如平直入射的连续波浪,分析计算能够提供满足设计要求的预估值。此外,随着数值建模技术的近期发展,我们已显著提高了对垂直结构上受力情况的预估能力。然而,当替代技术无法满足需求,尤其是在需要验证设计负荷假设的关键时刻,物理模型测试则成为不可或缺的替代方案。这种试验方法能够直接模拟实际的水动力条件,从而提供更为可靠和准确的数据支持,确保结构设计的合理性和安全性。

5.3.1.1　非破碎波浪

在非破碎波条件下,采用弗劳德标度法对直立墙和沉箱进行了建模。一般情况下,尺度效应对非破裂波的影响很小,但必须注意。

弗劳德比尺模型中测得的力和压力将与原型等效物相似,前提是该模型不会受到直接在结构上破裂的波浪造成的任何冲击或脉冲载荷。

5.3.1.2 破碎波浪

直立结构通常布置于海岸线,面临波浪直接在其表面破裂的情境。这种波浪破裂会导致短时间内产生高强度的冲击压力,成为设计工程师必须考虑的关键因素。鉴于这一过程的复杂性,现有的分析方法往往难以完全捕捉其动态特性,因此,物理模型的应用显得尤为重要。

进一步地,波浪的重合条件可能加剧直立墙的受力状况,这一效应同样需要通过物理模型来量化。对于不透水的直立墙壁,波浪破裂时产生的冲击压力因其特征和大小的不同而具有显著的变异性。这些冲击压力的形成受到以下关键物理因素的影响:

(1)波浪特征,涵盖波浪的尺寸、进近角、结构脚趾尖处的水深、海底倾斜度以及结构的反射特性;

(2)波浪撞击结构表面时夹带的空气在水中的浓度以及压力夹带的气泡的动态行为;

(3)存在于结构和波阵面之间的气穴中的压力变化;

(4)由波阵面形成的气穴中,由于空气向上或向侧面逸出而产生的压力波动。

Hudson 等对破碎波冲击垂直壁面的现象进行了尺寸分析,其研究成果揭示了水、压缩空气与毛细作用力之间复杂的相互作用机制。这种复杂性不仅增加了分析比尺效应潜在来源的难度,也限制了经验校正的精确性。因此,在设计和操作直立墙结构的模型时,应严格遵循弗劳德准则,并采用适当的近似方法将模型结果缩放至原型值,以确保设计的准确性和可靠性。

5.3.2 比尺效应

直立结构上的波浪冲击模型没有任何明显的比尺效应,现代压力测量仪器可以确保获得准确的压力记录。同样,可渗透的沉箱型结构将不受比尺效应的影响,只要流经结构内部的流体在模型中保持湍流即可。因为沉箱的设计允许波浪的很大一部分进入结构,所以这种比尺效应通常在模型中不是问题。

波浪直接在垂直壁面结构上破裂,会产生冲击压力,产生很难定义的尺度效应。尽管实验室仪器足以捕获这些短期、高强度的压力,需要更多的研究来量化尺度效应,并发展经验修正,将模型测量转化为原型尺度。众所周知,实验室破碎波中的引气量小于原型机中的风量,但由于表面张力表示不当,气泡较大,在更好地理解这些比尺效应之前,应在尽可能大的范围内运用这类最佳方法对模型进行操作。与大多数弗劳德比尺的沿海物理模型一样,使用淡水模型表示盐水原型时出现的比尺效应被认为很小,并且没有经过任何特殊校正。

5.3.3 模型验证

在涉及对现有直立墙结构进行修改或优化时,对结构本身的验证显得尤为关键。例如,为了解决覆盖问题,研究人员可能会提出修改或加高垂直结构的方案。若条件允许,在现有结构上合理布置压力测力传感器,并收集充足的波浪与压力数据,对于物理模型中再现现有条件下的压力将具有极高的参考价值,进而为修改后结构模型的测量提供更为坚实的依据。

尽管弗劳德准则通常被假定为在没有直接验证数据的情况下,能够从模型中提供合理的设计负载,但在处理涉及冲击压力的情况时,这一准则的应用需要更为审慎。由于冲击压力的形成机制尚未完全明确,研究人员在设计涉及此类压力的模型结果时,应持保守态度,确保设计的安全性和可靠性。因此,即便在没有直接验证数据的情况下,弗劳德缩放比尺假设通常能够作为模型设计负载的基础,但在处理冲击压力相关的设计时,保守性应始终作为首要考虑因素。

5.3.4 比尺选择

直立墙结构线性尺度的选择是一个综合考量多种实际因素的过程,这些因素包括但不限于所处环境的最大水深、潜在的最大波高生成能力,以及现有压力传感器的技术特性等。Hudson等在回顾了20世纪60年代进行的大量研究后指出,这些研究中的大多数在尺度选择上倾向于线性比尺,且通常介于1:20~1:50之间。

随着技术的不断进步和试验条件的改善,主要的实验室已经建立了原型尺度的波浪水槽(如德国GWK大比尺波浪水槽、中国交通运输部天津水运工程科学研究院大比尺波浪水槽)。这些水槽不仅允许在接近实际原型的尺度下对直立墙结构和沉箱进行测试,而且为研究人员提供了更为准确和可靠的试验数据,从而进一步推动了直立墙结构设计和分析的科学化、精细化。这种发展不仅增强了我们对直立墙结构性能的理解,也为实际工程应用提供了更为坚实的理论基础和技术支持。

直立墙结构模型试验的主要焦点在于精确测量压力及其对垂直壁面的影响。这些模型通常由具有足够刚性的材料制成,如木材、钢或塑料等,以确保其在模拟实际环境条件下的稳定性和可靠性。为了防止波浪荷载引起的模型移动,模型应配备足够的镇流器或严格固定在波浪水槽上。此外,压力传感器可以直接安装在模型壁上,并通过外部表面冲洗来确保测量数据的准确性。

在测定垂直壁面载荷时,一种替代的模型技术是通过在壁面支撑点上安装应变片来测量结构的总作用力和倾覆力矩。然而,这种方法的一个显著缺点是它无法提供关于压力分布的具体信息。此外,由于压缩和锤击冲击产生的力载荷通常与非冲击压力不同,因此在模型测试中必须避免这种情况的发生。直立墙整体结构通常具有足够的质量来稳定地承受波浪力的作用。然而,当需要进行模型稳定性测试时,结构的重量和质量分布必须根据弗劳德准则进行精确缩放,以确保模型能够准确地模拟实际结构在波浪作用下的动态响应。这一步骤对于确保模型试验结果的准确性和可靠性至关重要。

在对近岸模型试验的设计原则进行介绍之后,接下来将结合考虑材料强度的胶结抛石堤试验和直立式防波堤试验阐述两个试验案例,阐明大比尺波浪水槽试验的过程及比尺效应的影响,对重点考量因素的结果分析。

5.4 试验案例(胶结抛石堤)

5.4.1 试验概况

防波堤越浪对堤后设施产生的影响非常重要,过高的越浪量会对堤后设施造成严重破坏,因此要将越浪量需要控制在合理范围内。国内外出台了很多关于防波堤允许越浪量的标准和规范。允许越浪量的设计需要考虑多方面因素,包括港内泊稳、堤后次生波、堤后路面正常使用以及人民生活和财产安全等因素。本书基于大比尺波浪水槽试验,通过自流可控灌浆技术,在空气与水中将防波堤护面块石胶结,得到具有不同孔隙与粗糙度胶结堆石防波堤,研究防波堤的消浪效果与稳定性。

本次抗冲刷试验在交通运输部天津水运工程科学研究院大比尺波浪水槽内进

行。水槽尺度为456m×5m×12m,能够产生各种规则波和不规则波,造波有效周期为2~10s,最大造波能力为3.5m,见图5-1。该大比尺波浪水槽配有循环式造流系统,最大流量为20m³/s。所有控制系统均采用计算机自动调节控制。

a)内景　　　　　　　　　　　　b)外景　　　　　　　　　　c)试验段观察窗

图5-1　大比尺波浪水槽实景

水槽两端均设有消波装置,同时水槽两端设有连通管路,以使试验过程中模型两侧的水位保持不变。

波高测量采用量程为5m的大型动态电容式波高测量系统(图5-2),压力测量采用2008型数据采集系统(图5-3)。

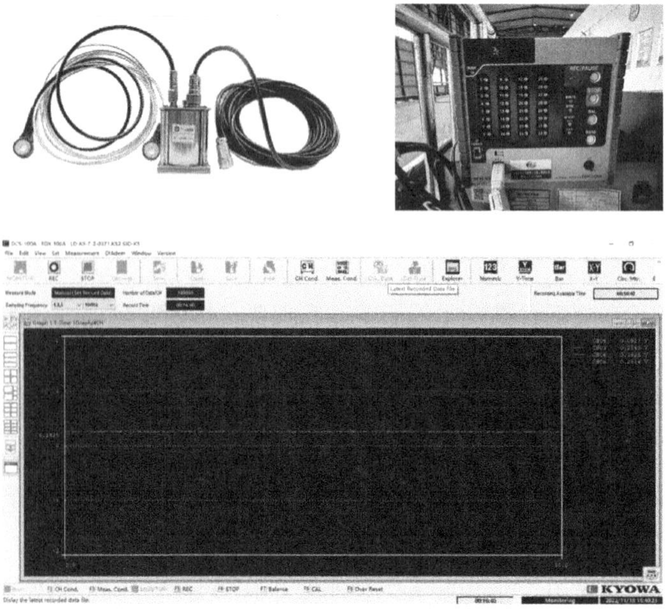

图5-2　大型动态电容式波高测量系统

图5-3 2008型数据采集系统

越浪量收集装置如图5-4所示,两侧水箱对称布置,水箱长×宽×高为112cm× 70cm×30cm,装满容积约为0.24m³,其中U形导水槽长5m。根据试验前后水箱内水位的高度差,即可算出单个波高的平均越浪量,计算公式如下:

$$Q_{\text{wave overtopping}} = \frac{(h_1 - h_0) \cdot d \cdot l}{W \cdot T \cdot N} \tag{5-21}$$

式中,h_1为终止水位(m);h_0为初始水位(m);d、l分别为水箱长、宽(m);W为堤顶宽度(m);T为时间(s);N为造波个数。

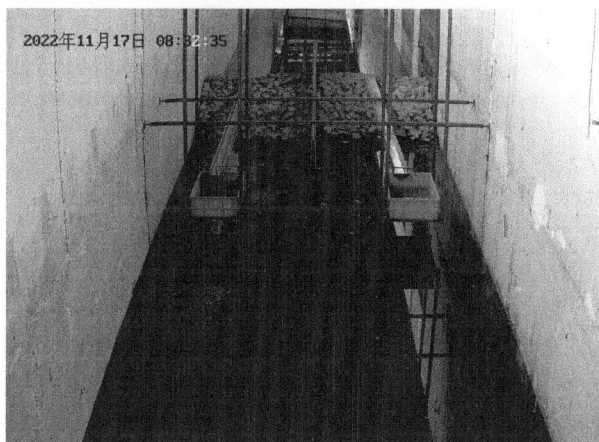

图5-4 越浪量收集装置

本试验视频采集系统采用的是海康DS-2CD3A20F-IS 200万红外防水夜型筒型网络摄像机,阵列红外50m,背光补偿,3D数字降噪,数字宽动态,支持H.264编码。最高分辨率可达2560×1920,可输出实时图像。

本试验共布置5个摄像头,分别位于堤前10m处一台、堤后10m处一台、堤顶正上方7m处一台、未胶结侧一台以及胶结侧一台,采用手动录制,摄像头画面如

图5-5所示。摄像头可以清晰地实时监控防波堤各个角落,为验证防波堤稳定性提供对照画面。

图5-5　摄像头方位(堤前)

5.4.2　试验方法

5.4.2.1　模型比尺

物理模型试验采用大比尺波浪水槽进行,模型比尺为1:5,原型参考乌姆盖万项目 $B—B$ 断面进行设计。

结构化胶结堆石海堤试验原型设计图如图5-6所示。

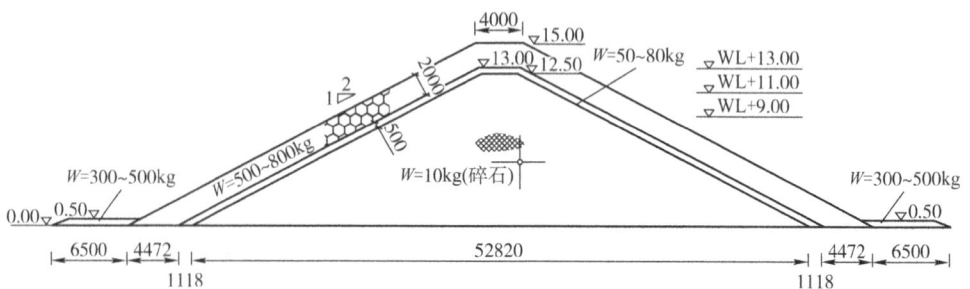

图5-6　结构化胶结堆石海堤试验原型设计图(尺寸单位:mm;高程单位:m)

根据比尺换算,结构化胶结堆石海堤试验模型如图5-7所示。

本书将通过波浪水槽试验研究结构化胶结堆石海堤抗海浪冲刷的性能及波浪消能的机制。针对新型海堤结构,可在实验室内中产生真实的海浪环境,还可以模拟和优化堆石、水下浇筑等施工工艺,并通过测定不同胶结孔隙的防波堤反射系数、波浪爬高越浪、表面压强等参数,研究新型海堤结构的消浪机理。

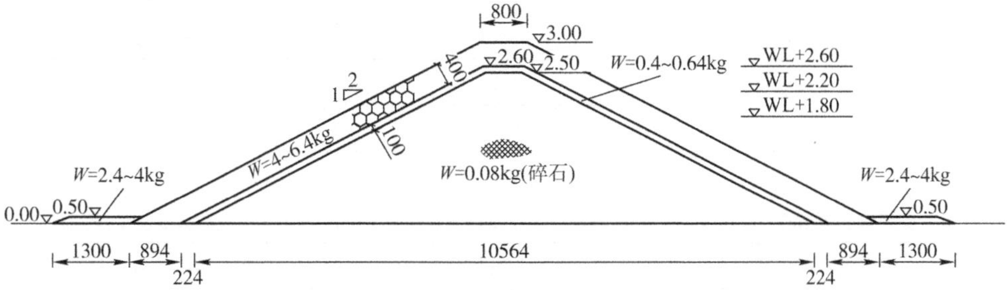

图5-7　结构化胶结堆石海堤试验模型(尺寸单位:mm;高程单位:m)

防波堤底部长12.8m,堤顶长0.8m,堤顶高程3m,斜坡坡度为1:2。其中堤心石采用直径5~7cm、单个重量为0.08kg左右的碎石,堆填高程为2.5m,堆填总体积为71m³;护面垫层厚0.1m,护面垫层石采用直径10cm、单个重量为0.4~0.64kg的碎石,铺设总体积为3m³;堤面块石层厚0.4m,采用直径14~16cm、单个重量为4~6.4kg的块石,铺设总体积为11m³。

在模拟试验中,主要考虑重力、惯性、弹性和摩擦力等相似,着重考虑惯性和重力,试验采用弗劳德数相似准则,则模型材料与原型混凝土的比尺关系如下:

质量:$m_m = m_p/\lambda^3$;

密度:$\rho_m = \rho_p$;

抗弯强度:$\sigma_{fm} = \sigma_{fp}/\lambda$;

抗拉强度:$\sigma_{tm} = \sigma_{tp}/\lambda$;

抗压强度:$\sigma_{cm} = \sigma_{cp}/\lambda$;

弹性模量:$E_m = E_m/\lambda$;

泊松比:$u_m = u_p$;

摩擦因数:$f_m = f_p$。

其中,λ为模型比尺,下标m表示模型量,下标p表示原型量。在模型试验中,最主要的是密度、强度要满足模拟要求。经过计算,模型尺度见表5-2。

模型尺度表　　　　　　　　　　　　　　　　　　　　表5-2

项目	模型值	原型值
护面厚度(m)	0.4	2.0

项目	模型值	原型值
护面块石(kg)	4~6.4	500~800
护面垫层厚度(m)	0.1	0.5
护面垫层块石(kg)	0.4~0.64	50~80
护脚厚度(m)	0.1	0.5
护脚长度(m)	1.5	7.5
护脚块石(kg)	2.4~4	300~500
自密混凝土强度(MPa)	9.7	48.5

5.4.2.2 模型设计

首先,在大水槽试验段南侧用铅线画上防波堤堤心主体结构、护面垫层与护面块石铺设厚度的轮廓线,同时在试验段北侧用木板将墙壁与观察窗保护起来,防止混凝土浇筑及后续拆毁时对墙面及观察窗产生不可逆的危害。将堤心石与护面垫层石用料斗吊至大水槽内,开始铺设,铺设成果如图5-8所示。

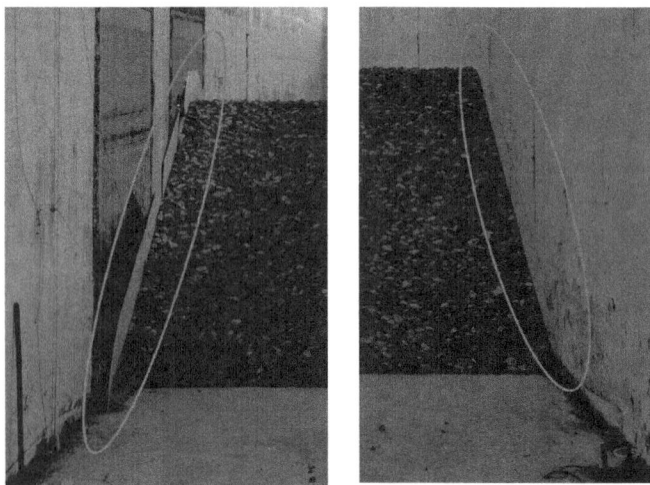

图5-8 轮廓线与隔离板

主体结构铺设完毕,将事先制作好的压力传感器钢架埋设入堤前坡面上,铺设时将传感器最低点与最低试验水位1.8m对齐,距离防波堤堤脚4m,铺设情况如图5-9所示。

a)北侧压力传感器布置　　　　　　b)南侧压力传感器布置

图5-9　传感器布置图

后将堤面块石自然抛填至护面垫层上并密实,抛填完成后,以0.9m为间距进行喷漆,方便后序观察防波堤胶结与未胶结测块石稳定性、波浪爬高。总体防波堤铺设效果如图5-10所示。

图5-10　总体浇筑效果图(三维重构)

1)材料胶结配合比

(1)硼砂用量的确定。

在实际工程与试验中,将大量的新拌自密实混凝土运输至浇筑位置,需要一定的时间,但混凝土的流动性会随着时间延长逐渐变小,混凝土的流动性是混凝土填充块石效果是否良好的一个重要因素,因此此次配制的混凝土需要在一定的时间保持流动性无明显衰减。根据经验,在波流水槽浇筑试验中,运输混凝土至浇筑位置并完成浇筑工作大约需要23min,所以混凝土的流动性在出机至浇筑完成

(30min左右)的这一时间段内,流动性应无明显损失,并且在30min之后为了形成具有一定强度的混凝土块石胶结体,混凝土在30min之后应快速初凝硬化。

为了达到缓凝的效果,向混凝土内加入一定量的硼砂,但在试验过程中,存在硼砂与粗集料干拌工序下小份量混凝土与大份量混凝土扩展度不一致的问题,因此设置硼砂与粗集料干拌,以及硼砂溶液与粗集料干拌对照组,见表5-3。

硼砂颗粒对混凝土扩展度的影响 表5-3

自密实混凝土配合比											
组号	组成					石子		外加剂		硼砂 (kg)	扩展度 (mm)
	普通水泥 (kg)	快硬水泥 (kg)	水 (kg)	砂 (kg)	石子 (kg)	类型	级配 (mm)	保塑剂 (kg)	减水剂 (kg)		
1	4.46	1.12	2.12	6.70	7.43	碎石	5~10	0.0175	0.0175	0.14134	620
2	8.92	2.23	4.24	13.40	14.85	碎石	5~10	0.035	0.035	0.28268	540
3	4.46	1.12	2.12	6.70	7.43	碎石	5~10	0.02	0.02	0.14134	离析
4	8.92	2.23	4.24	13.40	14.85	碎石	5~10	0.04	0.04	0.28268	610

由以上对照试验,可以得出以下三个结论:

①导致扩展度变化的原因在于硼砂。

②大份量混凝土扩展度缩小,是因为集料用量增加,硼砂难以与集料均匀混合,同时硼砂易黏结,硼砂量越多,在搅拌机内更容易黏结成小块体。硼砂更难以与集料均匀混合,而小份量混凝土相对来说混合更加均匀。

③相比于增加搅拌时长,制成溶液之后扩展度更能保持一致,因为硼砂溶入水中,在搅拌机内能充分地均匀依附在集料表面,在水泥熟料颗粒表面形成硼酸钙包裹层来实现其缓凝作用。

在接下来的试验中,又存在普通水泥与快硬水泥掺混下硼砂没有起到缓凝效果的问题,因此设置了普通水泥与快硬水泥掺混和纯快硬水泥的砂浆对照试验,试验结果如图5-11所示。

由上述试验可以确定,硼砂只对快硬水泥起作用,对普通水泥无作用,故将普通水泥全部换为快硬水泥并进行砂浆保坍试验,以确定最佳硼砂用量为混凝土质量的0.125%。

(2)斜坡模拟浇筑试验。

本试验对堆石海堤进行结构化胶结,经前期试验确定,自密实混凝土配合比见

表5-4、表5-5。自密实混凝土流动性为600mm×600mm,其流动性可维持30min。混凝土材料强度比尺为1:5。

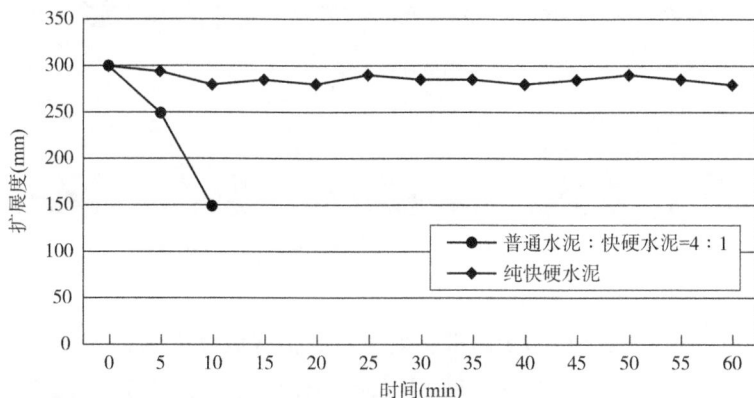

图5-11　混凝土水泥对照砂浆试验

自密实混凝土配合比　　　　　　　　　　　　表5-4

项目	硫铝酸盐水泥	水	细集料	粗集料(5~10mm)	保塑剂	减水剂	硼砂
数值	41.23kg	15.67kg	49.51kg	49.51kg	125.62g	125.62g	195.5g

自密实混凝土性质(水下)　　　　　　　　　表5-5

项目	坍落扩展度	V漏斗	初凝	终凝	6h强度	24h强度
数值	600mm×600mm	12.8s	45mins	5h	2.1MPa	9.7MPa

此自密实混凝土设置了流动填充试验,根据模型试验要求,将堆石体坡度设置为1:2,上层堆石重量为4~6kg、堆石厚度为0.4cm,下层堆石重量为0.4~0.64kg、堆石厚度为0.1cm。将此配合自密实混凝土定点浇筑在堆石体上方,用量为0.075m³,最终自密实混凝土流动深度可达30cm,宽度0.57m,长度0.85m。因此,浇筑点间距设为左右相隔1m,前后相隔0.85m。图5-12所示为混凝土流动结果。

2)胶结过程

胶结具体工序流程如下:

(1)将原料按砂、水泥、水、石子的顺序依次倒入搅拌机,倒入砂、水泥后搅拌30s,倒入水后继续搅拌15s再倒入石子。

图 5-12　混凝土流动结果

（2）在搅拌机中搅拌 10min。

（3）用起重机将搅拌机吊至防波堤处按点位依次进行浇筑。

（4）用起重机将搅拌机吊回一楼,工人将搅拌机壁上干结的混凝土块清理完后准备材料搅拌下一锅。

（5）实测平均每浇筑一个点需要 23min,总共用时 13h。

浇筑效果图见图 5-13。

a)整体效果　　　　　　　　　　　b)局部效果

图 5-13　浇筑效果图

3）传感器布置图

本试验利用远离海堤的波高传感器进行入反射波分离,并计算反射系数;利用布置在海堤上的波高传感器测定波浪变形破碎等参数;利用平行于斜坡的爬高传感器测量波浪爬高;利用分别布置在表面、胶结块石下方和内部块石中部的压强传感器测量不同位置的压强变化。

本试验波高传感器分别布置海堤上下侧,间隔为 2m;爬高传感器分别布置在胶结堆石海堤侧与堆石海堤侧中央;压力传感器在海堤的护面层上方与下方等间距放置,胶结堆石海堤侧与堆石海堤侧护面均需布置。为了实时记录试验过程中海堤消波情况,本试验在海堤上方前、中、后位置分别布置摄像装置。本试验通过单宽U形槽将海堤上方越浪存储在盛水箱中。传感器具体布置如图5-14所示。

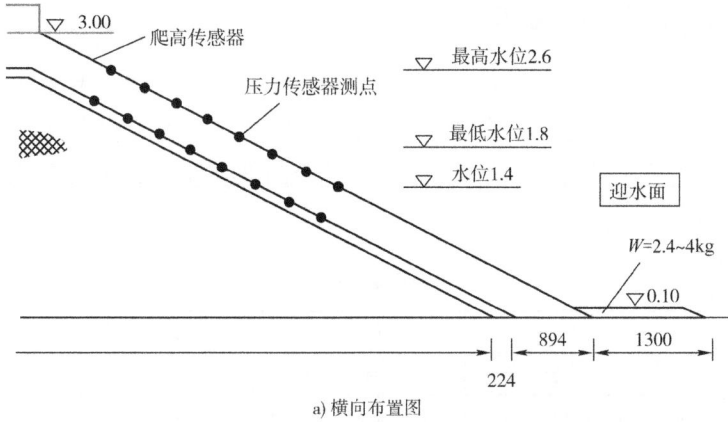

a) 横向布置图

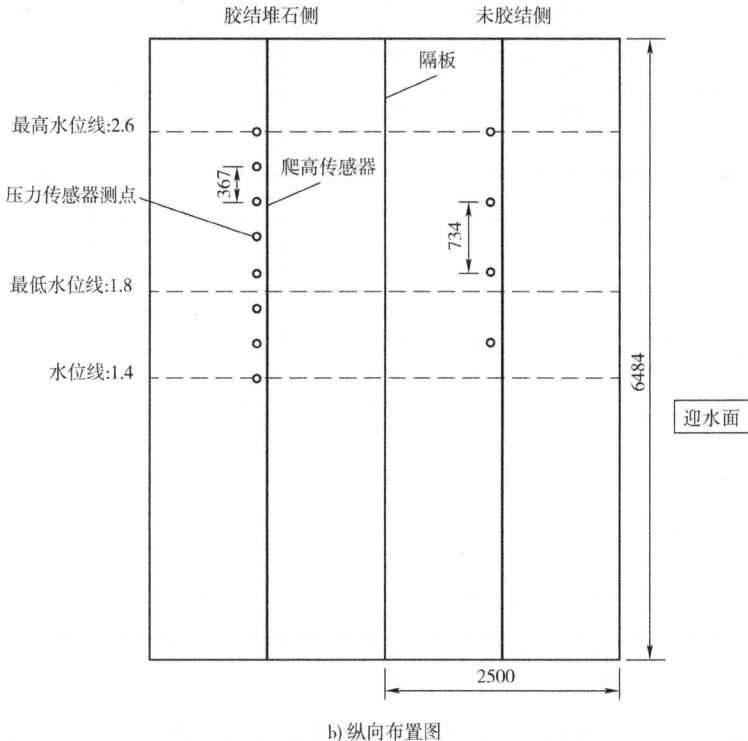

b) 纵向布置图

图5-14　压力传感器布置图(尺寸单位:mm;高程单位:m)

5.4.3 试验工况

5.4.3.1 波浪爬高、越浪试验

护岸暴露在JONSWAP谱中,每次试验测试1000个波。试验因素有水位、波高与波周期。由于在波浪率定过程中,水槽内无法稳定形成破波参数$\xi<1.8$的破碎波,因此试验去除了部分试验组次,以保证试验的准确性。最终试验工况如表5-6所示。

试验工况 表5-6

组次	水位(m)	波高(m)	波周期(s)	波长(m)
1	13	4	9	74.4
2	13	2.5	9	74.4
3	13	2.5	7	55.2
4	13	1	9	74.4
5	13	1	7	55.2
6	13	1	5	34.9
7	11	4	9	65.4
8	11	2.5	9	65.4
9	11	2.5	7	49.3
10	11	1	9	65.4
11	11	1	7	49.3
12	11	1	5	32.2
13	9	2.5	9	53.3
14	9	2.5	7	41.4
15	9	1	9	53.3
16	9	1	7	41.4
17	9	1	5	27.9

对于波浪爬高的数据,利用MATLAB程序对波高仪收集的数据进行处理,得到2%大波正峰值。正峰值在垂向方向的投影即为波浪爬高。在试验过程中,摄像机分别拍摄南北两侧的防波堤。通过对每次试验的视频分析,手动标记波浪爬高最高点,以验证波高传感器数据的准确性。

波浪越过防波堤堤顶,通过 U 形槽流入盛水箱中。记录越浪装满盛水箱的时间,可计算得出平均越浪量。Sara Mizar Formentin 基于 CLASH 数据库,使用人工神经网络(ANN)工具,预测描述波浪-结构物的相互作用的主要参数——平均越浪量、波透射系数和波反射系数。本试验同时使用了人工神经网络预测每一组次的平均越浪量,最后将预测结果与实际平均越浪量进行对比分析。

5.4.3.2 海堤稳定性试验

为了研究在不同水位的最大波浪波高与周期下,不同胶结形式海堤的稳定性,可以通过对比波浪作用前后截面的差异,例如位移的块石数量来描述。由于本研究的 4 种防波堤结构的护面坡度、长度与高度一致,因此使用与上述因素无关的无量纲损伤水平参数 s_d 来评价海堤在波浪暴露后的损伤程度。图 5-15 为防波堤结构损伤示意图。

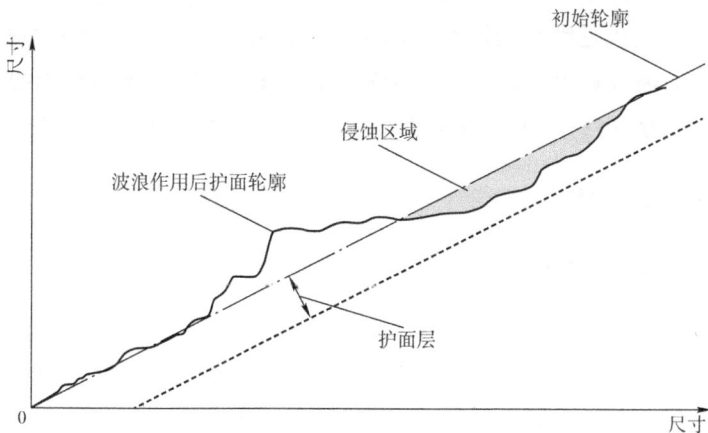

图 5-15 防波堤损伤结构示意图

损伤参数 s_d 按式(5-22)计算:

$$s_d = A_e/D_{50}^2 \tag{5-22}$$

式中,A_e 为侵蚀面积;D_{50} 为防波堤护面块石的中值粒径。

损伤参数 s_d 表示侵蚀区域内粒径为 D_{50} 的立方体块石的数量。损伤参数 s_d 数值越大,代表防波堤的损伤程度越严重。防波堤的损伤程度分为三个等级(damage level):开始破坏(start of damage)、失稳(intermediate damage)、破坏(failure),并分别对应 s_d 的不同数值范围。s_d 取值的界限主要取决于防波堤结构的坡角,表 5-7 为不

同坡角的损伤参数 s_d 的参考值。本试验的防波堤坡度为2。

损伤参数 s_d 的参考值   表5-7

坡度	损伤程度		
	开始破坏	失稳	破坏
1.5	2	3~5	8
2	2	4~6	8
3	2	6~9	12
4	3	8~12	17
6	3	8~12	17

损伤参数 s_d 主要通过三维重构技术来获取,同时通过三维重构后的防波堤模型可以清楚地观察到波浪作用后的损坏状况。利用无人机航拍波浪暴露前后的防波堤,并将相关数据及图片导入三维重构模型软件中。软件对数据及图片进行计算处理,并最终生成三维重构模型。由于水槽边界与挡板影响波浪冲刷防波堤的结果,因此对防波堤模型中轴线位置的轮廓进行标注,随后导出轮廓线,并对波浪暴露前后的轮廓线进行对比分析和计算侵蚀面积 A_e,再通过公式计算损伤参数 s_d。

5.4.4　结果分析

5.4.4.1　稳定性分析

在试验过程中,根据监控观察到,未胶结侧破坏较为严重,堤前坡面有块石滚落(图5-16、图5-17),产生明显的凹陷(图5-18),并堆积在堤脚处;堤顶有少许后移,同时堤后在越浪情况下有部分块石滚落(图5-19)。

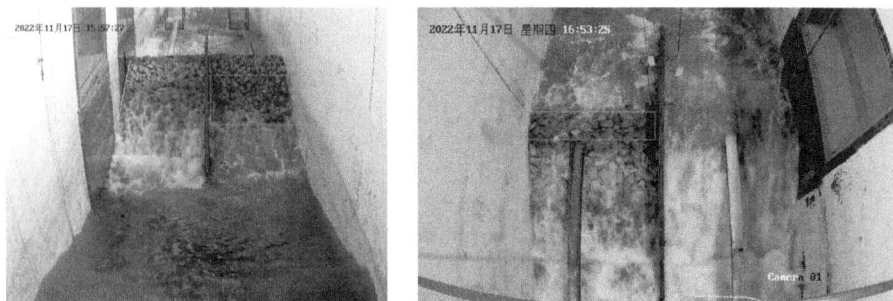

图5-16　石头大面积滚落

图 5-17 堤顶后移石头滚落

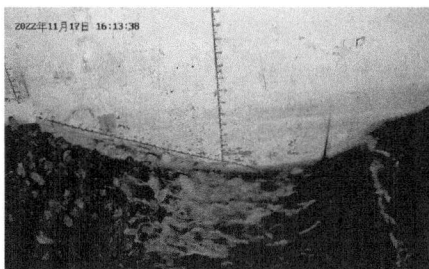

图 5-18 堤前坡面产生凹陷

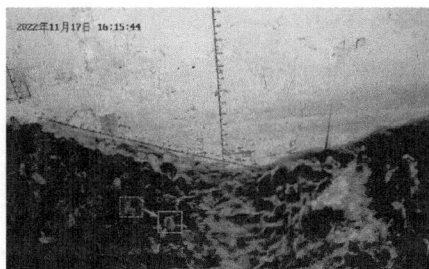

图 5-19 石头滚落过程

试验后对防波堤整体进行三维重构,如图 5-20 所示。

图 5-20 三维重构图

在重构图中,对胶结侧与未胶结侧横断面破坏情况分析,结果如图 5-21 所示。

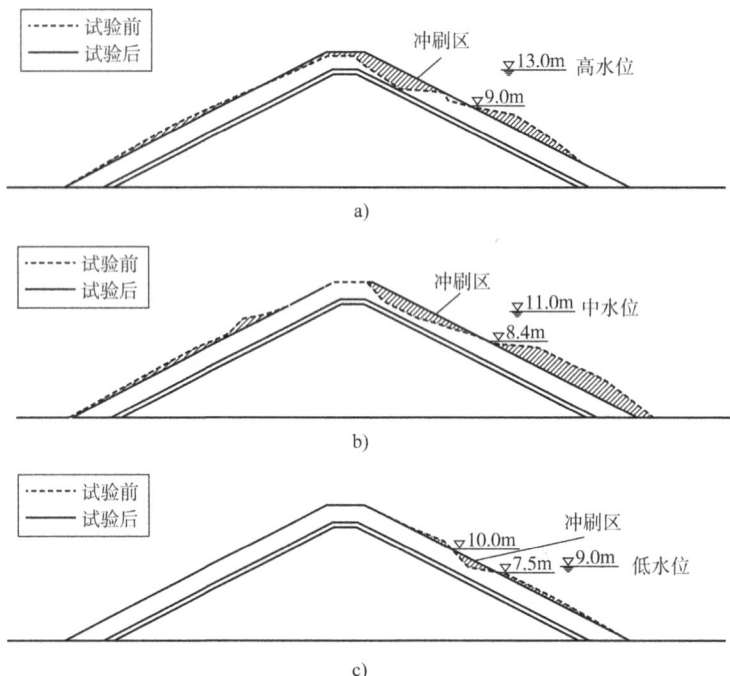

图5-21 不同水位下堆石防波堤护面破坏程度

未胶结侧破坏程度见表5-8。

堆石防波堤护面破坏程度
表5-8

水位(m)	$A_e(m^2)$	s_d	破坏程度
13	0.52	39	破坏
11	0.53	39	破坏
9	0.14	10	破坏

从整体稳定性上来看,未胶结侧防波堤迎浪面形变为背浪面形变的4倍左右,迎浪面总变形面积在1.5~2m²之间,而背浪面变形面积仅在0.2~0.5之间,甚至忽略不计。波浪对防波堤造成的破坏主要集中在迎浪面。

在造成坡面破坏的因素中,波浪冲刷为主要因素,波浪冲击为次要因素。背浪面的块石滚落均是由越浪冲刷造成的,迎浪面上半部凹陷均是由波浪冲击造成的,而下半部堆积则是由波浪回落(冲刷)造成的。由横断面图可知,迎浪面下部堆积面积大于上部凹陷面积。因此,在修建防波堤时应着重加强块石之间连接的牢固度,从而有效避免上述破坏。

从局部上看,靠近墙壁的部位水流冲击力最大。在靠近墙壁一侧,迎浪面上部凹陷面积最大,为1.16m²,而在大水槽中部(靠木板侧与中轴线位置),凹陷面积均比较小,为0.43~0.53m²。

由于0.05的孔隙率过小,从而导致越浪量大幅增加,故将孔隙率提升至0.32,重复波浪试验。孔隙率为0.05的胶结防波堤与孔隙率为0.32的胶结防波堤水位累加坡面破坏情况如图5-22所示。

图5-22 孔隙率0.32堤前、堤后胶结坡面破坏情况

由以上三维重构图可得出以下结论:

将孔隙率从0.05提升至0.32,坡面整体结构没有失稳,无量纲损伤水平参数s_d=0.67,相比之下,未胶结坡面的无量纲损伤水平参数平均为46,因此,将孔隙率提高至0.32可以保证在较经济的情况下依然维持整体稳定性不受到破坏。

总体而言,胶结能减缓越浪对其坡顶造成冲击从而产生的滑移作用,此作用对防波堤的整体稳定性破坏最为严重。因此,胶结结构对防波堤的修复及加固具有很好的效果。

5.4.4.2 波浪爬高分析

图5-23为空气中与水下胶结防波堤的相对波浪爬高$R_{u2\%}/H_{m0}$与破波参数ξ之间的函数拟合关系曲线图。由于独特的浇筑方式,4种不同孔隙率的胶结防波堤的护面是可透水结构,因此这几种防波堤均为透水防波堤。作为参考,书中同时绘制出EurOtop手册中光滑不透水防波堤与透水堆石防波堤的波浪爬高方程,糙率系数γ_f分别为1.0和0.40。

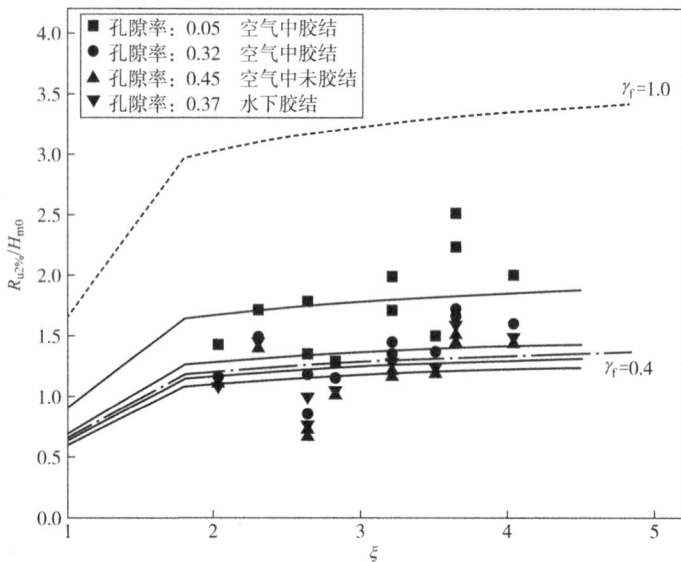

图 5-23　防波堤不同孔隙率下的相对波浪爬高 $R_{u2\%}/H_{m0}$ 与破波参数 ξ 之间的函数关系

　　4 种不同孔隙率的胶结防波堤均为透水结构,在波浪作用时,一部分的水可以渗入防波堤的多孔结构,因此 4 种防波堤的波浪爬高远低于光滑不透水防波堤的波浪爬高。对于无胶结堆石防波堤,自然堆积形成的孔隙率为 0.45,最终通过波浪爬高与破波相似参数之间的函数拟合得出糙率系数 γ_f 为 0.37。其结果比 Eurtopmanual 中所给透水堆石防波堤糙率系数 $\gamma_f = 0.40$ 略小,但差别不大。图 5-24 为 4 种不同孔隙率的胶结防波堤的护面。从图中可知,孔隙率为 0.05 的胶结防波堤,其表面较其他 3 种防波堤比较光滑,这使得当波浪作用于防波堤护面时,波浪能量耗散较弱;同时由于孔隙率较低,可渗入胶结防波堤的水也较少,这两个因素最终导致波浪爬高较大。通过波浪爬高与破波相似参数之间的函数拟合,孔隙率为 0.05 胶结防波堤的糙率系数 γ_f 为 0.57。对于空气中浇筑孔隙率为 0.32 的胶结防波堤和水下浇筑形成的孔隙率为 0.37 的水下胶结防波堤,两防波堤使用同量的自密实混凝土,由于在水下浇筑时少量的自密实混凝土分散导致水下胶结防波堤的孔隙率略大。从图 5-24 中可以观察到,两胶结防波堤的护面粗糙度大概一致。由于水下胶结防波堤孔隙率略大,在波浪作用时,更多的水可渗入水下胶结防波堤,最终水下胶结防波堤的爬高略低。通过函数拟合,空气中浇筑孔隙率为 0.32 的胶结防波堤和水下浇筑形成孔隙率 0.37 的水下胶结防波堤的糙率系数分别为 0.39 与

0.37。当破波参数 $\xi>1.8$ 时,破波相似参数 $\xi_{m-1.0}$ 与相对波浪爬高 $R_{u2\%}/H_{m0}$ 正相关。

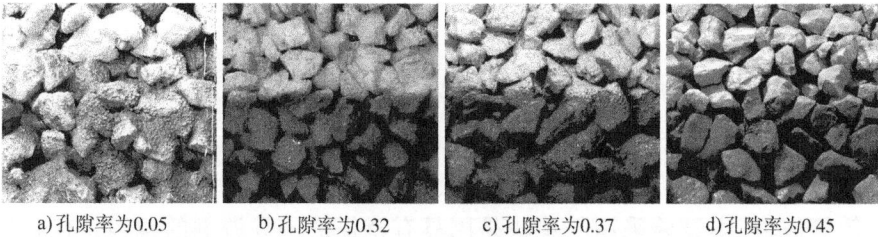

a)孔隙率为0.05　　b)孔隙率为0.32　　c)孔隙率为0.37　　d)孔隙率为0.45

图5-24　胶结防波堤护面

　　然而对于不同类型的防波堤,相对波浪爬高 $R_{u2\%}/H_{m0}$ 的最大值也不同,例如在透水堆石防波堤与不透水堆石防波堤,当破波参数 $\xi\geq4.6$ 与 $\xi\geq7.6$ 时,相对波浪爬高 $R_{u2\%}/H_{m0}$ 分别达到最大值2.0与3.0。对于本书的4种类型的防波堤,防波堤护面粗糙度与孔隙率都不同,因此各个防波堤的最大相对波浪爬高也会存在一定的区别,但这超出了本研究的破波相似性参数的范围,需要对最大相对爬高进行进一步的研究,以覆盖该范围内的海浪相似参数。

5.4.4.3　越浪量分析

(1)越浪量测量装置。

本试验中安装的越浪量测量装置如图5-25所示。

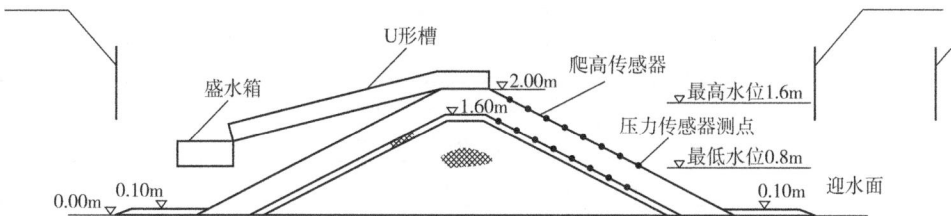

图5-25　越浪量收集装置示意图

　　如图5-25所示,越浪量测量装置安装在防波堤背浪侧,盛水箱用于收集越浪,其规格为112cm×70cm×34cm,标称容积为0.2667L。南侧(未胶结侧)和北侧(胶结侧)均放置一个盛水箱,水箱加在钢架上,钢架加在水槽顶部钢制导轨上,钢架放置水箱处的钢梁横向延伸至水槽两侧墙壁上,防止浪花冲击力过大导致水箱左右横摇从而影响越浪收集精确度。2个宽度为0.2m、长度为15m的U形钢槽从水箱处延伸至防波堤堤顶靠后处,并用钢丝将其与堤顶块石绑扎在一起,防止U形钢槽发生位移。同时,为了使U形钢槽顺利将越浪导入至盛水箱内,U形钢槽具有一定的坡度,堤顶处最高,水箱处最低。

(2)越浪量计算方法。

由于盛水箱容积有限,无法完全收集120个波产生的越浪,故需采取特殊的方法进行越浪量的收集和计算。本试验的波浪为JONSWAP谱不规则波,观察其波形图可发现其波浪由小波、中波、大波一同组成,互相之间形成含有小波、中波和大波的一簇簇波群,本试验采用的想法是用具有特征的一簇波群的越浪量代替整个120个波的越浪量。

因此,根据越浪量的定义——"越浪量是指在波浪作用下,越过沿海建筑物(海堤或护岸等)的水量,越浪量通常以每延米海堤的每个波浪越过堤顶的水量 $Q(\mathrm{m^3/m})$ 来表示,也可用单位时间的平均越浪量 $q[\mathrm{m^3/(s \cdot m)}]$ 表示。即单波越浪量和平均越浪量。"本试验采用平均越浪量,其计算公式如下:

$$q = \frac{V}{T \times L} \tag{5-23}$$

式中,V 为盛水箱容积;T 为收集时间;L 为U形钢槽宽度,$L=0.2\mathrm{m}$。

(3)平均越浪量测量结果。

本试验一共有4种胶结状态,分别为未胶结、第一次胶结、第二次胶结和水下胶结,其孔隙率分别为0.45、0.05、0.32和0.37。平均越浪量试验结果见表5-9。

越浪试验结果   表5-9

组次	水位 (m)	波高 (m)	波周期 (s)	波长 (m)	平均越浪量[m³/(s·m)]					
					孔隙率为 0.05	孔隙率为 0.32	孔隙率为 0.45	孔隙率为 0.37	式(5-23) 计算	神经网络 计算
1	13	4	9	74.4	1.979	1.648	1.047	1.461	0.234	1.038
2	13	2.5	9	74.4	0.096	0.071	0.015	0.066	0.017	0.234
3	13	2.5	7	55.2	0.103	0.053	0.030	0.043	0.017	0.175
4	13	1	9	74.4	无越浪					
5	13	1	7	55.2						
6	13	1	5	34.9						
7	11	4	9	65.4	0.233	0.166	0.077	0.152	0.008	0.414
8	11	2.5	9	65.4	0.021	0.005	0.003	0.006	0.001	0.068

组次	水位 (m)	波高 (m)	波周期 (s)	波长 (m)	平均越浪量[m³/(s·m)]					
					孔隙率为 0.05	孔隙率为 0.32	孔隙率为 0.45	孔隙率为 0.37	式(5-23) 计算	神经网络 计算
9	11	2.5	7	49.3	0.004	0.002	0.001	0.002	0.001	0.049
10	11	1	9	65.4						
11	11	1	7	49.3						
12	11	1	5	32.2						
13	9	2.5	9	53.3			无越浪			
14	9	2.5	7	41.4						
15	9	1	9	53.3						
16	9	1	7	41.4						
17	9	1	5	27.9						

图 5-26 所示为在不同工况下,各个防波堤的平均越浪量。防波堤在水位、波高和波周期较大的情况下发生越浪。在保证其他因素不变的条件下,防波堤的越浪量与水深、波浪波高与波周期呈正相关。不同的孔隙率也影响着防波堤越浪量,孔隙率较大的防波堤越浪量较小。这是由于孔隙率较大的防波堤在波浪作用时,更多的水可渗入水下胶结防波堤,同时防波堤护面粗糙度较大、耗散波浪能力较强。在空气中浇筑的胶结堆石防波堤与在水下浇筑的胶结堆石防波堤孔隙率差别不大(分别为 0.32 与 0.37),两个防波堤的越浪也十分相近,水下胶结堆石防波堤越浪量更小。

(4)越浪量公式计算、神经网络计算误差分析。

当堤坝或海堤的堤顶高度低于最大波高时,就会发生越浪。在这种情况下,静水位(SWL)和波峰高度之间的高度差(R_c)至关重要。

越浪量取决于 R_c,并且随着 R_c 的降低而增加。通常情况下,堤坝或海堤的波浪倾覆是由平均越浪量 q 来描述的,其单位是 m³/(s·m)。平均越浪量 q 只能在准静态波浪和水位条件下计算,如果需要计算风暴潮期间的越浪量,则必须计算各个不同的风暴潮期间的水位和波浪条件下的平均倾覆量。

世界各地进行了许多模型研究,以研究特定堤坝几何形状或波浪条件下的平均越浪量,并且通过试验模型数据来拟合经验公式。在 Owen 的原始工作的基础上,许多种海岸结构上的平均越浪量 q 一般随着 R_c 的增加而呈指数级下降,其一般

形式是:

$$\frac{q}{\sqrt{gH_{m0}^3}} = a\exp\left(-b\frac{R_c}{H_{m0}}\right) \tag{5-24}$$

式中,H_{m0} 是频谱有效波高;a、b 是拟合系数。这种形式的方程已经变得很流行,因为它在对数线性图上给出了一条直线,而且它只有两个系数用于拟合数据。对于斜坡结构,在低自由水位和零自由水位条件下的越浪量在物理模型研究中经常被忽视,但这种情况却很重要,例如在分析部分建造的防波堤和低自由水位、低成本的防御设施的性能时。很明显,熟悉的指数型公式,如式(5-24),在这些情况下拟合效果不佳,因为它们多估了越浪量。

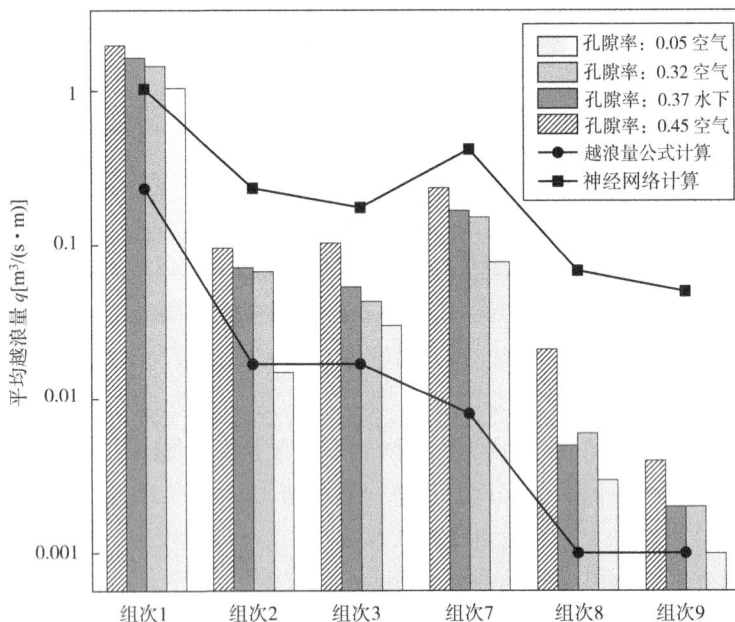

图5-26 防波堤不同孔隙率下的平均越浪量 q

因此,研究人员进行了分析,将传统的指数公式与少数可靠的数据集(包括极低和零自由水位)结合起来。在此过程中,Van der Meer 和 Bruce 重新分析了20世纪70年代荷兰的早期工作,并提出了一个新的公式,该公式如下:

$$\frac{q}{\sqrt{gH_{m0}^3}} = \frac{0.023}{\sqrt{\tan\alpha}}\gamma_b \cdot \xi_{m-1.0} \cdot \exp\left[-\left(2.7\frac{R_c}{\xi_{m-1.0} \cdot H_{m0} \cdot \gamma_b \cdot \gamma_f \cdot \gamma_\beta \cdot \gamma_v}\right)^{1.3}\right] \tag{5-25}$$

其中平均越浪量最大值为：

$$\frac{q}{\sqrt{gH_{m0}^3}} = 0.09 \cdot \exp\left[-\left(1.5 \frac{R_c}{H_{m0} \cdot \gamma_f \cdot \gamma_\beta \cdot \gamma^*}\right)^{1.3}\right] \tag{5-26}$$

式中，γ_b 是护堤的影响因子；γ_f 是斜坡上粗糙度的影响因子；γ_β 是斜波攻击的影响因子；γ_v 是斜坡末端的堤墙的影响因子。与 EurOtop 越浪量计算公式相比，对于斜坡或长廊上的防风墙，对于非破碎波增加了一个影响因子 γ^*。这个影响因素 γ^* 是各种几何影响的综合因素。

对于本试验而言，根据 EurOtop 所给出的粗糙度影响因子表可知，本试验表面为密实的混凝土块体，故 γ_f=1.0。

对于本试验而言，根据 EurOtop 所给出的波浪方向影响因子图可知，本试验波浪方向角为 0°，故 γ_β=1.0。

对于堆石防波堤，同时使用 EurOtop 越浪公式和神经网络预测每一组次的越浪量。总体情况下，神经网络总给出较大的越浪量，而 EurOtop 越浪量计算公式会估少越浪量。当波高较小时，试验的实际越浪量与 EurOtop 越浪量计算公式所计算出的结果相近。相反，当波高较大时，神经网络预测结果更接近试验实际越浪量。当波浪周期改变时，EurOtop 越浪量计算公式认为越浪量不发生变化，但试验结果的变化趋势与神经网络预测的趋势一致。

5.4.5 试验结论

通过自流可控灌浆技术，在空气与水中将防波堤护面块石胶结，得到具有不同孔隙与粗糙度胶结堆石防波堤。利用大型水槽试验研究防波堤的消浪效果与稳定性。主要结论如下：

(1)4 种防波堤均为透水防波堤，孔隙率越大的防波堤透水效果越好，并且护面粗糙度会越大。通过函数拟合，本试验中孔隙率为 0.32 的普通胶结堆石防波堤、孔隙率为 0.37 的水下胶结堆石防波堤与孔隙率为 0.45 的堆石防波堤的糙率系数十分相近。同时根据防波堤爬高与平均越浪量数据可知，这两种胶结堆石防波堤与堆石防波堤的消浪效果相当。

(2)对于平均越浪量，神经网络计算总给出较大的越浪结果，而 EurOtop 越浪量计算公式会较少估计越浪量。当波高较小时，试验的实际越浪量与 EurOtop 越浪量计算公式所计算出的结果相近。相反,当波高较大时,神经网络预测结果更接近试验实际越浪量。

(3)不同水位下,堆石防波堤的破坏形式也不同。平均水位靠近堤顶时,由于波浪作用使堆石防波堤的堤顶受到侵蚀,堤顶的块石一部分回落至堤脚,而另一部分会位移至堤后。在较大波浪作用后,空气中浇筑与水下浇筑的堆石防波堤均具有良好的稳定性,损伤系数均 s_d 均小于1,认定为无损伤。

5.5 试验案例(直立式防波堤)

波浪从外海传至岛礁边缘时会发生显著的破碎,之后会以破碎波和波生流的形式向内传播。礁前深水(上百米)至礁盘浅水(1~2m)在陡坡处的地形突变是形成上述强非线性物理过程的主要原因,常规的物理模型试验由于水槽(池)尺度限制,很难模拟大水深与极浅水的共同影响,同时对破碎带内波流物理量的测量也比较困难。本试验研究暂不考虑岛礁平面尺度的三维影响,主要研究内容包括如下三方面:

(1)岛礁防浪建筑物对波流传播的影响机制研究。

吹填后的人工岛礁比较狭窄,为增加可利用面积,防浪建筑物往往建在距岛礁边缘的较近的位置,作为不透水边界,它的修建产生了明显的阻水效应:一方面阻碍了破碎波浪和波生流的传播路径,另一方面加大了礁盘上的波浪增水,水位的增加会反过来影响波浪在礁盘上传播变形和能量转化过程。本试验针对岛礁防浪建筑物的阻水效应,主要开展如下研究:分析岛礁防浪建筑物对礁坪上波流运动特性的影响机制,分析防浪建筑物前沿的阻水效应,量化防浪建筑物影响下的波浪能量、水流动能和增水势能的转化规律,构建波流特征要素与防浪建筑物位置之间的关系。

(2)岛礁防浪建筑物波浪力计算方法研究。

岛礁防浪建筑物所受的波浪力从方向上可分为水平力和浮托力,水平力主要与远海入射波波高、周期、水位、岛礁前坡坡度、岛礁礁盘摩阻系数、防浪建筑物与前坡距离等因素有关,而浮托力除上述影响因素外,还与基床渗透性(碎石或混凝土)有关。选取典型的防浪建筑物断面形式,测量分析最大压强位置、水平压强和浮托压强的分布规律,判别不同影响因素对水平力和浮托力的影响权重,并建立起岛礁防浪建筑物波浪力(包括最大压强、水平力和浮托力)与主要影响因素间的定量关系,得到岛礁防浪建筑物波浪力计算方法。

(3)防浪建筑物冲击力比尺效应研究。

从频域上,水平力可分为作用时间短但峰值大的冲击压强和作用时间长峰值小的脉动压强,脉动压强主要与堤前水位的波动有关,因此比尺效应主要影响的是水平力中的冲击压强。根据大小比尺物理模型试验的结果,研究不同比尺条件下波浪破碎带内含气量的时空分布规律,研究含气量对最大冲击压强、冲击历时和最大总水平力的影响机理,并研究波浪破碎类型、破碎波浪传播距离对冲击压强比尺效应的影响程度,评估上述波浪力计算方法的合理性。

5.5.1　试验概况

交通运输部天津水运工程科学研究院大比尺波浪水槽规模为长×宽×高＝456m×5m×12m,造波有效周期为2~10s,最大造波能力为3.5m,如图5-27所示。

图5-27　试验用大比尺波浪水槽

大比尺波浪水槽所有控制系统均采用计算机自动调节控制,复演波浪在陡变地形上破碎、传播、越浪和波生流现象。试验仪器主要由造波系统、测流系统、测波系统、波压力测量系统和越浪收集箱组成。

测波系统采用由天津理工大学特制的大量程(量程8m)电阻式测波系统和量程为2m的大型动态电容式波高测量系统(图5-28),系统可对传感器进行温度修正。电阻式波高传感器固定在水槽壁上(图5-29),用于测量深水及礁前坡的水位过程；电容式传感器根据观测需要，布置在平台上。

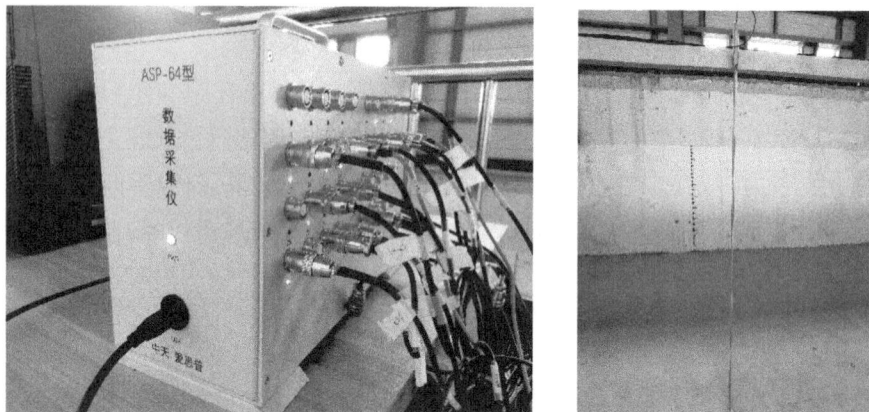

图 5-28　大型动态电容式测波系统

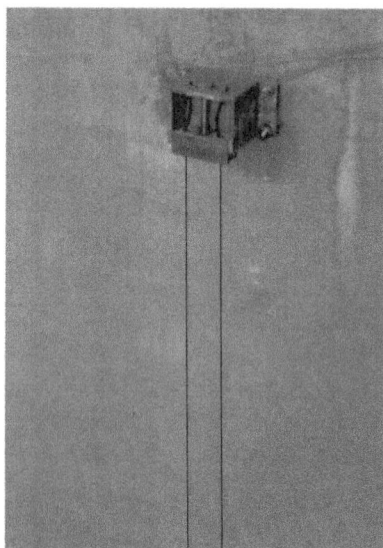

图 5-29　8m 量程电阻式传感器

　　破波区及直立式防波堤堤处采用高度标尺结合高速摄像机（Phantom-V640）记录水位过程，并经计算机储存，并进行图像后处理得到水位过程线、越浪影响范围、最大越浪厚度等。高速摄像机及标尺如图 5-30 所示。

　　直立式护岸波压力采用 TKSJY-500 压力传感器进行测量，量程为 0~50kPa，如图 5-31 所示，采样频率为 0~1000Hz，与波高传感器同步采集。

图 5-30 高速摄像机及标尺

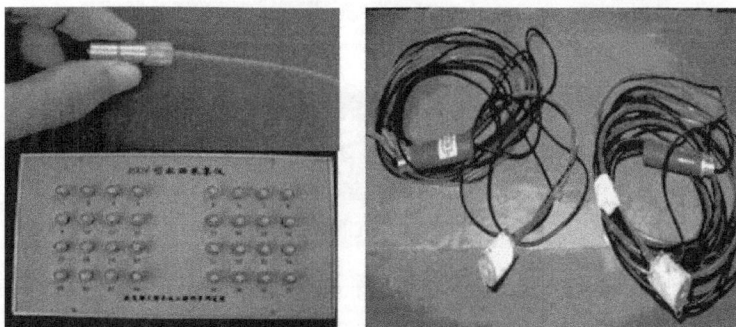

图 5-31 压力传感器与采集器

总力和力矩由 Kistler Z22209 六分量测力台测量,如图 5-32 所示,X、Y、Z 方向力的测量范围分别为 0~10kN、0~10kN、0~50kN,采样频率 1kHz,三个方向的弯矩承载力均为 3000N·m。

图 5-32 六分量测力台

采用电阻式气液二相流探针（Fiber Optic Reflectometer，FOR）对礁盘边缘的波浪破碎区内含气量的时空分布进行采集，如图5-33所示。

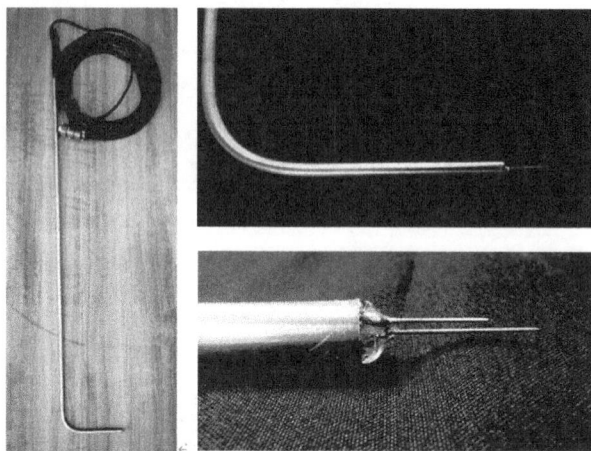

图5-33　电阻式气液二相流探针

电阻式气液二相流探针测量系统由探针传感器、信号激励模块、数据采集模块、计算机、数据处理分析软件组成，如图5-34所示。其中探针传感器、信号激励模块和数据处理分析软件为自主生产或开发，数据采集模块为进口 National Instruments 数据采集器。目前探针传感器主要包括4种型号：PDCP-1-30-06010、PDCP-2-30-06010、PDCP-2-60-06010、PDCP-2-60-06025，对应不同测针数量和尺寸；软件主要有3个版本，可分别提供基础掺气浓度、细观水气二相流特性及高阶二相流湍流参数等数据分析功能。主要技术参数见表5-10、表5-11。

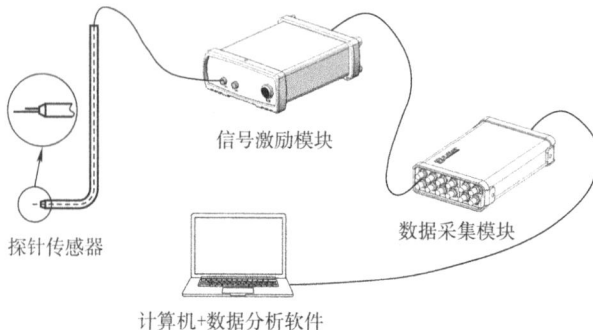

图5-34　电阻式气液二相流探针测量系统组成

电阻式气液二相流探针测量系统主要技术参数 表5-10

项目	参数	项目	参数
供电电源	220V,50Hz	双测针测点纵向间距	0~20mm
使用温度	0~50℃	双测针测点横向间距	1.5~2.5mm
电脑接口	USB	是否支持定制	支持
测针数量	1/2	探针最大体积(参考)	860mm×144mm×8mm
测针外电极直径	0.6mm/0.8mm	探针重量	≤1kg
测针内电极直径	0.1mm/0.25mm/0.35mm	支持采样频率	0.001~2000kHz
探针套筒外径	3mm/6mm	支持采样时间	1~9999s

电阻式气液二相流探针测量系统测量参数及精度 表5-11
（以气泡作为分散相、水作为连续相,实验室条件高速均匀流为例）

测量参数	符号	单位	精度
掺气浓度	C	%	±3%（10% < C < 90%） ±5%（C < 10% 或 C > 90%）
气泡频率	f	1/s	±3%
气泡弦长	lch	mm	—
气泡时均速度	V	m/s	±5%
气泡紊动速度	v'	m/s	约±10%
气泡团簇性质			如气泡团簇频率f_{clu}、气泡团簇概率P_{clu}等
其他湍流特征尺度统计参数			如湍流积分时间T_{xx}、湍流积分长度L_{xx}等

　　岛礁前坡坡度变化通过桁架结构调整角度实现。焊接连接完成后,进行铁板封板,模拟岛礁前坡,前坡坡度1:2,桁架结构如图5-35所示。

　　在堤顶进行平均越浪量的测量,测量点布置在胸墙上方。平均越浪量统计即在测量点用接水装置接取越浪水体,通过测量重量或体积得到。不规则波接取一个完整波列的总越浪水体作为相应历时的总越浪量,然后计算单宽平均越浪量。按相似准则,将模型越浪量换算成原体越浪量。单宽平均越浪量按下式计算:

$$q = \frac{V}{bt} \tag{5-27}$$

　　式中,q为单宽平均越浪量[m³/(m·s)];V为1个波列作用下的总越浪水量(m³);b

为收集越浪量的接水宽度(m);t为1个波列作用的持续时间(s)。

试验中,采用长 2.5m、宽 0.15m、高 0.15m 的集水槽收集越过防波堤的波浪水体,集水槽位于防波堤中间,在堤后2m处固定放置长1m、宽1m、高0.5m的铁箱来储存收集到的越浪,越浪箱前端焊有铁板来防止周边的越浪溅进测量水箱(图5-36)。

图5-35　桁架结构

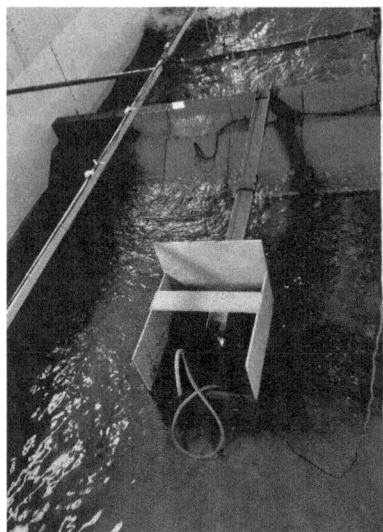

图5-36　越浪量测量水箱

堤后越浪主要关注越浪距离、越浪水舌厚度以及越浪对堤后设施稳定性的影响。越浪距离及水舌厚度示意图如图5-37所示。

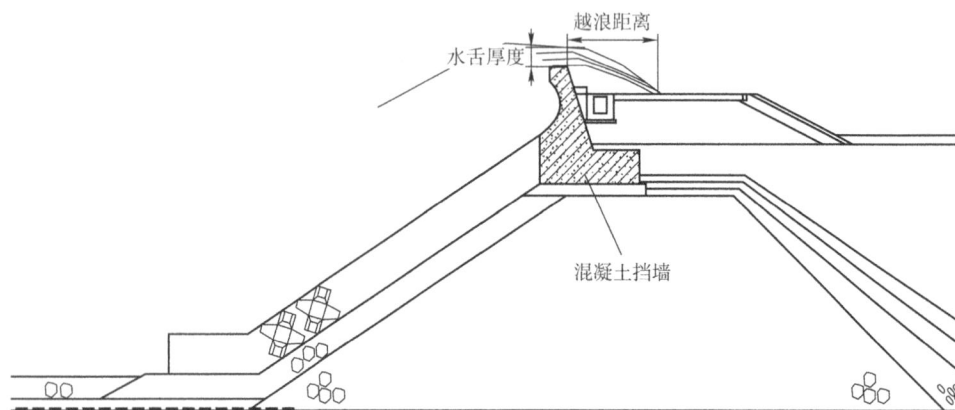

图5-37　越浪距离及水舌厚度示意图

5.5.2 试验方法

本项物理模型的设计、制作及试验等过程均遵循《水运工程模拟试验技术规范》(JTS/T 231—2021)进行,各组试验均采用规则波进行控制。

5.5.2.1 模型比尺

模型采用正态模型,稳定性试验须遵循重力相似原则,地形、结构物断面按几何相似考虑。

考虑到原型与模型中对波浪运动中起主导作用的力为重力,而将运动中次要的作用力略去不计时,两种波浪动力相似要求按重力相似处理。

作用于波浪的重力 $G = mg = \rho Vg$,用 G_p 和 G_m 分别代表原型和模型波浪中作用的重力,如两种波浪保持动力相似,则应具有下列关系:

$$\lambda_G = \frac{G_p}{G_m} = \frac{\rho_p g_p V_p}{\rho_m g_m V_m} = \lambda_\rho \lambda_g \lambda_L^3 \tag{5-28}$$

式中,ρ_p 为原型中水体密度;ρ_m 为模型中水体密度;g_p 为原型中重力加速度;g_m 为模型中重力加速度;V_p 为原型中体积;V_m 为模型中体积;λ 为相似比。

欲达到动力相似,将牛顿数 $N_e = \dfrac{F}{\rho L^2 v^2}$ 中的 F 值代以 G,即将 $\dfrac{\lambda_F}{\lambda_\rho \lambda_L^2 \lambda_v^2} = 1$ 中以 λ_G 代替 λ_F。则可得:

$$\frac{\lambda_G}{\lambda_\rho \lambda_L^2 \lambda_v^2} = 1 \tag{5-29}$$

将式(5-28)代入式(5-29),得:

$$\lambda_\rho \lambda_g \lambda_L^3 = \lambda_\rho \lambda_L^2 \lambda_v^2 \tag{5-30}$$

亦即:

$$\frac{\lambda_v^2}{\lambda_g \lambda_L} = 1 \text{ 或} \frac{\lambda_v}{\sqrt{\lambda_g \lambda_L}} = 1 \tag{5-31}$$

或写为:

$$\frac{V_p^2}{g_p L_p} = \frac{V_m^2}{g_m L_m} \text{ 或} \frac{V_p}{\sqrt{g_p L_p}} = \frac{V_m}{\sqrt{g_m L_m}} \tag{5-32}$$

亦可写为：

$$F_{rp} = F_{rm} \tag{5-33}$$

式(5-33)说明,重力起主导作用的两种波动保持动力相似时,要求原型和模型中的弗劳德数相等,即所谓弗劳德相似准则。

几何相似是指原型和模型的几何形状相似。几何形状相似要求原型和模型中对应部位的长度保持一定的比尺关系,即模型中各项对应几何尺寸都是按同一比尺由原型塑制而成,关系式为：

$$\lambda = \frac{l_p}{l_m} \tag{5-34}$$

式中,λ 为模型长度比尺；l_p、l_m 分别为原型和模型长度。

《水运工程模拟试验技术规范》(JTS/T 231—2021)规定,与稳定性试验有关的建筑物构件的模型设计,除应满足几何相似外,尚应满足质量、重心位置相似。

本模型涉及的比尺有：

$$\lambda_t = \lambda^{\frac{1}{2}} \tag{5-35}$$

$$\lambda_F = \lambda^3 \tag{5-36}$$

$$\lambda_q = \lambda^{\frac{3}{2}} \tag{5-37}$$

$$\lambda_v = \lambda^{\frac{1}{2}} \tag{5-38}$$

式中, λ 为模型长度比尺；λ_t 为时间比尺；λ_F 为力比尺：λ_q 为单宽流量比尺； λ_v 为流速比尺。

将根据实测地形的具体情况概化出试验地形,并合理确定模拟范围和边界条件。依据《水运工程模拟试验技术规范》(JTS/T 231—2021)中的相关规定,模型采用正态,选用模型长度比尺为1:10,时间比尺为1:$\sqrt{10}$。模型试验平均波长为23m,结构物与造波机的间距应大于6倍平均波长。模型制作严格按照《水运工程模拟试验技术规范》(JTS/T 231—2021)规定进行,各项偏差应严格控制在规定精度范围内。

护岸工程断面设计采用对称布置,顶高程+9.0m;迎浪侧采用混凝土护面结构,厚200mm,护岸工程断面如图5-38所示。

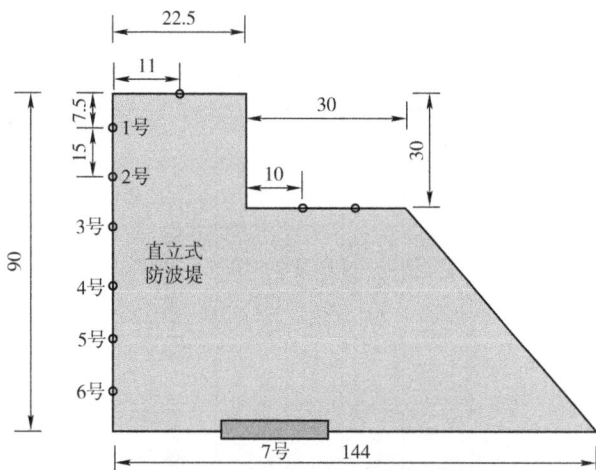

图 5-38 护岸工程断面图(尺寸单位:cm)

5.5.2.2 模型设计

(1)大比尺模型制作。

在礁缘前端布置多根量程为3m的浪高仪,用来测量深水波高值。在礁坪上每隔1m布置一根2m的浪高仪,测量礁坪上的破碎波高,直立式护岸与礁缘之间的距离S分为7.5m、15m、22.5m。图5-39为S=22.5m时的直立式防波堤传感器布置图。

(2)小比尺模型制作。

试验平台采用大比尺波浪水槽,模型高22.5cm,宽5m,长36cm。护岸工程按照1:40几何比尺进行制作,制作方法和大比尺波浪水槽相同。在进行护岸工程所受波浪力试验时,为了测量胸墙所受波浪力,需要埋置压力传感器,胸墙采用混凝土制作。模型制作前预留孔洞,安装压力传感器,并进行防水密封处理,护岸模型如图5-40所示。

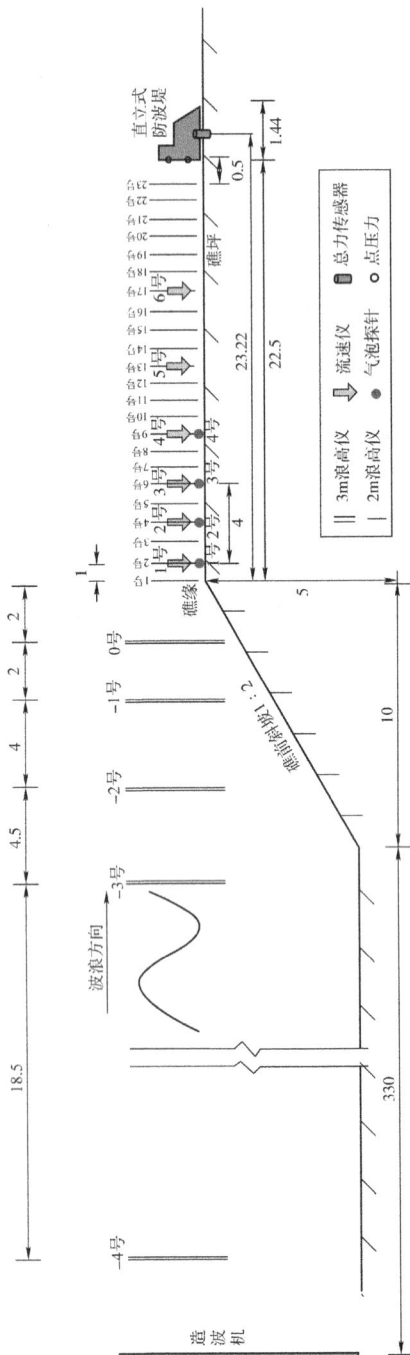

图5-39 传感器布置图（试验地形中护岸工程胸墙前沿胸墙距礁缘22.5m）（尺寸单位：m）

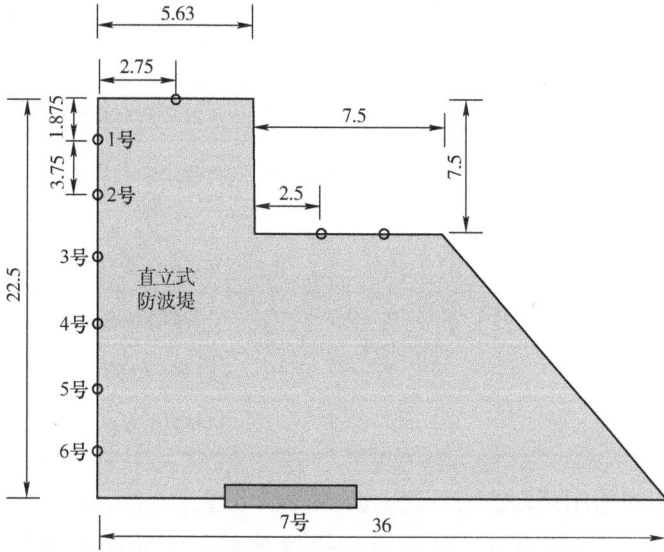

图5-40 小比尺护岸工程模型(尺寸单位:cm)

(3)基本试验步骤。

根据试验要求,需对岛礁护岸水动力环境、礁盘上波浪的传播和耗散、礁坪上波生流、护岸堤顶顶部越浪量、护岸工程各部位稳定性以及护岸工程各部位受力进行物理模型试验。

试验主要步骤如下:

①进行仪器设备的调试等前期准备工作。

②在未建造结构物时,根据波浪入射条件进行各试验水位与不同重现期波浪率波工作。

③建模后,以率定好的波要素进行不同水位、不同重现期条件下的波浪试验,每组试验重复3次。

④采集和记录波高、流速分布及压力分布,分析波浪的破碎、传播及护岸堤顶越浪量特征,验证护岸工程各部位稳定性,确定护岸工程典型破坏后薄弱部位。

⑤进行数据处理与分析。

5.5.3 试验工况

本项目试验涉及的物理参数如表5-12所示。

试验主要物理参数 表5-12

主要参数	表示符号	主要参数	表示符号
礁前水深	Z_0	入射波深水波长	L_0
礁坪水深	h	护岸直立式防波堤与礁缘之间的距离	S
礁缘水深	h_e	护岸直立式防波堤的干舷高度	R_c
入射波波高	H_i	各测点波高	H_n
入射波周期	T	礁坪时均水位	η_r
护岸结构所受压强	P	礁坪波生流流速	v

试验入射波采用规则波与不规则波,每种工况重复3次,试验组次共3个水位、3个周期、3个入射波波高、防波堤与礁缘之间3个间距和无防波堤的情况（表5-13）,试验原型值均能较好地反映极端波浪情况。

试验工况组合 表5-13

h(m)	S(m)	波型	H_i(m)	T(s)
0 1.3 3	75 150 225	规则波	4.5	11.62
			7.5	
			10.5	
			4.5	13.56
			7.5	
			10.5	
			4.5	17.43
			7.5	
			10.5	
		不规则波(J谱)	4.5	11.62
			7.5	
			10.5	

续上表

h(m)	S(m)	波型	H_i(m)	T(s)
0 1.3 3	75 150 225	不规则波(J谱)	4.5	13.56
			7.5	
			10.5	
			4.5	17.43
			7.5	
			10.5	

5.5.4 结果分析

5.5.4.1 波浪传播变形特性研究

(1)波浪破碎特征。

当波浪从深水传播至陡变珊瑚礁地形时,由于水深的急剧变浅,波浪的形态、水面高程及水流流速等都会发生明显的变化。波浪在礁缘附近发生破碎并耗散大量能量,破碎后的波浪在礁坪上向岸继续传播,波高减小。

不规则波在珊瑚礁上的破碎情况比较复杂,由于每个波的大小和周期不相同,同一波列中波高较大波以卷破形式在礁前斜坡上破碎(图5-41),波高较小的波以崩破形式在水平礁坪上破碎(图5-42),或者不发生破碎(图5-43),破波点位置及破波时波高水深比随时间发生变化,而且每个波破碎过程的完整程度不一样。

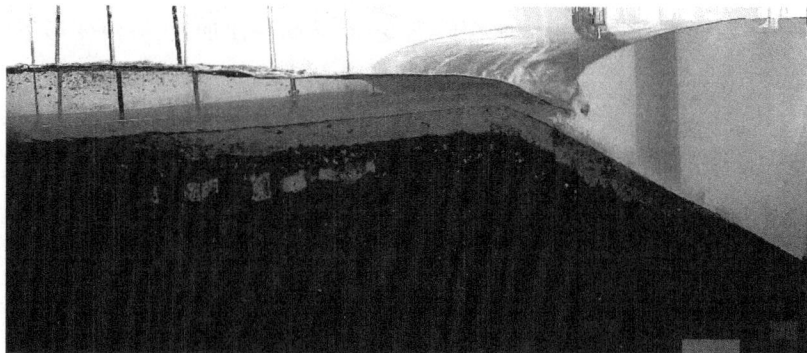

图5-41 卷破波

图5-42　崩破波

图5-43　未破碎

　　从坡脚开始到礁坪末端,波浪变形大致可分为破碎前段、破碎区段和礁坪平稳段三个区段。破碎前段,波浪因水深陡然变浅,波高快速加大,波浪变形呈现强非线性特征,平均水位呈现减水效应,这一段持续到礁缘附近。此后,波浪进入破碎区段,由于破碎波高快速减小,与此对应,水位快速抬升,形成增水,这一过程主要发生在礁缘和礁坪前端段。随着波浪破碎过程的终结,波高进入缓慢衰减区段,相应的平均水位变化也趋缓。

　　波浪破碎后在礁坪上继续传播,在护岸工程阻碍下形成反射,形成回流,与正向入射波浪相互作用,当两者波高周期接近时会形成驻波,如图5-44所示。

图5-44 入射波与反射波叠加形成驻波

(2)波浪沿礁坪传播变形。

波浪在礁缘发生破碎后,沿礁坪继续传播,在护岸处形成反射,因此礁坪不同位置处波浪类型不同,波高分布不同。选取护岸位置1(护岸直立式胸墙前沿距礁缘225m),礁坪水深3m,入射波高10.5m,造波周期为17.43s。分析各测点位置波高实时变化,如图5-45所示。

由图5-45可以看出,距离礁缘近处,波浪以入射波为主,以波群形式出现,具有出较强的周期性。随着距离礁缘距离的增人,距离护岸工程越来越近,波浪反射现象逐渐增强,入射波逐渐衰减;在靠近护岸工程位置,波浪以反射为主,表现出短周期波动。

为更加准确地分析礁坪不同位置波浪特性变化,对不同位置波谱进行分析,进一步分析各测点位置波谱变化,如图5-46所示。

由图5-46可以看出,从礁缘至护岸工程处,随着距离护岸工程距离的缩短,波浪能量呈现先增长后增加的变化趋势。在礁缘处,波浪以高频的入射波浪为主,随着距离增加,低频的反射波浪逐渐增强,在礁坪中间部位入射波浪和反射波浪同时作用,在护岸工程处以低频的反射波浪为主。

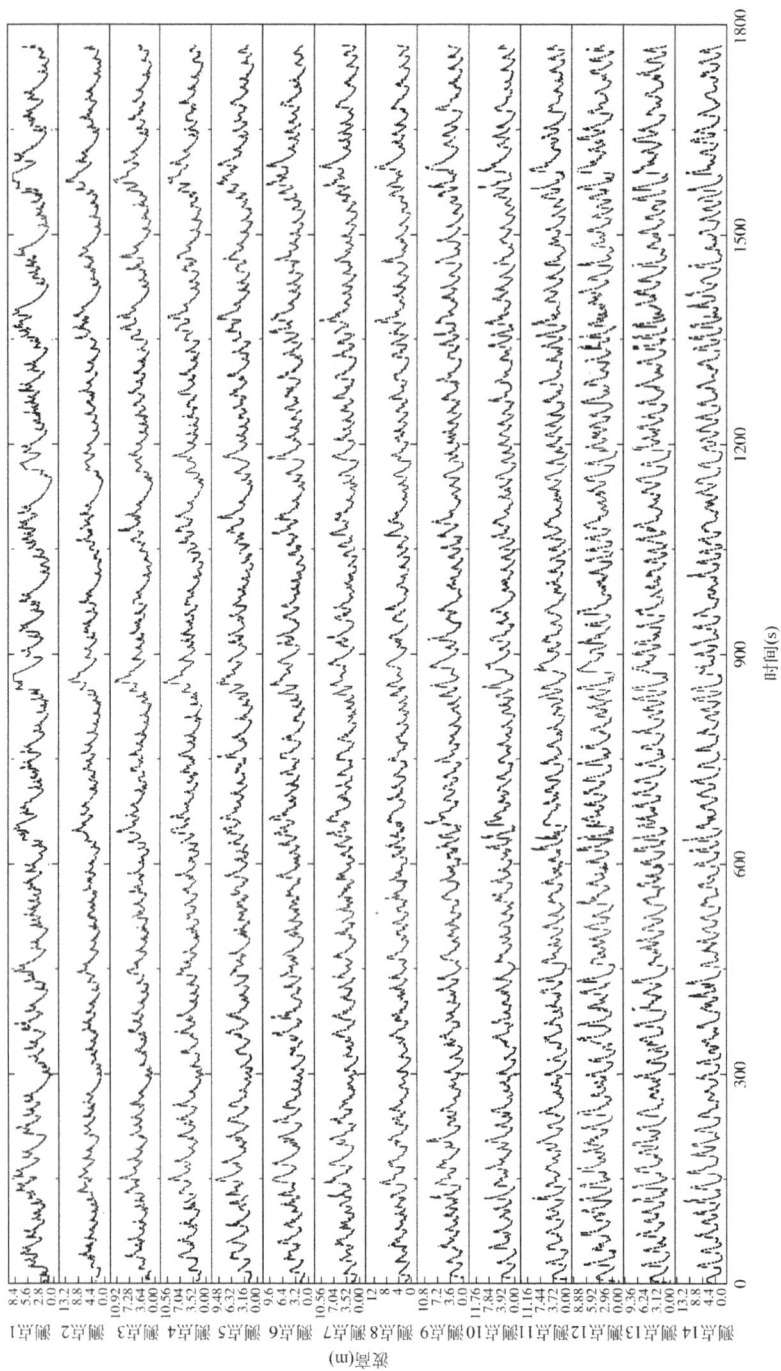

图 5-45　波高实时变化图

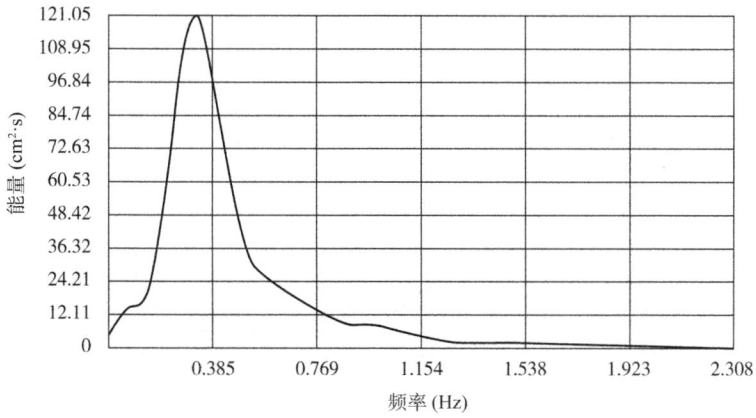

a) 测点1

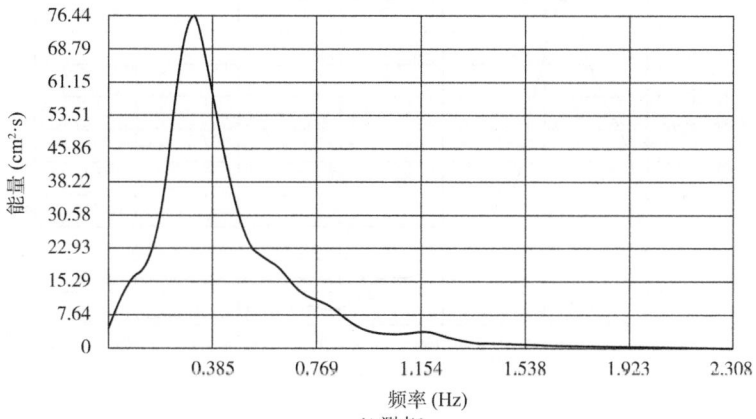

b) 测点2

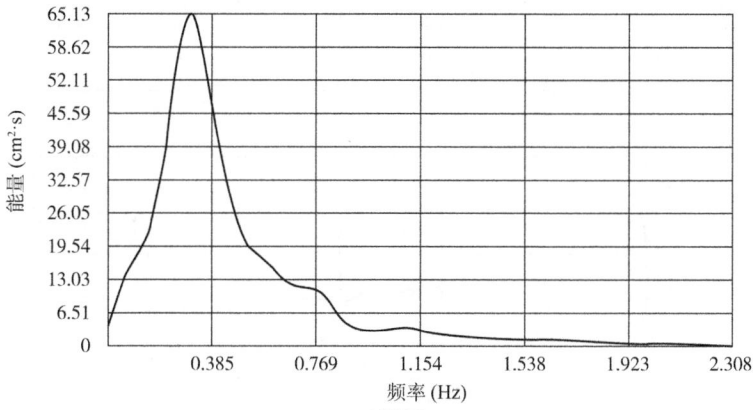

c) 测点3

图 5-46

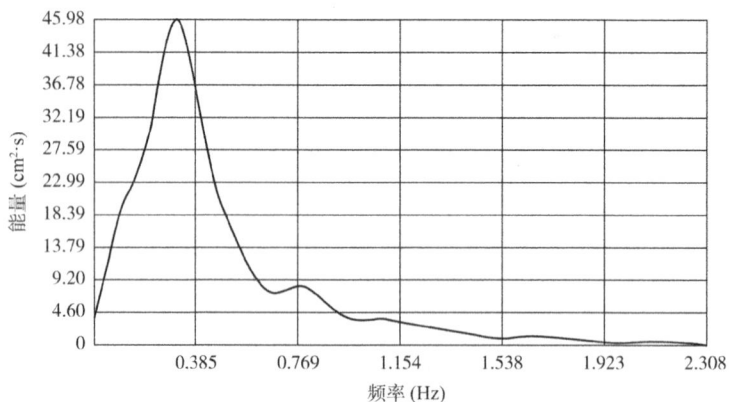
d) 测点4

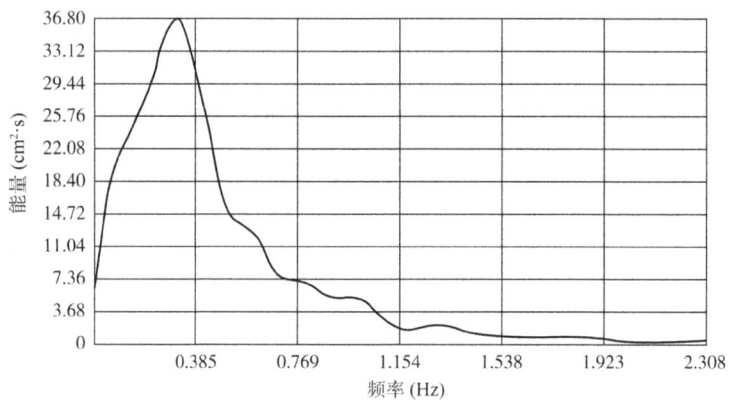
e) 测点5

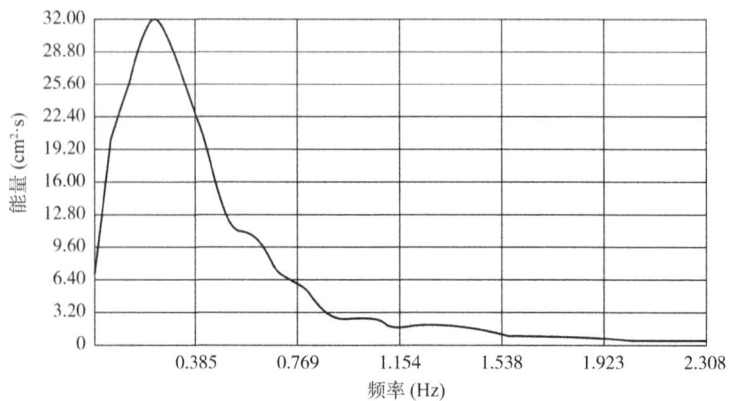
f) 测点6

图 5-46

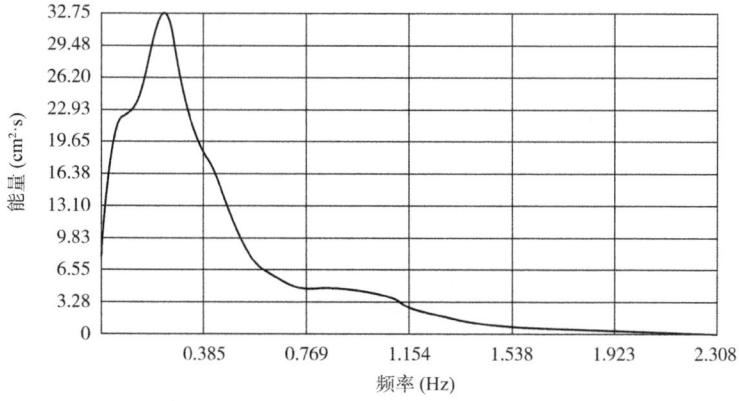

g) 测点7

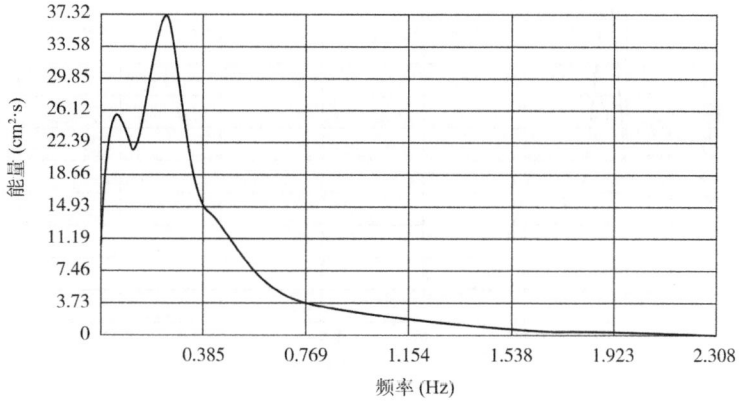

h) 测点8

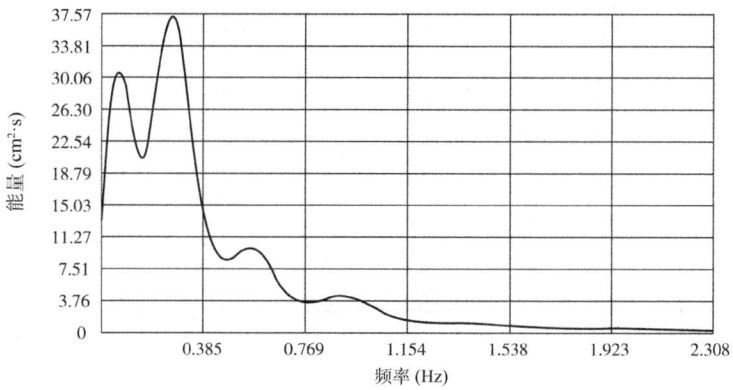

i) 测点9

图 5-46

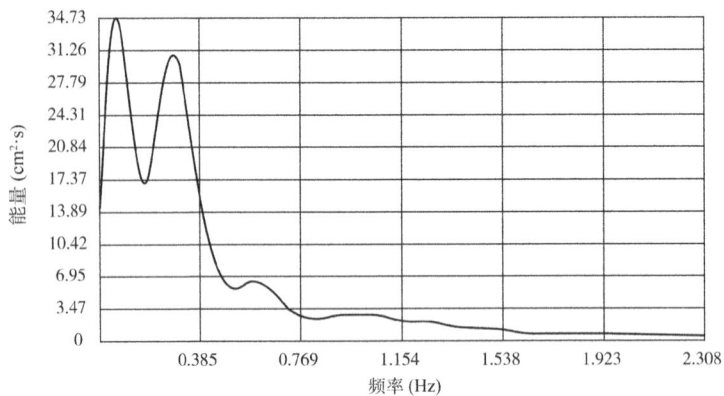

j) 测点10

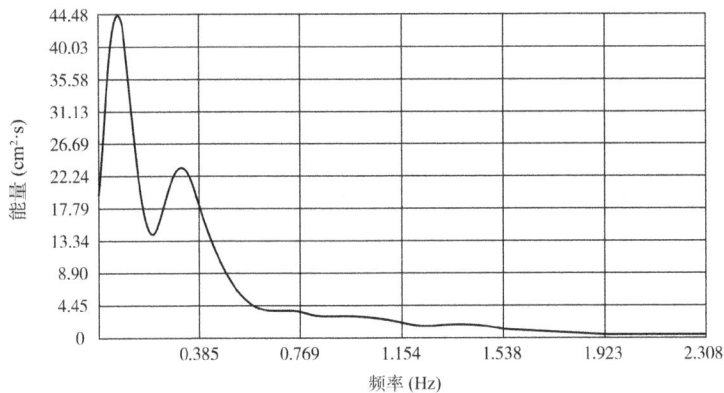

k) 测点11

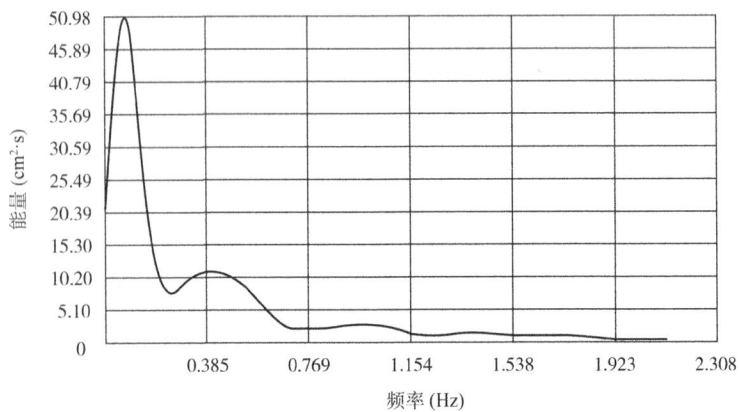

l) 测点12

图 5-46

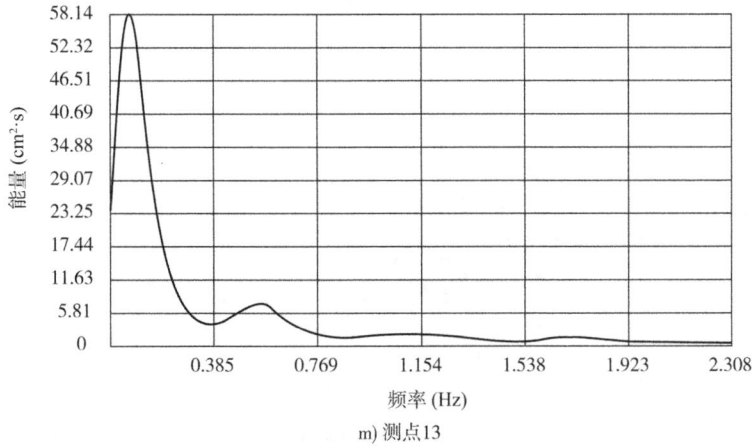

m) 测点13

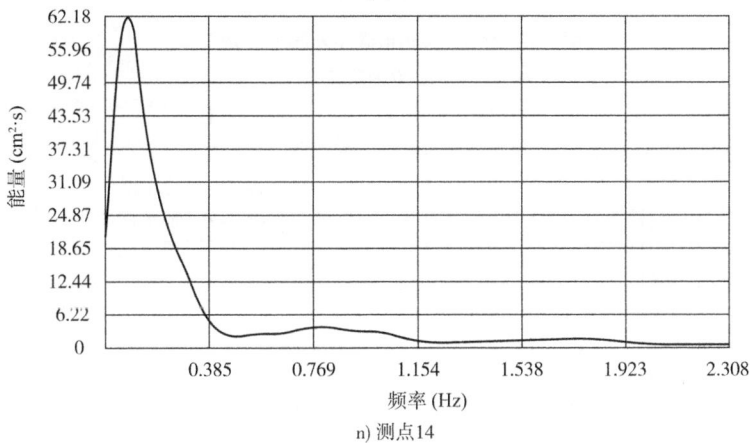

n) 测点14

图5-46 不同位置波谱变化图

波浪从深水区向浅水区传播时,由于地形变化的影响,波浪将发生折射、绕射、反射和破碎等一系列的复杂变化。下面进一步分析不同波高和波周期的入射波浪在礁坪上沿程的变化特征。为验证入射波浪波高对礁坪上波浪沿程波高的影响,分别选取无防护和护岸位置1(护岸直立式胸墙前沿距礁缘225m),礁坪水深1.3m,入射波高分别为4.5m、7.5m和10.5m,周期17.43s的规则波与不规则波工况,分析各测点位置波高分布,如图5-47~图5-50所示。

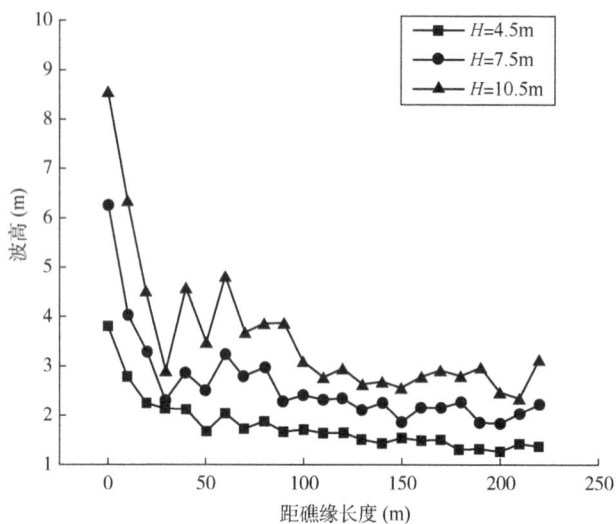

图 5-47　规则波波浪沿礁坪分布(无护岸工程)

注：H为波高。

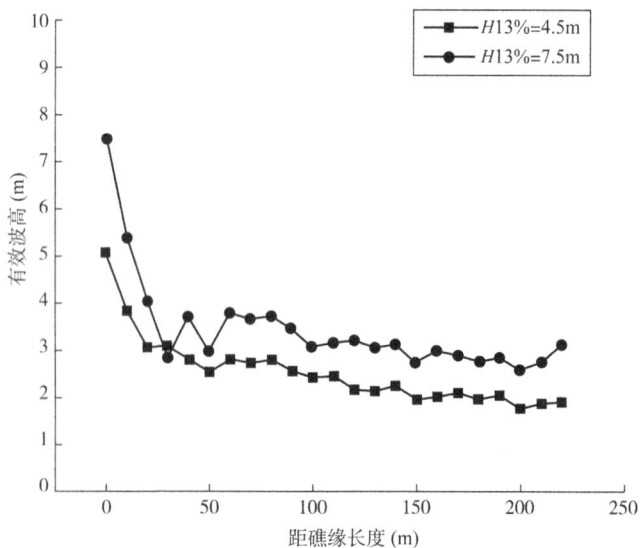

图 5-48　不规则波波浪沿礁坪分布(无护岸工程)

注：H13%为有效波高。

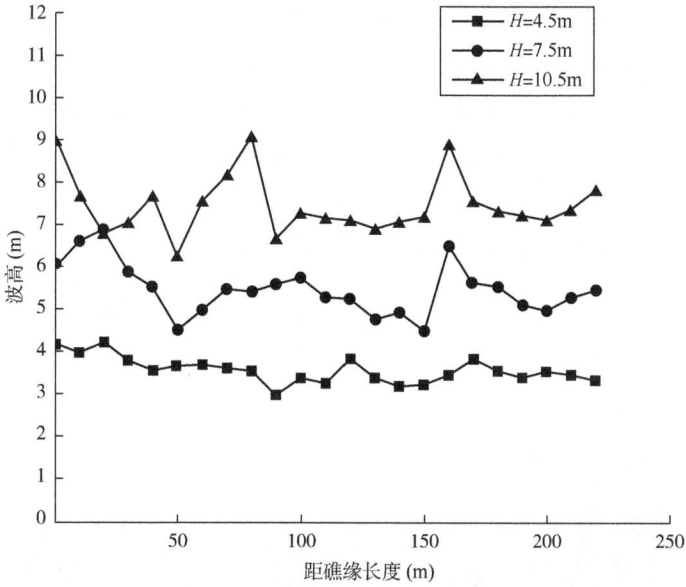

图 5-49　规则波波浪沿礁坪分布(护岸工程位置1)

注:H为波高。

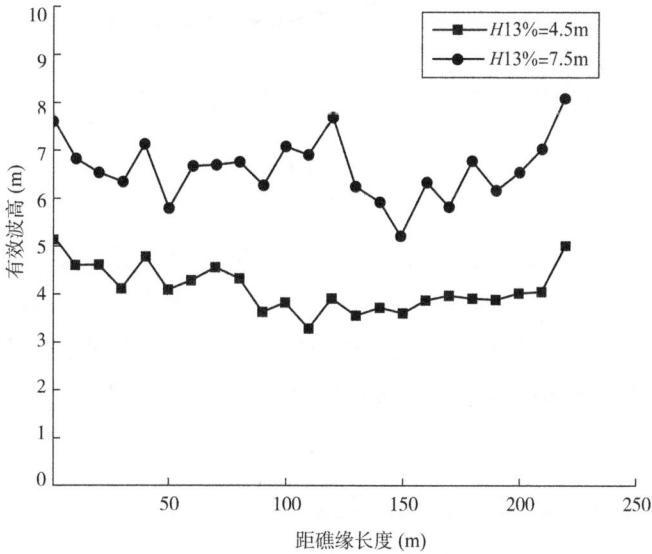

图 5-50　不规则波波浪沿礁坪分布(护岸工程位置1)

注:$H13\%$为有效波高。

由图5-47~图5-50中可以看出,无防护工程时,礁坪波高最大处出现在礁缘,当建设防护工程后,波高最大处礁坪上波高最大位置为较远处,随着距离礁缘距离增大,礁坪上波高逐渐减小。随着入射波高的增大,礁坪上波高逐渐增大。

为验证入射波浪周期对礁坪上波浪沿程波高的影响,选取无护岸工程和护岸位置1(护岸直立式胸墙前沿距礁缘225m),礁坪水深1.3m,波高10.5m,选取波高最大时刻,礁坪沿程波高分布如图5-51、图5-52所示。

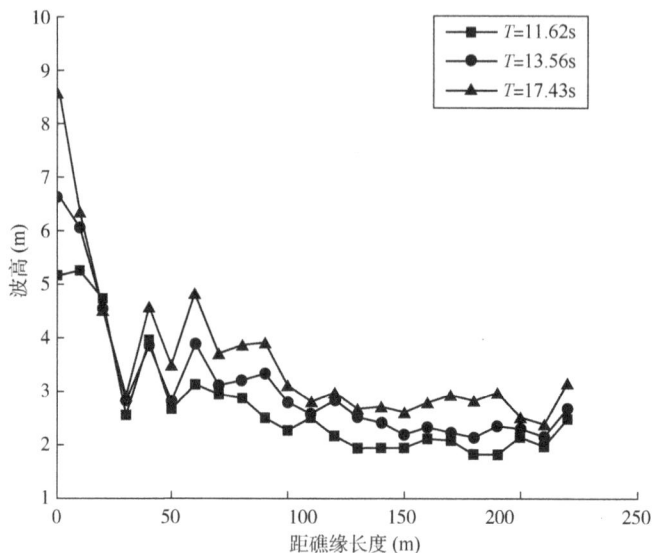

图5-51　波浪沿礁坪分布(无护岸工程)

注:T为周期。

由图5-51、图5-52中可以看出,随着入射波浪周期的增大,礁坪上波高逐渐增大,但增长幅度不大。为明确水深和护岸工程位置对礁坪沿程波高的影响,测量不同水深、不同护岸位置下,礁坪沿程波高变化,结果显示,不同水深、周期和波高条件下,入射波高为规则波和不规则波作用过程中,礁坪上沿程波高随水深增加而增加。

5.5.4.2　护岸结构前波浪增水、波生流特性研究

(1)礁坪增水变化规律。

礁坪增水是波动水面时均值相对于静止水面的升高值。礁坪增水是影响护岸

高程设计的重要因素,主要受波浪周期、波高、水深和护岸工程位置影响。

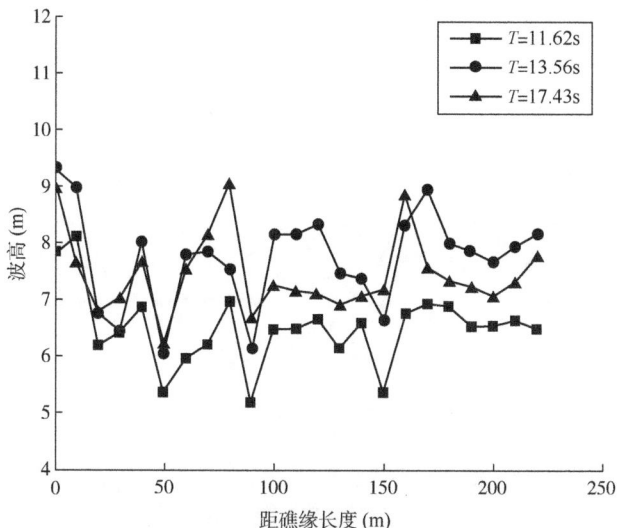

图5-52　波浪沿礁坪分布(护岸工程位置1)

注:T为周期。

　　为验证波高对礁坪增水的影响,选取礁坪水深0m,入射波周期为11.62s,护岸工程位置2(直立式胸墙前沿距礁缘150m)的工况,以横坐标代表距礁缘距离长度,礁坪增水随波高H变化(无防护工程)如图5-53所示,礁坪增水随波高H变化(有防护工程)如图5-54所示。

　　从图5-54中可以看出,在护岸工程位置不变、礁坪水深和入射波周期不变的情况下,随着波高的增大,各个点的增水均增大。另外,波浪在传播过程中,随距离礁缘距离增加,增水幅度增大,增水在100m、110m处出现峰值,而后减小,距离礁缘距离近时由于回流影响会造成水位降低,增水减小。100~110m处由于护岸工程反射波浪和破碎波浪交互叠加产生驻波,造成壅水因此水位抬高,增水变大。

　　为验证周期对礁坪增水的影响,选取礁坪水深0m,入射波波高为10.5m,护岸工程位置2(直立式胸墙前沿距礁缘150m)的工况,以横坐标代表距礁缘距离长度,礁坪增水随周期变化如图5-55所示。

　　从图5-55中可以看出,在波浪周期较小时,礁坪上沿程增水随着周期的增大而减小,但是从图中明显可以看到长周期波浪在60m至护岸工程范围内增水突然增大。

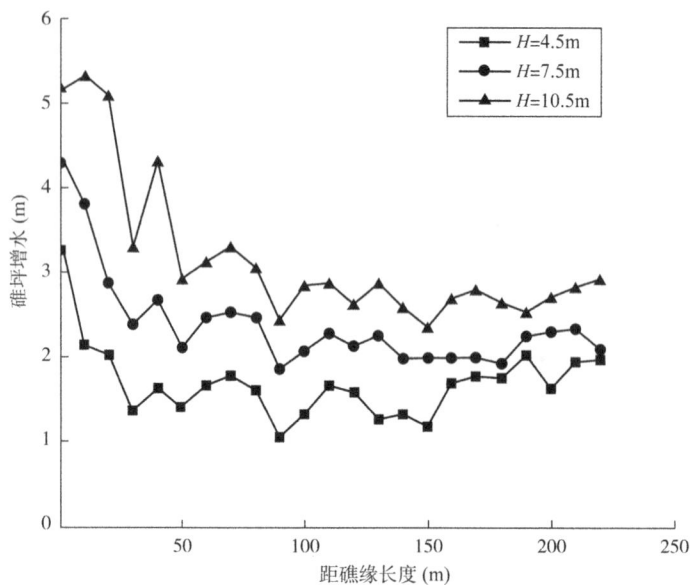

图 5-53　礁坪增水随波高 H 变化（无防护工程）

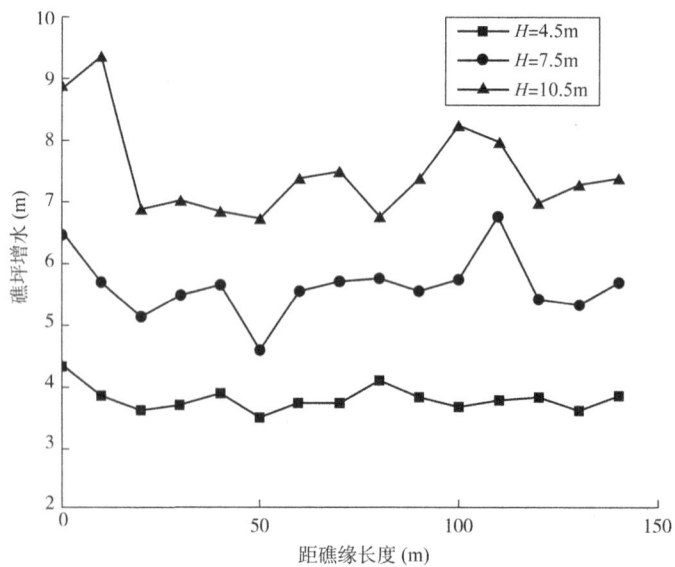

图 5-54　礁坪增水随波高 H 变化（有防护工程）

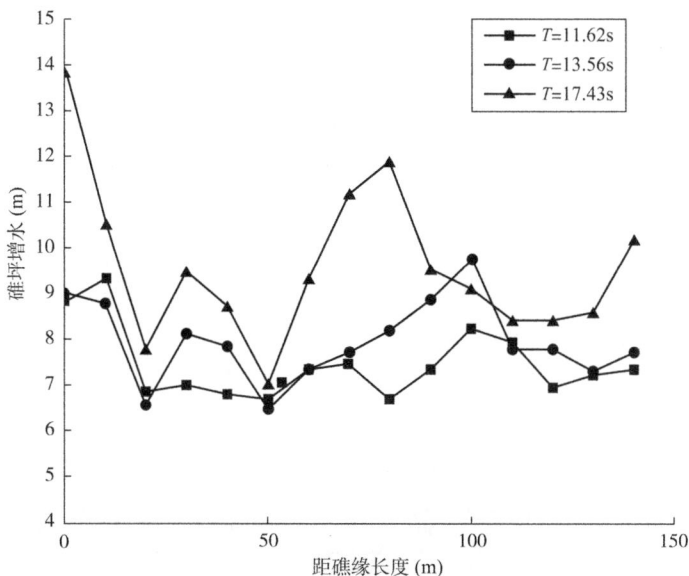

图5-55　礁坪增水随周期 T 变化

为验证水深对礁坪增水的影响,选取入射波波高为10.5m,周期为11.62s,护岸工程位置2(直立式胸墙前沿距礁缘150m)的工况,以横坐标代表距礁缘距离长度,礁坪增水随水深 h 变化如图5-56所示。由图5-56中可以看出随着水深增加,礁坪增水越来越小。

为验证护岸位置对礁坪增水的影响,选取入射波波高为10.5m,周期为11.62s,礁坪水深为1.3m的工况,以横坐标代表距礁缘距离长度,礁坪增水随护岸工程位置变化如图5-57所示。从图5-57中可以看出,护岸工程距离礁缘越近,礁坪增水越大。礁坪沿程增水变化规律为距离护岸工程越近,增水越大。

(2)波生流特征。

波浪破碎和护岸礁坪壅水都会形成礁坪上波生流。本次试验测量了不同工况下的不同位置的流速大小。

图5-58为流速随时间的变化,可以看出,流速呈现正向和负向流速往复出现,说明向岸流和离岸流交替出现,这是波浪正向入射和礁坪波生流回流相互作用的结果。

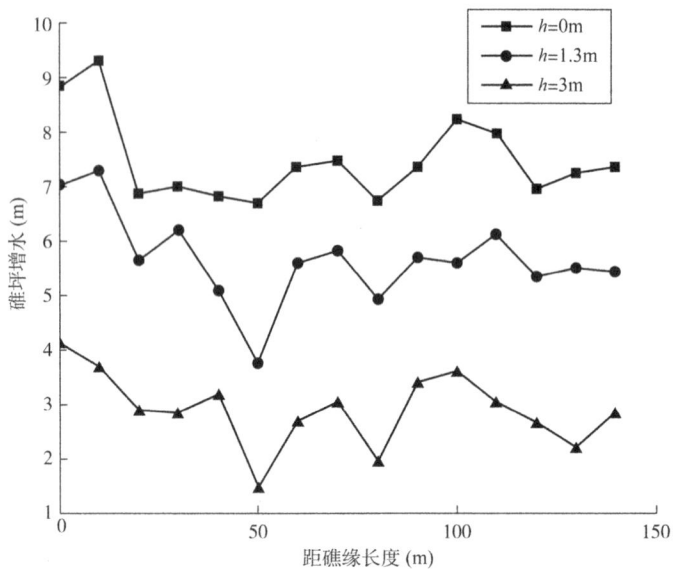

图 5-56 礁坪增水随水深 h 变化

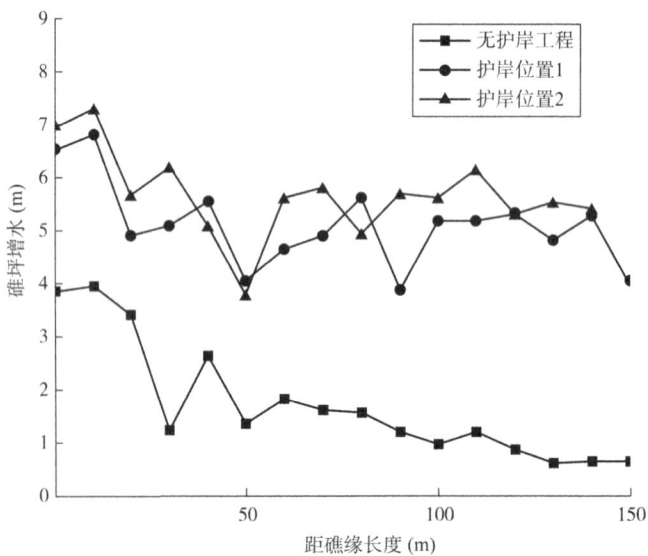

图 5-57 礁坪增水随护岸位置变化

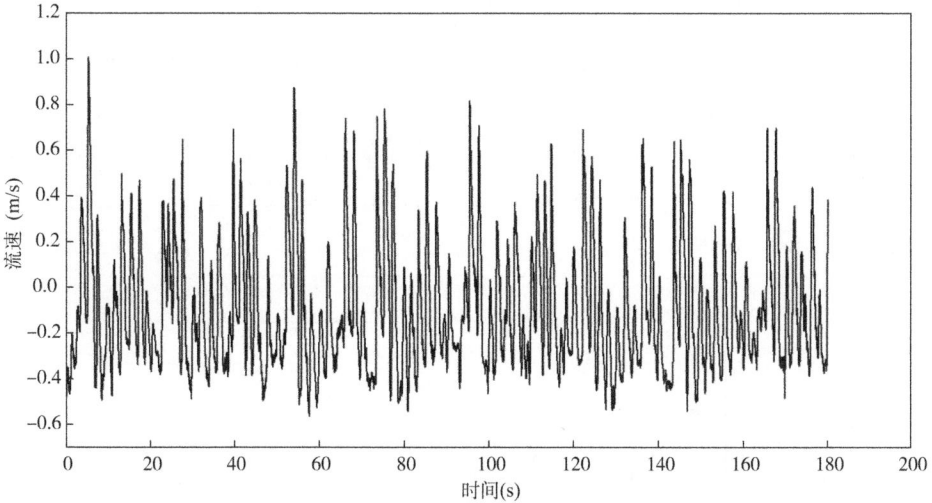

图 5-58　流速随时间变化

为验证波浪周期对流速的影响，选取护岸位置2（护岸结构直立式胸墙前沿距礁缘150m），波高4.5m，礁坪水深3m的工况，观察0.6h处断面时均流速随周期T变化规律，如图5-59所示。

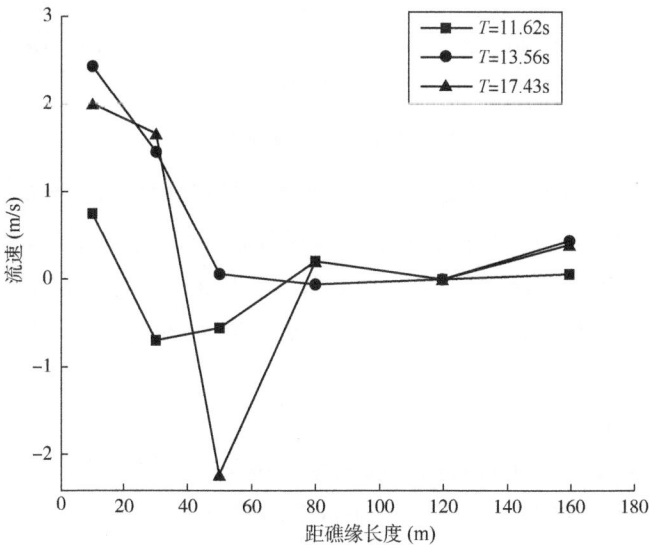

图 5-59　0.6h处断面时均流速随周期T变化

由图 5-59 中可以看出,随着入射波浪周期增大,无论是离岸流速还是向岸流速,整体呈现流速逐渐增大趋势。同时随着距礁缘距离的增加,时均流速呈现先减小后增大的变化趋势。

为验证波浪波高对流速的影响,选取护岸位置 2(护岸结构直立式胸墙前沿距礁缘 150m),周期 13.56s,礁坪水深 3m 的工况,观察 0.6h 处断面时均流速随波高 H 变化规律,如图 5-60 所示。

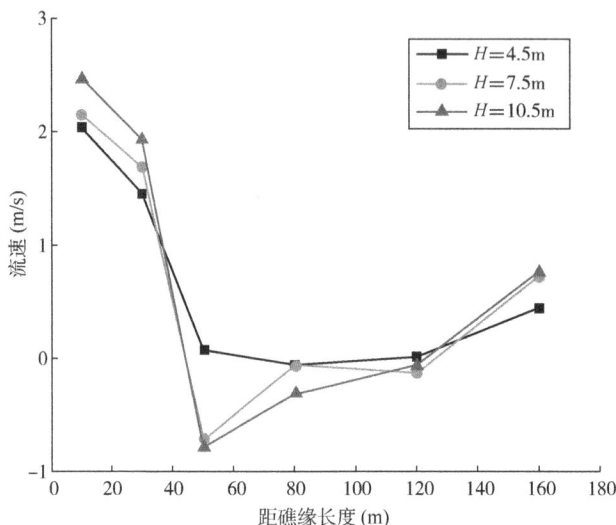

图5-60 0.6h 处断面时均流速随波高变化

由图 5-60 中可以看出,随着波浪波高增大,离岸和向岸流速都逐渐增大。

为明确水深和护岸工程位置对礁坪流速分布规律的影响,统计周期为 17.43s、波高 10.5m 波浪条件下,礁坪上各个测点最大正向流速、最大反向流速、平均正向流速、平均负向流速以及平均流速值,可知水深越大,流速越大。护岸位置对礁坪流速影响较小。

(3)越浪量特征。

越浪量反映了护岸工程对后方区域掩护效果的好坏,是护岸工程建设和设计关注的重点。越浪量的大小主要受入射波浪周期和波高、水深等因素影响。

①入射波浪周期和波高的影响。

研究护岸位置 2(护岸直立式胸墙前沿距礁缘 150m)工况不同水深下,周期和波高对越浪量的影响规律,如图5-61所示。

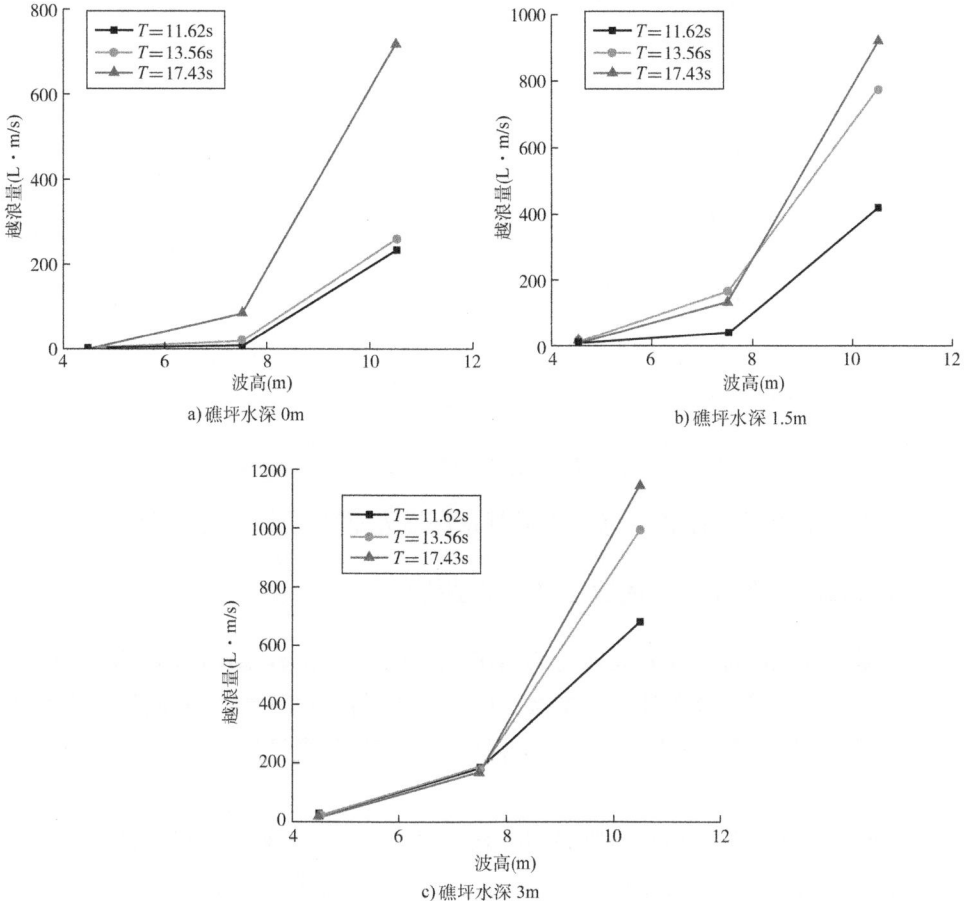

a) 礁坪水深0m

b) 礁坪水深1.5m

c) 礁坪水深3m

图5-61 护岸工程位置2处越浪量

由图5-61可以看出,在相同的入射波周期情况下,随着入射波波高的增加,护岸工程的越浪量逐渐增大;在相同的入射波高情况下,护岸工程的越浪量随周期的增大而增大。

②水深的影响。

由于越浪量随着入射波高周期和水深的增大而增大,因此选取入射周期17.43s的波浪进行分析。选取护岸位置2(护岸直立式胸墙前沿距礁缘150m),分析礁坪水深对越浪量的影响规律,如图5-62所示。

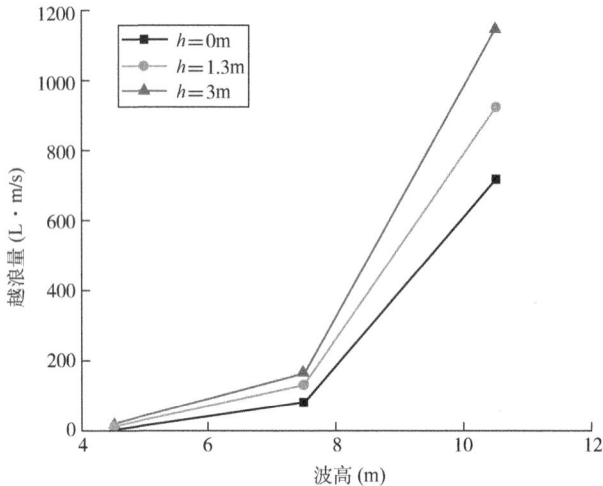

图5-62　护岸工程位置2处不同礁坪水深 h 情况下越浪量

由图5-62中可以看出,越浪量随礁坪水深增大而增大。

5.5.4.3　护岸工程不同部位受力特征研究

护岸工程关键部位受到波浪力的作用,是关乎护岸工程稳定性的关键因素,也是护岸工程设计的主要关注点。本次试验主要测量护岸工程直立式胸墙的表面和底部压强分布,研究礁坪水深和护岸工程位置对压强分布的影响规律。

(1)胸墙波压分布特征。

试验中采用混凝土质材料胸墙,并通过压载方式,在保证足够稳定条件下进行波压测量。图5-63为礁坪水深3m、护岸工程距礁缘距离150m、入射波浪波高10.5m、入射周期17.43s时,胸墙测点位置2、4、6和7压强随时间变化规律。

由图5-63可以看出,测点2呈现冲击压强状态,峰值有规律性地突变,为典型的冲击压强分布,且所受压强较大,而测点4、测点6和测点7呈现整体压强较小,且压强呈现周期性的波群分布,主要受波浪波动压强。

为验证波高对胸墙压力分布规律的影响,在礁坪水深3m、测量周期13.56s的(模型4.29s)情况下,波高4.5m、7.5m、10.5m(模型0.45m、0.75m、1.05m)3种波浪条件下,胸墙表面最大压强(波浪作用全过程中最大压强)的变化规律如表5-14所示。

a) 测点2

b) 测点4

c) 测点6

d) 测点7

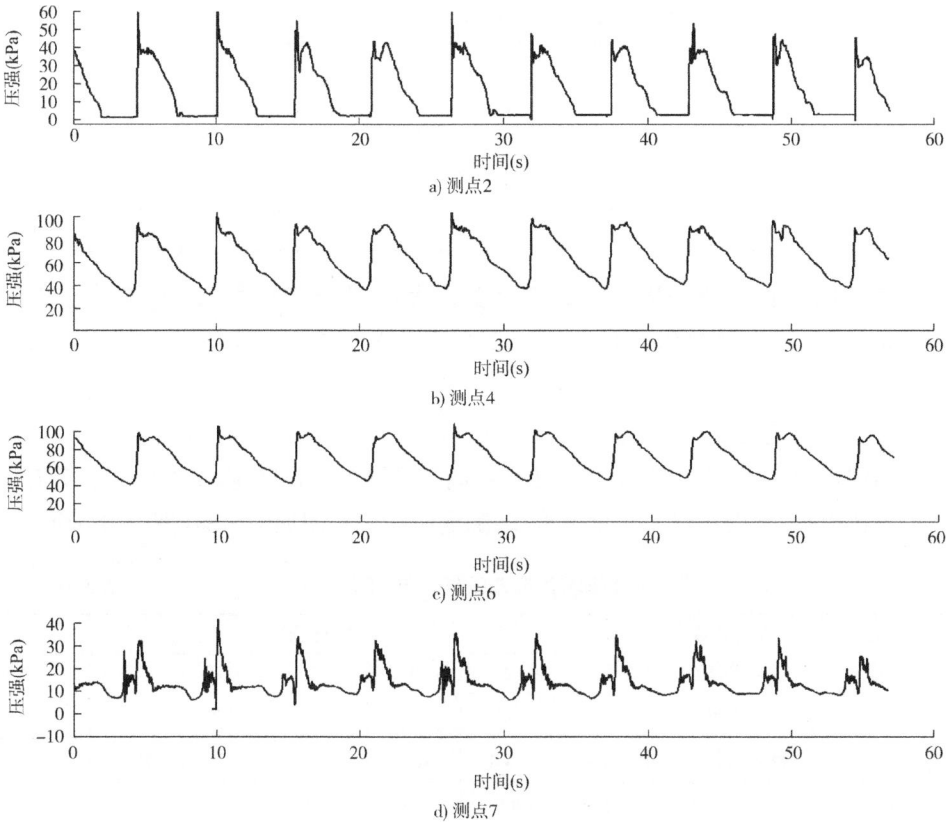

图5-63　胸墙测点压强变化图

胸墙压强随波高变化统计表（单位:kPa）　　　　　　　　表5-14

波高	测点						
（m）	1	2	3	4	5	6	7
4.5	10	23	31	38	38	37	6.5
7.5	38	47	52	60	63	62	12
10.5	41	54	66	78	88	85	25

由表5-14可以看出,胸墙最大压强随波高增大而增大。

为验证波浪周期对胸墙压力分布规律的影响,在测量波高为7.5m（模型0.75m）情况下,波浪周期为11.62s、13.56s和17.43s（模型3.67s、4.29s、5.51s）的波浪作用下,胸墙各测点压强如表5-15所示。

由表5-15可以看出,胸墙最大压强随周期增大而增大。

胸墙压强随周期变化统计表（单位：kPa）　　表5-15

周期	测点						
（s）	1	2	3	4	5	6	7
11.62	24	34	42	52	60	59	9
13.56	38	47	52	61	63	62	12
17.43	42	64	76	89	71	69	20

考虑胸墙稳定性，需测量胸墙所受最大压强分布规律，因此统计在周期 17.43s、波高10.5m波浪作用下，胸墙表面压强分布随礁坪水深（0m、1.3m、3m）和护岸工程位置（胸墙前沿距礁缘150m、225m）的变化规律。并给出各水位、各位置规则波作用下的受最大水平波浪力，以及最大浮托力时胸墙各测点压强值。

不同水深下，护岸工程处于位置1（胸墙距礁缘225m）时，胸墙受最大水平力和最大浮托力时，表面压强分布见表5-16，胸墙压强分布图如图5-64~图5-67所示。

位置1胸墙各位置压强分布（单位：kPa）　　表5-16

礁坪水深	压强类型	测点位置						
（m）	（kPa）	1	2	3	4	5	6	7
0	水平力最大	39.4	48	45	83.3	94.8	105.7	34.4
	浮托力最大	22.9	34.8	42.1	73.2	86	99.2	66
1.3	水平力最大	0.2	4.9	9.7	48.1	65.4	79.8	22.1
	浮托力最大	0.6	2.6	9	42.6	59.6	73.4	53.6

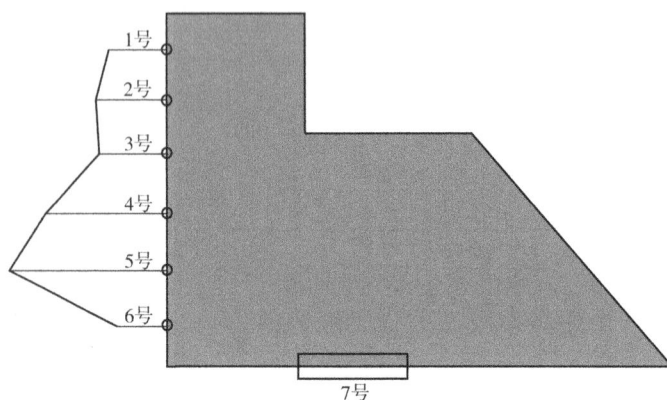

图5-64　礁坪水深0m水平力最大时压强分布图

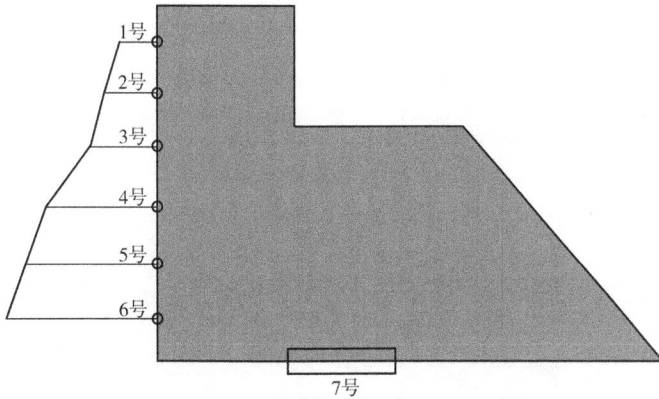

图5-65 礁坪水深0m浮托力最大时压强分布图

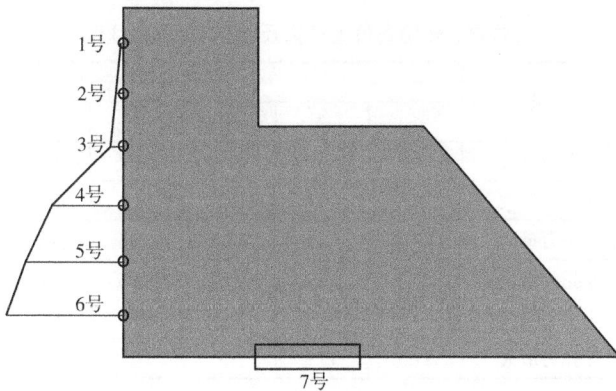

图5-66 礁坪水深1.3m水平力最大时压强分布图

根据图5-64~图5-67可以看出,随着水深增加,水平力最大时,胸墙所受水平力最大压强呈增大趋势,且最大压强出现位置随水深增大而升高。胸墙所受水平波压自最大位置处,向上向下均随距离增大呈现递减趋势。胸墙所受浮托力最大值出现在胸墙前沿位置处,随距前沿距离增大,浮托力逐渐减小。

不同水深下,护岸工程处于位置2(胸墙距礁缘150m)时,胸墙受最大水平力和最大浮托力时,表面压强分布如表5-17所示。

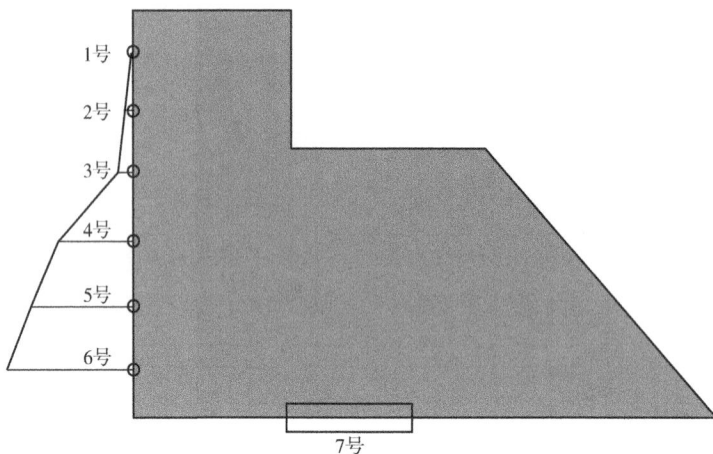

图 5-67　礁坪水深 1.3m 浮托力最大时压强分布图

位置 2 胸墙各位置最大压强分布（单位：kPa）　　　　　　　　　表 5-17

礁坪水深 (m)	压强	测点位置						
		1	2	3	4	5	6	7
0	水平力最大	45.2	60.7	55	65.7	80.4	94.1	32.8
	浮托力最大	22.5	30.4	44	54.3	70.7	84.5	54.6
1.3	水平力最大	71.9	48.1	58.6	76.2	85.4	94.9	17.7
	浮托力最大	23.2	32.7	46	66.6	78.8	91.1	43.2
3	水平力最大	74.2	53.3	78.8	91.8	89.8	86.6	7.4
	浮托力最大	21.3	35.9	56	71.2	72	71.2	33.9

由表 5-16 可以看出，随着护岸工程距离礁缘距离增大，胸墙波压最大值呈减小趋势。

根据上述分析知道，最大波浪力 F_{max} 受入射波波高 H、入射波周期 T、礁坪水深 h_r、礁前斜坡坡度 β、防浪建筑物的干舷高度 R_c（防浪建筑物高度减去礁坪水深）、防浪建筑物与礁缘的距离 S 和防浪建筑物堤顶宽度 B 的影响，因此通过对以上 8 个参数与最大波浪力之间的定量关系进行分析，利用非线性回归分析得到无量纲最大波浪力的计算公式（$R^2=0.88$）：

$$F_{max} = \frac{F}{\rho g h_r^2} = 0.14\exp\left(-0.95\frac{R_c}{H}\right)\left(\frac{H}{gT^2}\right)^{-0.21}\left(\frac{S}{H}\right)^{-0.17}\left(\frac{B}{H}\right)^{-0.07}\left(\tan\beta\right)^{0.13} \quad (5\text{-}39)$$

将公式计算结果与试验结果进行对比,得到图5-68,从图中可以明显发现两者较为吻合。

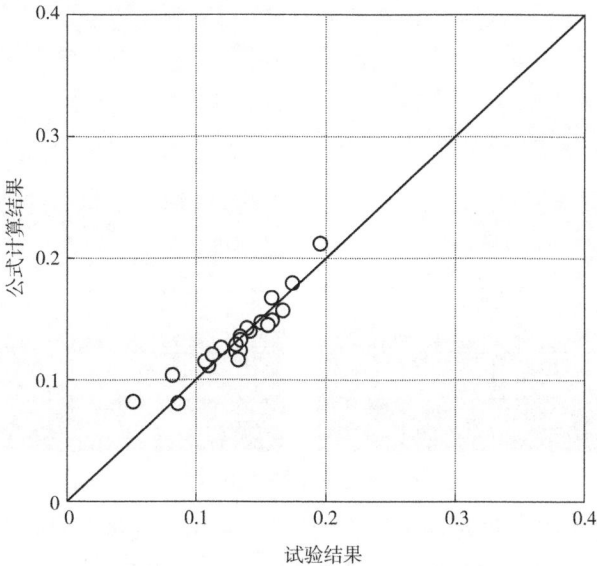

图5-68 公式计算结果与试验结果对比

(2)胸墙波压与波浪掺气量关系。

使用高速摄像机对掺气波浪的传播过程进行记录,如图5-69所示。当波浪在冲击礁缘处产生破碎时,波浪中掺杂大量气体向前传播。波浪前段会产生一个大的气体空腔,不断向前传播,后面跟随大量的气泡羽流。当气腔较大时,振荡压力的幅值明显小于脉冲压力的幅值;大的气穴具有储存能量的能力,这使它们能够在冲击过程中将波的一些动能转化为热能。这就产生了一种缓冲作用。相比之下,与波能相比,气泡的储能能力很弱,可以忽略不计。

Hoque和Aoki研究发现,掺气量在垂直断面上的分布存在一定的规律和关系,认为每一个垂直断面的平均掺气量能近似描述气体在垂线上的分布。而以往的研究中,大多通过直接测量平均深度处的掺气量,以此来确定垂直方向上的平均掺气量。然而在高速水体和非恒定水流运动过程中,剧烈的水体运动使得对平均深度处的掺气量的测量无法精确描述垂向空间分布。因此,本书采用在同一断面上不同水深处对掺气量进行单点测量的方法,得到每个垂直断面上不同深度处的掺气量,从而获得掺气量在垂直断面上的分布。

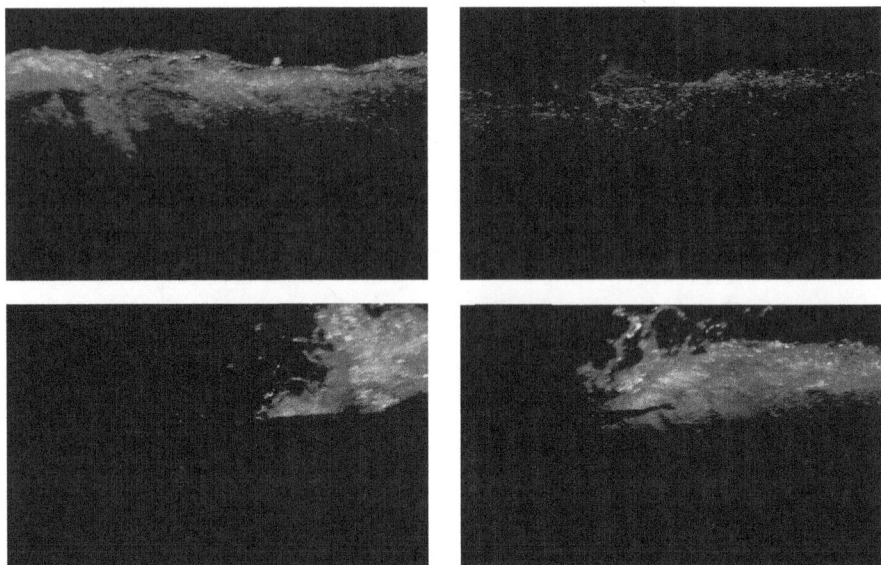

图 5-69　掺气波浪传播过程

为了定量分析掺气量对冲击压力的影响,采用含气量测量仪测量波浪掺气量浓度。掺气量距河床的正常距离 y 用特征高程 y_{90} 标准化,其中掺气量浓度 $C=0.9$。图 5-70 表示掺气量浓度随时间的变化,掺气量随时间在 $0\sim1$ 之间呈现周期性梯度变化。图 5-71 表示无防护工程条件下,规则波波高 4.5m,礁坪水深 1.3m,周期 13.56s 工况下,距礁缘不同位置上平均掺气量浓度($C_{平均}$)纵向分布,可以看出,掺气量浓度分布呈 S 形。此外,研究表明掺气量浓度随测量深度的增加呈 e 指数衰减,这是因为越靠近水体表面,在波浪发生卷破卷入气体时,波浪冲击能量和湍流动能越大,初始卷入的气体越多,产生的气泡数量越多,从而使得空隙率的值远大于深度较大处的值。

通过分析可知,在水深一定的情况下,波高越小,气泡的最大穿透距离越深。在同一深度处、同一水深条件下,波高越大,掺气量越小。另外,在同一波高下,水深越大(即波长越大),气泡的最大穿透距离越深。

选取防护工程位置 2(距礁缘 150m),分析纵向剖面波浪破碎时间段平均掺气量浓度($C_{平均}$)与胸墙直立面平均压强(P)变化,如图 5-72 所示。可以看出,胸墙直立面所受压强随着平均掺气量浓度的增加而减小,表明波破碎掺气量浓度越大,胸墙迎浪面受到的波浪冲击力越小。

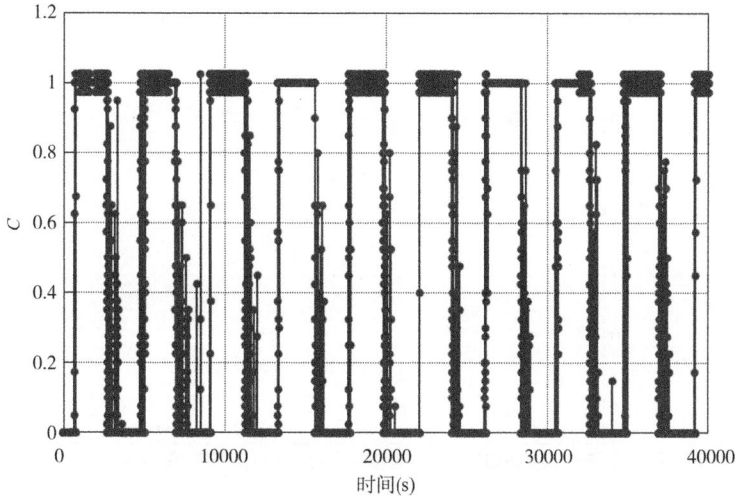

图5-70 掺气量浓度随时间变化

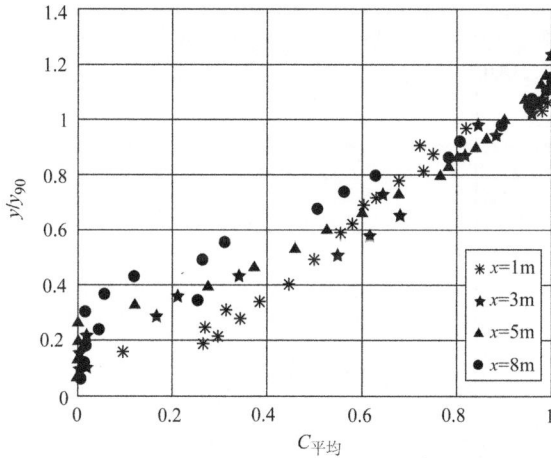

图5-71 平均掺气量浓度纵向分布

选取防护工程位置2(距礁缘150m),波高4.5m,周期分别为11.62s、13.56s和17.43s条件下,分析纵向剖面波浪破碎时间段平均掺气量浓度与胸墙直立面平均压强变化,如图5-73所示。可以看出,随着周期的增加,剖面时均掺气量增加,胸墙直立面所受压强随着平均掺气量浓度的增加而增加。

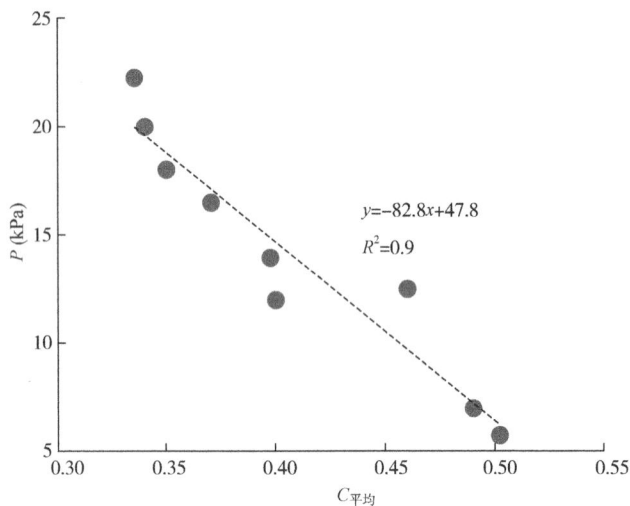

$y = -82.8x + 47.8$

$R^2 = 0.9$

图5-72　不同波高下平均掺气量浓度与胸墙直立面平均压强关系

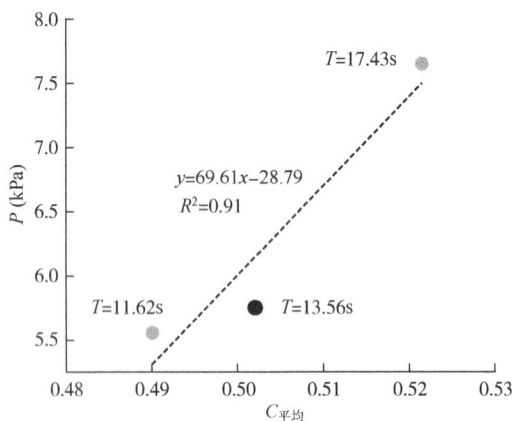

$T = 17.43\text{s}$

$y = 69.61x - 28.79$

$R^2 = 0.91$

$T = 11.62\text{s}$　$T = 13.56\text{s}$

图5-73　不同周期下平均掺气量浓度与胸墙直立面平均压强关系

通过变化胸墙位置,在胸墙距礁缘的位置分别为75m、150m和225m、波高7.5m条件下,研究距礁坪50m处掺气量的变化,如图5-74所示。可以发现,礁缘附近掺气量浓度随着护岸工程胸墙后移(远离礁缘)而增加。

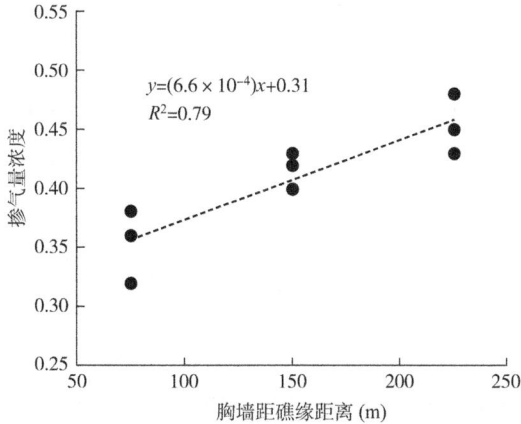

图5-74 掺气量浓度(距礁坪50m位置)随胸墙位置的变化

5.5.4.4 破浪传播及冲击力比尺效应

为探究岛礁平台波浪传播及冲击力比尺效应的影响,选取模型比尺1:10和1:40条件下的波浪传播及冲击力试验结果进行分析。

(1)波浪传播的比尺效应。

选取模型比尺1:10和1:40无护岸工程和护岸直立式胸墙前沿距礁缘225m条件下,礁坪水深1.3m,周期13.56s,波高分别为4.5m、7.5m和10.5m的规则波工况,分析各测点位置波高分布情况,如图5-75~图5-78所示。

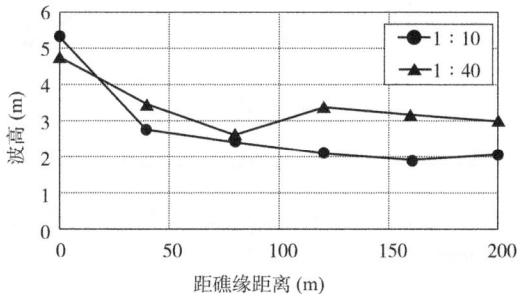

图5-75 不同比尺下波高沿礁缘变化(H=7.5m,无护岸工程)

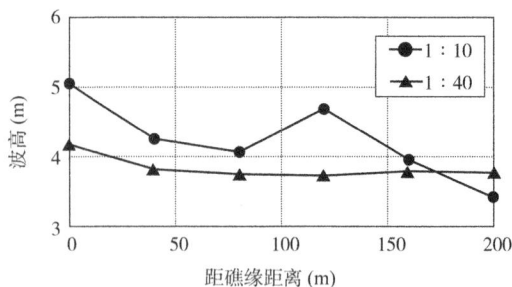

图5-76　不同比尺下波高沿礁缘变化($H=4.5m$)

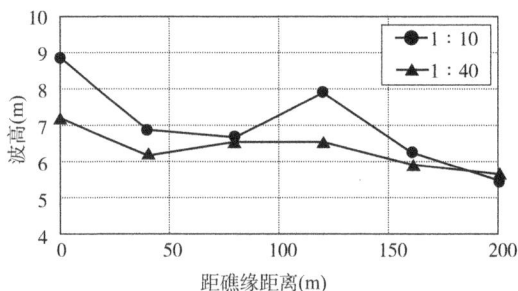

图5-77　不同比尺下波高沿礁缘变化($H=7.5m$)

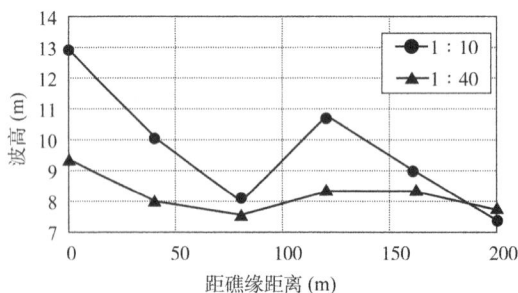

图5-78　不同比尺下波高沿缘坪变化($H=10.5m$)

可以看出,在模型比尺1:10条件下,波浪沿礁缘的传播波高明显大于模型比尺1:40条件下波浪沿礁缘的传播波高。无防护工程时,波高7.5m条件下,平均相对差距为32%。胸墙位置距礁缘225m、波高4.5m时,平均相对差距为9%;波高7.5m时,平均相对差距为11%;波高10.5m时平均相对差距为17%。总体上,波高越大,比尺效应越显著;小比尺模型测得波高值整体大于大比尺模型试验值。

(2)冲击力的比尺效应。

为验证比尺效应对胸墙压力大小及分布规律的影响,选取模型比尺1∶10和1∶40,礁坪水深1.3m、周期13.56s情况下,护岸工程位置2(胸墙距礁缘距离150m)在规则波波高4.5m、7.5m和10.5m条件下,胸墙表面最大压强(波浪作用全过程中最大压强)的变化规律,如图5-79~图5-81所示。

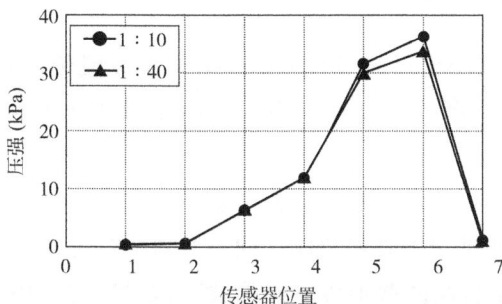

图5-79　不同模型比尺下压力分布(*H*=4.5m)

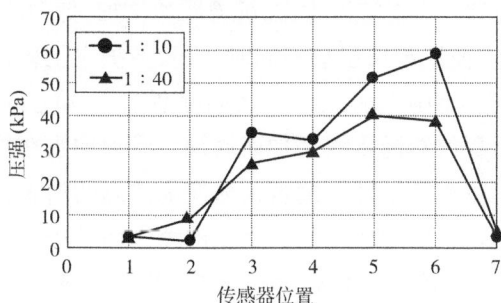

图5-80　不同模型比尺下压力分布(*H*=7.5m)

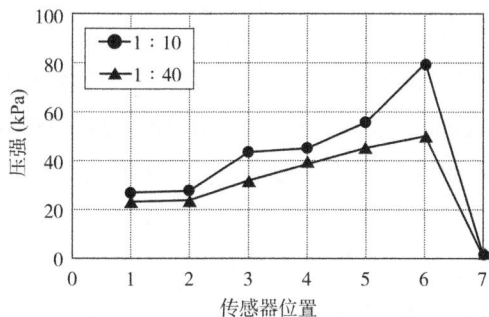

图5-81　不同模型比尺下压力分布(*H*=10.5m)

可以看出,在模型比尺1:10条件下,波浪对胸墙直立面的作用压强明显大于模型比尺1:40条件下对胸墙直立面的作用压强。对于波浪冲击力,胸墙位置距礁缘150m时,波高4.5m时,平均相对差距8%;波高7.5m时,平均相对差距10%;波高10.5m时,平均相对差距19%。总体上,波高越大,波浪冲击力比尺效应越显著。

5.5.5 试验结论

本次试验通过大小比尺波浪水槽试验分析了波浪传播变形与波生流演变规律,建立岛礁护岸工程所受波浪力计算公式,研究胸墙所受冲击力的比尺效应。主要结论如下:

(1)基于大比尺物理模型试验,分析了珊瑚礁上波浪的传播变形规律以及建有护岸工程后礁坪波浪能量的耗散机制。同一波列中较大波高波浪以卷破形式在礁前斜坡上破碎,较小波高的波浪以崩破形式在水平礁坪上破碎或者不发生破碎。波浪变形从坡脚开始到礁坪末端大致可分为破碎前段、破碎区段和礁坪平稳段。在礁缘处,波浪以高频的入射波浪为主,随着距离增加,低频的反射波浪逐渐增强,在礁坪中间部位入射波浪和反射波浪同时作用,在护岸工程处以低频的反射波浪为主。礁坪上波高随着与礁缘距离的增大而逐渐减小;随着入射波高的增大,礁坪上波高逐渐增大;沿程波高随水深增加而增加。礁坪增水在护岸工程前整体呈上升趋势,在靠近护岸工程处下降。随着入射波高波高的增大,礁坪增水均增大;在波浪周期较小时,礁坪上沿程增水随着周期的增大而减小;随着水深增加,增水幅度越来越小;礁坪上沿程增水变化规律受护岸工程距礁缘位置影响不大。

(2)流速及越浪量研究表明,礁坪中后段位置以向岸流速为主,在靠近护岸工程处由于护岸工程阻碍以离岸流速为主。离岸流速和向岸流速均随入射波浪周期增大而增大。随着波浪波高增大,离岸流速和向岸流速都逐渐增大。水深越大,流速越大,护岸位置对礁坪流速影响较小。在相同的入射波周期情况下,随着入射波波高的增加,护岸工程的越浪量逐渐增大;在相同的入射波高情况下,护岸工程的越浪量随周期的增大而增大。越浪量随礁坪水深增大而增大。护岸工程距离礁缘越近,越浪量越大。

(3)在护岸工程受力方面,胸墙最大压强随入射波浪波高、周期增大而增大;随着水深增加,水平力最大时,胸墙所受水平力最大压强呈增大趋势,且最大压强出现位置随水深增大而升高;胸墙所受水平波压自最大位置处,向上向下均随距离增大呈现递减趋势;胸墙所受浮托力最大值出现在胸墙前沿位置处,随距前沿距离增大,浮托力逐渐减小。当礁坪水深越小时,平均水位相对更高,最大波浪力与入射波高 H、入射周期 T、礁坪水深 h_r 呈现非线性正相关,与礁前斜坡 $\tan\beta$、防浪建筑物与礁缘的距离 S、防浪建筑物堤顶宽度 B 呈现非线性负相关,据此提出了岛礁防浪建筑物上无量纲最大波浪力的计算公式。

(4)波浪破碎过程中伴有气体,破碎产生的掺气量浓度分布呈S形。掺气量浓度随测量深度的增加呈e指数衰减,在同一深度处、同一水深条件下,波高越大,掺气量浓度越小。胸墙直立面所受压强随着掺气量浓度的增加而减小。

(5)在比尺效应方面,在模型比尺1:40条件下波浪沿礁坪的传播波高和胸墙直立面冲击力明显大于模型比尺1:10条件下的对应情况,波高为4.5m平均相对差距率为9%,压强平均相对差距为8%;波高为7.5m平均相对差距为11%,压强平均相对差距为10%;波高为10.5m时平均相对差距为17%,压强平均相对差距为19%。总体上,波高越大,比尺效应越显著;大比尺模型测得波高值总体上大于小比尺模型试验值。

6　海洋浮体模型

6.1　模型简介

海洋浮体模型是海洋工程领域中的重要研究工具,用于模拟和分析浮体结构在海洋环境中的性能表现。随着深海资源开发和海洋能源利用的不断深入,对海洋浮体结构的设计和性能要求也越来越高,因此,建立准确可靠的海洋浮体模型至关重要。

6.1.1　结构类型

海洋浮体结构根据其功能和应用场景的不同,可以分为多种类型。以下是几种常见的海洋浮体结构类型:

(1)浮式生产储油船(FPSO):FPSO是一种集油气生产、储存、外输于一体的海上浮式装置,通常与海底油气田通过立管连接。

(2)半潜式平台:半潜式平台是一种在海底有桩基支撑的海上浮体结构,其主体部分位于水面以下,以减小波浪的影响。

(3)张力腿平台(TLP):TLP通过四根或多根垂直的张力腿与海底相连,以提供平台的稳定性。

(4)浮式风力发电机:浮式风力发电机是一种利用浮体结构支撑风力发电机组的装置,适用于深海区域的风能开发。

6.1.2　目的和要求

建立海洋浮体模型的主要目的包括:

(1)性能评估:评估浮体结构在特定海洋环境下的性能表现,如运动响应、载荷分布、结构强度等。

(2)设计优化:通过模型测试和分析,优化浮体结构的设计参数,以提高其性能和降低建造成本。

（3）风险评估：模拟浮体结构在极端海洋环境下的行为，评估其安全性和可靠性，为风险评估和决策提供支持。

（4）新技术研发：利用模型测试新技术和新材料在浮体结构中的应用效果，推动海洋工程技术的进步。

为了实现上述目的，海洋浮体模型需要满足以下要求：

（1）准确性：模型必须能够准确模拟浮体结构在海洋环境中的行为，包括运动响应、水动力性能等。

（2）可重复性：模型测试结果应具有良好的可重复性，以确保不同研究人员或实验室之间的结果可比较。

（3）可扩展性：模型应能够方便地扩展和修改，以适应不同浮体结构和海洋环境的研究需求。

（4）经济性：在保证模型准确性和可靠性的前提下，应尽可能降低模型的建造成本和运行成本。

6.2 模型比尺要求

流体力学中的相似理论，是指导模型试验研究以及预报实体水动力性能的基本理论。模型和实体的两个系统应该满足以下三个相似条件，即：

（1）几何相似。

模型和实体虽然大小不同，但其形状完全相似。

（2）运动相似。

模型和实体在流体中运动时，其对应点处在任意瞬间的同类物理量如流体的速度、加速度等都有相同的比尺。

（3）动力相似。

流体作用于模型和实体上的各种力相互成比例。这些力包括重力、惯性力、黏性力和表面张力等。

浮动海岸结构受重力、惯性力、弹性力、表面张力和黏性力的影响，没有模型尺度能够获得所有这些力的动态相似性，通常都是根据具体的试验研究对象，选择合适的相似判据（也称相似准则），以满足起支配地位的力的相似，这在相似理论中称为部分相似。

6.2.1 几何相似

实体和模型满足几何相似的条件是两者的所有各项相应的线性尺度之比为常数。设 L_s、B_s、d_s 及 L_m、B_m、d_m 分别代表实体长度、宽度、吃水,以及模型的长度、宽度、吃水,λ 为缩尺比,则实体和模型相应的面积 A_s 与 A_m 之比为:

$$\frac{A_s}{A_m} = \lambda^2 \tag{6-1}$$

实体和模型相应的体积 ∇_s,与 ∇_m 之比为:

$$\frac{\nabla_s}{\nabla_m} = \lambda^3 \tag{6-2}$$

船舶与海洋工程结构物的模型非常复杂多样,所涉及的尺度参数成百上千。为保证模型与实体严格符合几何相似条件,就需要在模型的制作与模拟过程中,完全按照统一的模型缩尺比,对所有这些尺度参数以及外形设计尺寸等进行换算。以船舶为例,不但船舶的主要设计参数如长度、宽度、型深、吃水、重心坐标等需要按比尺换算和模拟,而且船舶的型线和型值表、上层建筑设计尺寸、总布置等也都需要严格按比尺换算和模拟。又以半潜式平台为例,其各种设计参数如下浮体长度、宽度、高度、导角半径、首尾端形状,立柱长度、宽度、高度、导角半径,主甲板长度、宽度、高度,以及下浮体、立柱和甲板相对位置参数等,都需要严格按比尺换算和模拟。

模型在水槽中试验时,其水深 h_m、波高 H_m 和波长 λ_m 与实体在海上的实际水深 h_s、波高 H_s 和波长 λ_m,也须满足几何相似条件,即:

$$\frac{h_s}{h_m} = \frac{H_s}{H_m} = \frac{\lambda_s}{\lambda_m} = \lambda \tag{6-3}$$

简言之,凡是模型试验中涉及线性尺度参数的,都须满足几何相似条件,实体与模型之间以线性缩尺比进行换算和模拟。

在模型试验研究中,一般只能做到模型和实体的几何相似,对于外部的边界有时候无法做到几何相似。例如,海洋平台一般是在无限宽广的海域中定位作业,但在模型试验时却要受到水槽长度和宽度的限制。因此,为了避免水槽边壁的影响,模型的大小常受到水槽尺度的限制。

6.2.2 弗劳德与斯特劳哈尔相似

海洋工程模型的水动力试验主要是研究它在风、浪、流作用下的运动和受力,重力和惯性力是决定其受力的主要因素。因此,模型试验应满足弗劳德相似定律,即模型和实体的弗劳德数(Fr)相等,以保证模型和实体之间重力和惯性力的正确相似关系。此外,物体在波浪上的运动和受力带有周期变化的性质,模型和实体还必须保持斯特劳哈尔数(Sr)相等。因此,有:

$$\frac{V_{\mathrm{m}}}{\sqrt{gL_{\mathrm{m}}}} = \frac{V_{\mathrm{s}}}{\sqrt{gL_{\mathrm{s}}}} \tag{6-4}$$

$$\frac{V_{\mathrm{m}}T_{\mathrm{m}}}{L_{\mathrm{m}}} = \frac{V_{\mathrm{s}}T_{\mathrm{s}}}{L_{\mathrm{s}}} \tag{6-5}$$

式中,V、L、T分别为特征速度、特征线尺度和周期(或时间);下标m及s分别表示模型和实体。

模型试验通常都是在水槽的淡水中进行,而实体则在海水中作业,因此对海洋工程模型试验的结果需要进行水密度修正。设海水与淡水密度之比为γ,一般取$\gamma=1.025$。

考虑到上述相似准则,以及水密度的修正,模型与实体各种物理量之间的转换关系如表6-1所示。

模型与实体各种物理量之间的转换关系

表6-1

项目	符号	转换系数	项目	符号	转换系数
线尺度	$\dfrac{L_{\mathrm{s}}}{L_{\mathrm{m}}}$	λ	周期	$\dfrac{T_{\mathrm{s}}}{T_{\mathrm{m}}}$	$\lambda^{1/2}$
面积	$\dfrac{A_{\mathrm{s}}}{A_{\mathrm{m}}}$	λ^2	频率	$\dfrac{f_{\mathrm{s}}}{f_{\mathrm{m}}}$	$\lambda^{-1/2}$
体积	$\dfrac{\nabla_{\mathrm{s}}}{\nabla_{\mathrm{m}}}$	λ^3	水的密度	$\dfrac{\rho_{\mathrm{s}}}{\rho_{\gamma}}$	γ
线速度	$\dfrac{V_{\mathrm{s}}}{V_{\mathrm{m}}}$	$\lambda^{1/2}$	质量(排水量)	$\dfrac{\nabla_{\mathrm{s}}}{\nabla_{\mathrm{m}}}$	$\gamma\lambda^3$
线加速度	$\dfrac{a_{\mathrm{s}}}{a_{\mathrm{m}}}$	1	力	$\dfrac{F_{\mathrm{s}}}{F_{\mathrm{m}}}$	$\gamma\lambda^3$
角度	$\dfrac{\varnothing_{\mathrm{s}}}{\varnothing_{\mathrm{m}}}$	1	力矩	$\dfrac{M_{\mathrm{s}}}{M_{\mathrm{m}}}$	$\gamma\lambda^4$
角速度	$\dfrac{\varphi_{\mathrm{s}}}{\varphi_{\mathrm{m}}}$	$\lambda^{-1/2}$	惯性矩	$\dfrac{I_{\mathrm{s}}}{I_{\mathrm{m}}}$	$\gamma\lambda^5$

在模型试验中,除表6-1所列的各种物理量之外,还会应用到一系列其他物理量,如刚度、单位长度重量、弹性系数、恢复力系数、阻尼系数、风力系数、流力系数、功率谱密度等,其转换系数都可以依据质量、长度及时间等基本变量的转换关系推导得出。

当水流流经直立的圆柱体结构(例如单柱式平台的圆柱外壳、锚链、立管等)时,其后部会周期性地产生旋涡,导致物体受到周期性的作用力,进而引发物体的振动,通常称为涡激振动(VIV)。对于涡激振动的试验研究必须满足模型和实物的斯特劳哈尔数相等。

6.2.3 黏性相似问题

弗劳德相似保证了模型与实体之间的重力和惯性力的正确关系,但在模型水动力试验的某些方面,要求正确模拟黏性力的相似。例如船舶和FPSO的黏性横摇阻尼力矩和低频慢漂阻尼力、立管与系泊缆等所遭受的黏性作用力等。雷诺准则可以保证模型和实物之间的黏性力与惯性力的正确关系,这就要求模型和实体的雷诺数$\left(Re = \dfrac{VL}{v} \right)$相等,其中$v$为水的运动黏度。

众所周知,在船舶和海洋工程领域的水动力试验中,不可能做到模型和实体两者的雷诺数相等。一般情况下,模型的雷诺数相较于实物的雷诺数要小两个数量级(即10^2)。因此,模型试验中所产生的黏性力系数、浮体的黏性横摇阻尼和低频慢漂阻尼、系泊缆的黏性阻尼等都大于实体所对应的值。也就是说,模型所经受的极值运动和受力按比例都将小于实体的情况,用模型试验的结果直接预测实体的情况,预测值将偏小,给实际应用带来一定的风险。

有关雷诺准则的研究已近百年历史,而且至今仍在持续进行中,目前都是针对具体情况采取适当的弥补措施。例如,在模型表面增加粗糙度或激流装置以保持模型界层中的流动状态与实体一致,有些试验则调节模型构件的直径来修正阻力系数的误差。有些则采用不同缩尺比几何相似构件进行系列试验,然后用于计算分析,以修正误差。现时对雷诺相似的问题还没有一个简单明确的答案。对于海洋平台而言,在许多情况下,最好的办法通常是具体分析尺度作用并进行适当修正,以确保不会由此而影响到实际系统的安全。

6.3 浮体水动力环境

浮体水动力的海洋环境条件主要是指风、浪、流及水深。海上的风、浪、流等实际情况相当复杂,因此,在海洋工程水动力性能的研究中,需要对复杂的海洋环境进行合乎实际的简化处理,并作相应的理论描述。

6.3.1 规则波

海上有比较规则的长波峰的涌浪,但多数是不规则的风浪。由于规则波是研究不规则波的基础,故先对规则波的主要参数及其性质简述如下。

前进中的长波峰规则波的表面波形,在理论上可视为二因次的余弦或正弦曲线(二者形状相同,仅相位差 $\pi/2$)。设波幅为 A 的余弦波沿 x 方向传播,则其波面方程式可表示为:

$$\zeta(x,t) = A\cos(kx - \omega t) \tag{6-6}$$

图 6-1 所示为余弦波的波形曲线,其中图 6-1a)表示某一固定时间(设 $t=0$)波形沿 x 方向的情况,图 6-1b)为某一固定地点(设 $x=0$)波形通过该点随时间的变化情况。从图中可以清楚地看到,有关波浪的各要素为:

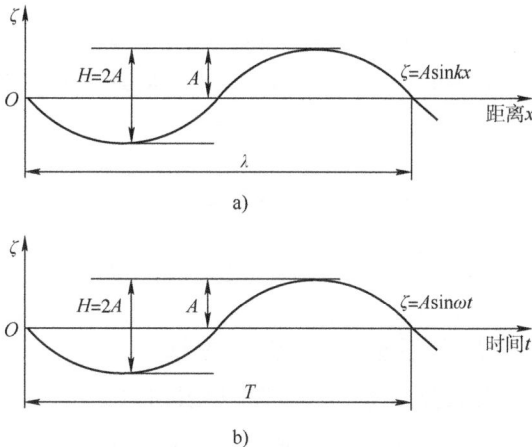

a)

b)

图 6-1 余弦波的波形曲线

(1)波幅 A——波形离静水面最大抬高(称为波峰)或最大下陷(称为波谷)的

距离。

(2)波高 H——波峰与波谷之间的垂向距离,且 $H=2A$。

(3)波长 λ——相邻两个波峰或波谷之间的水平距离,从式(6-1)或图 6-1a)中可以看出,$kx=2\pi$ 或波长 $\lambda = \dfrac{2\pi}{k}$,因此 k 的物理意义为在 2π 距离内波的数目,称为波数。

(4)波浪周期 T——波形每前进一个波长所需的时间,或两相邻的波峰或波谷经过同一固定点的时间间隔,$\omega T=2\pi$,或周期 $T = \dfrac{2\pi}{\omega}$,ω 的物理意义为波浪的圆频率。

(5)波速 c——波形向前推进(或传播)的速度,波形前进一个波长 λ 所需的时间为 T,故 $c = \dfrac{\lambda}{T}$。

(6)水质点轨圆运动半径 r——从实际观察和波浪理论可知,波形向前传播时,水质点并不随波形一起前进,而是就地以半径 $r=Ae^{kz}$ 做轨圆运动。在自由表面上 $z=0$,水质点运动的轨圆半径即为波幅 A,在自由表面以下的波动面称为次波面。在水面以下 h 处的轨圆半径 $r_h=Ae^{-kh}$,其轨圆半径 r_h 随深度 h 的增加而迅速衰减。在工程实用上,当水深为波长一半(即 $h=\lambda/2$)时,轨圆半径 $r_h=Ae^{-k\lambda/2}=Ae^{-\pi}$ 可忽略不计,即可认为是深水波。

根据波浪理论可知,规则波的波速 c 与圆频率 ω 的关系为:$c=g/\omega$。

综合上述各关系式,可以得出波长 λ、波速 c、周期 T 之间比较直观实用的关系式:

$$\begin{cases} c = \sqrt{\dfrac{g\lambda}{2\pi}} \approx 1.25\sqrt{\lambda} \\ T = \dfrac{2\pi}{\omega} = \sqrt{\dfrac{2\pi\lambda}{g}} \approx 0.8\sqrt{\lambda} \end{cases} \tag{6-7}$$

由此可见,波长越大,传播的速度越快,周期越长。

另外,根据波长 λ 与波数 k 的关系,波速 c 可表示为:

$$c = \omega/k\sqrt{g/k} \text{ 或 } k = \omega^2/g = g/c^2 \tag{6-8}$$

式(6-8)称为"色散"关系式,表示不同波数或波频的二因次前进波在水中传播时,存在传播速度不同的"色散"现象。

当水面至海底的水深 h 小于波长 λ 的一半时,波浪运动受到海底的影响,成为浅水波,水质点的轨圆运动变为椭圆运动。根据有限水深线性波理论,波速 c 与波长 λ 及波数 k 的关系式为:

$$\begin{cases} c = \sqrt{\dfrac{g\lambda}{2\pi}} \sqrt{\tanh\dfrac{2\pi h}{\lambda}} \\ c = \sqrt{\dfrac{g}{k}\tanh kh} \end{cases} \tag{6-9}$$

由此可见,有限水深时波的传播速度 c 不仅与波长 λ 有关,还与水深 h 有关。

根据正切双曲函数 $\tanh\dfrac{2\pi h}{\lambda}$ 的性质可知,当 $h > \dfrac{\lambda}{2}$ 时,$\tanh\dfrac{2\pi h}{\lambda} \to 1.0$,波速变为 $c \approx \sqrt{\dfrac{g\lambda}{2\pi}}$,成为深水波的波速。当水深 h 极浅时 $\left(h < \dfrac{\lambda}{20}\right)$,$\tanh\dfrac{2\pi h}{\lambda} \to \dfrac{2\pi h}{\lambda}$,式(6-4)表示的波速变为 $c \approx \sqrt{gh}$ 表明在极浅水区域波浪的传播速度与波长 λ 无关,而只与水深 h 有关。设有两组同方向前进的长峰规则波,则其混合的波面方程为:

$$\zeta(x,t) = A\cos(k_1 x - \omega_1 t) + A\cos(k_2 x - \omega_2 t) \tag{6-10}$$

如果两者频率(或周期)十分接近,设 $\omega_1 < \omega_2$,则前一组波浪的周期 T_1 较后一组波浪的周期 T_2 略大,波速也略快。于是两组规则波混合的波面成为图6-2所示的长波峰前进波群。

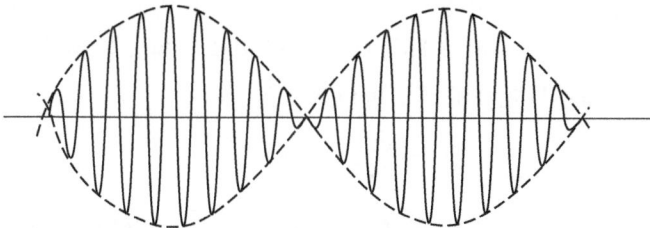

图6-2 波群示意图

波群中最大波幅为 $2A$,表示两组波浪的波峰相重合。最小波幅为0,表示一组波浪的波峰恰与另一组波浪的波谷相重合。波浪在前进时,波群亦向前推进。如果用包络线连接波群中的各波浪的"峰""谷",则包络线向前移动的速度称为波群速 c_g,而包络线中各波浪的前进速度为 c。根据规则波的线性理论,波群速 c_g 与波速

c的关系为:

(1)深水波$\left(h \geq \dfrac{\lambda}{2}\right)$:

$$c_g = \frac{1}{2}c \qquad (6\text{-}11)$$

(2)浅水波$\left(\dfrac{\lambda}{20} < h < \dfrac{\lambda}{2}\right)$:

$$c_g = \frac{1}{2}c\left[1 + \frac{4\pi h/\lambda}{\sinh(4\pi h/\lambda)}\right] \qquad (6\text{-}12)$$

(3)极浅水波$\left(h \leq \dfrac{\lambda}{20}\right)$:

$$c_g = c = \sqrt{gh} \qquad (6\text{-}13)$$

上面简略介绍的是波群和波群速的基本物理概念。根据波浪的理论分析,前进规则波的波能是以波群速传播的,即波能的传播速度等于波群速。

6.3.2 不规则波

海面上的风浪时大时小,参差不齐地围绕着平均水面上下起伏,形成了不规则的波浪。图6-3a)是实测的不规则波的时间历程曲线,纵坐标代表波面高度$\xi(t)$,波面高度跨过平均水面(称为零点)正负变化。每两个相邻上下跨零点之间的峰谷距离即为波高,每一个波的波高、波长和周期都是随机变化的,因此不能像规则波那样用固定的表达式来描述海上的不规则波。根据波浪的线性叠加原理,认为不规则波是由无数不同波长、不同波幅和随机相位的单元规则波叠加而成的,如图6-3b)所示。因而不规则波的波面可以表示为:

$$\zeta(t) = \sum_{n=1}^{\infty} a_n \cos(\omega_n t + \varepsilon_n) \qquad (6\text{-}14)$$

式中,a_n、n、ω_n分别为第n个余弦波的波幅、圆频率和随机相位;ε_n是在$0 \sim 2\pi$之间均匀分布的随机量。

线性叠加原理是处理不规则波的基本思想。如果组成不规则波的各单元波都是同一方向前进,则不规则波必然也是同一方向传播,这便是通常所称的二因次不规则波或长波峰不规则波。在自然界中虽然没有真正的长波峰不规则波,但通常的海浪存在主要的传播方向,用长波峰不规则波的概念来处理海上的实际风浪,能够得到工程上相当满意的结果。当不规则波浪由不同传播方向的单元波叠加而成时,便成为三因次不规则波或称为短波峰不规则波。

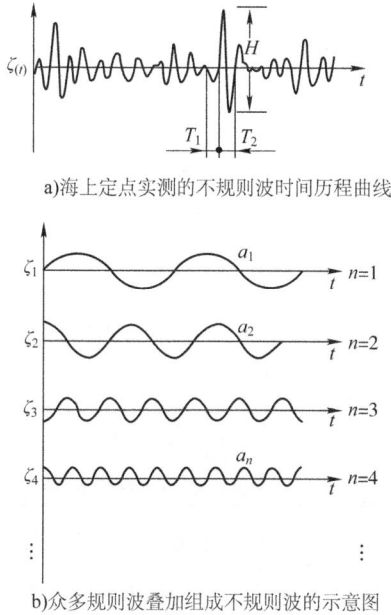

a)海上定点实测的不规则波时间历程曲线

b)众多规则波叠加组成不规则波的示意图

图6-3 不规则波的波形曲线

大量的海上实测资料表明,海面波动可以看作是平稳的、各态历经的、具有高斯正态分布特征的随机过程,因而船舶和海洋工程界通常都是以各态历经的平稳随机过程作为海上风浪以及船舶与海洋工程结构物的运动与受力等统计分析的基础。这样可使随机过程的统计特性分析计算大为简化。例如对某一海区风浪的特性分析,只要在该海区某一定点用一个浪高仪,以足够长的时间记录波浪数据,对其进行分析所得的统计特性就能表征整个海区的统计特性。

在海洋工程界,广泛应用不规则波的谱密度分析方法。这是由于谱密度表示了不规则波内各单元谐波的能量分布情况,显示出不规则波的组成中哪些频率的单元波起主要作用、哪些频率的单元波起次要作用,因而清楚地说明了不规则波的特性和内部结构。图6-4为波浪谱的示意图,纵坐标 $S(\omega)$ 为谱密度(单位是 $m^2 \cdot s/rad$),横坐标 ω 为圆频率(单位是rad/s)。图中 $S(\omega_n)$ 代表频率为 ω_n、间隔为 $\Delta\omega$ 内相应组成波浪的平均能量;ω_p 为谱峰频率,$T_p = \dfrac{2\pi}{\omega_p}$ 为谱峰周期,$S(\omega_p)$ 是对应的谱峰值,代表最大的波浪平均能量。

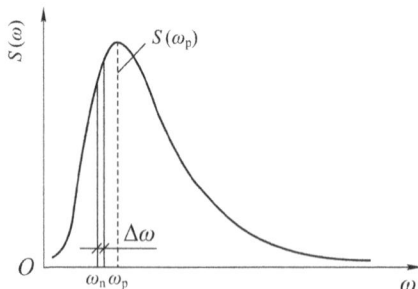

图6-4 波浪谱

谱密度曲线下的面积是单位波面内波浪总能量的量度,是衡量海况严重程度的主要指标,与均方差 σ 的关系如下式:

$$\sigma^2 = \int_0^\infty S(\omega)\mathrm{d}\omega \qquad (6\text{-}15)$$

不规则波的重要统计特征之一是波高,其中工程界通常所关心的包括 $H_{1/10}$、$H_{1/3}$ 和 $\overline{H}$。由于目测海浪的波高与 $H_{1/3}$ 相当接近,因而 $H_{1/3}$ 被认为是有代表性和有意义的,通常又称为有义波高或三一有义波高,以 H_s 表示。$H_{1/3}$ 的物理意义是把所有测得不规则波的波高按大小依次排列,将最大的1/3的波高平均所得之值。同理,$H_{1/10}$ 为最大的1/10的波高平均所得之值,$\overline{H}$ 为所有波高的平均值。谱分析的相关理论证明,$H_{1/3}$ 与 σ 的关系近似为:$H_{1/3}=4\sigma$。

6.3.3 海流

海流是大范围的海水以某一速度在水平或垂直方向连续的流动,是海洋环境中重要的自然现象。在设计建造海洋工程结构物的水下部分时,必须考虑海流所引起的载荷,对于海洋平台在拖航时的拖曳力以及定位以后的缆绳系泊力等也须考虑海流的作用。

在海洋工程水动力性能的研究中,通常不考虑水流随时间的变化以及水流的垂向运动,亦即只考虑水流在水平方向的二因次流动。至于水流速度随深度的变化,则视具体情况而定。例如,在外海区域主要是风引起的风海流,具有表层流的性质,常假定水流不随深度变化而取某一平均水流速度,如图6-5a)所示。对于浅水海域,水流速度受底部的摩擦等影响而减小,形成梯度流(或称分层流),通常以直线规律或某一简单的曲线来表示,如图6-5b)、c)所示。在近岸浅水区域由于波浪破碎等原因引起的水流,往往存在回流现象,水流沿深度的变化如图6-5d)所示。

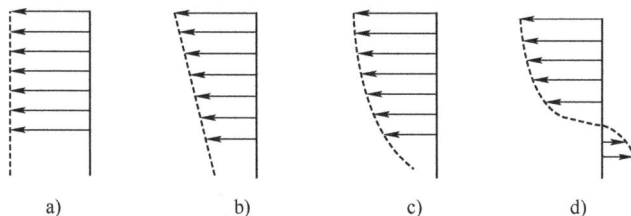

a)   b)   c)   d)

图6-5   水平方向平均流速随水深的变化

6.3.4   浮体运动坐标系

船舶或浮式海洋平台在海上作业时遭受风、浪、流的作用,会产生相当复杂的运动。在水动力学研究中,除水弹性力学以外,通常都把船舶或浮式海洋平台看作刚体,并用图6-6所示的3个坐标系将复杂的运动分解为6个自由度的运动。

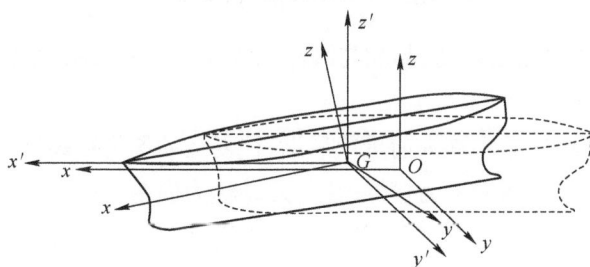

图6-6   描述浮体运动的3个坐标系

图中3个坐标系的定义如下:

(1)固定坐标系 $O\text{-}xyz$ 是固定在地球上的直角坐标系,又称大地坐标系,xy 平面与静水面重合。

(2)平移坐标系 $G\text{-}x'y'z'$ 一般以船舶重心 G 为原点,相对于固定坐标系作平移运动的坐标系,又称半固定坐标系。3个坐标轴始终与固定坐标系的坐标轴相平行。

(3)运动坐标系 $G\text{-}xyz$ 一般以船舶重心 G 为原点,固定于船体上的直角坐标系,又称随船坐标,是始终固定在船舶或海洋平台上一起运动的坐标系。

在船舶或海洋平台运动的初始时刻,运动坐标系 $G\text{-}xyz$ 与固定坐标系 $O\text{-}xyz$ 相重合。在任意时刻,运动可以分解为沿 $O\text{-}xyz$ 坐标系 3 个坐标轴的直线运动以及绕 $G\text{-}xyz$ 坐标系 3 个坐标轴的转动。在这些运动中又有单向运动和往复运动之分,因此共有 12 种运动形式,如图6-7所示。

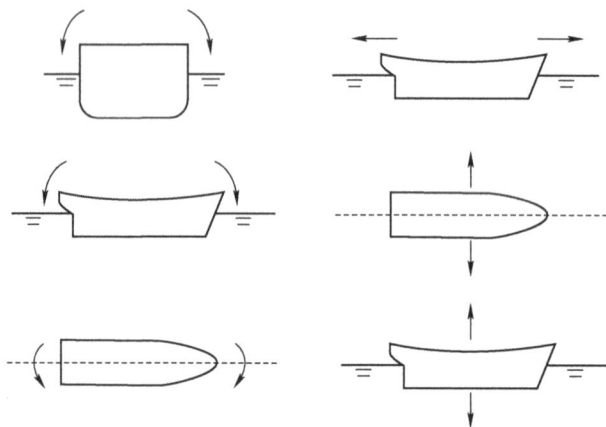

图6-7　浮体6自由度运动的定义

对于浮体的6自由度运动,船舶与海洋工程界习惯上采用的名称是:

(1)直线运动。

①沿 Ox 轴的单向运动称为前进或后退,往复运动称为纵荡(Surge)。

②沿 Oy 轴的单向运动称为横漂,往复运动称为横荡(Sway)。

③沿 Oz 轴的单向运动称为上浮或下沉,往复运动称为垂荡(Heave)。

上述 3 个自由度的直线运动是以固定坐标系 $O\text{-}xyz$ 为基准,因而随参考点(如重心 G)位置的变化而变化。实用上常以重心 G 的位置变化情况来描述直线运动。

(2)绕坐标轴的转动。

①绕 Gx 轴的单向转动称为横倾,往复运动称为横摇(Roll)。

②绕 Gy 轴的单向转动称为纵倾,往复运动称为纵摇(Pitch)。

③绕 Gz 轴的单向运动称为转向(或回转),往复运动称为首摇(Yaw)。

上述 3 个自由度的转动是以随船坐标系 $G\text{-}xyz$ 为基准,不随参考点位置的变化而变化。

在6个自由度的运动中,可分为两类不同特征的运动。一类是垂荡、横摇和纵摇运动(统称为垂直面运动),由于流体的静力作用,具有复原力或力矩,有稳定的静平衡位置,在外力作用下虽偏离原平衡位置,但当外力消除后能自动回复到原来的平衡位置。另一类是纵荡、横荡和首摇运动(统称为水平面运动),自身没有复原的能力,在外力作用下偏离原来的平衡位置后,即使外力消失也不会回复到原来的平衡位置,因此对于浮式海洋平台,必须借助系泊系统或动力定位提供的回复力来保持其平衡位置。为了清楚地描述6个自由度的运动,在右手坐标系中,一般规定 x 轴指向船首为正, y 轴指向左舷为正, z 轴垂直向上为正。对于运动方向正负的规定为:纵荡沿船首方向为正,横荡沿左舷方向为正,垂荡向上为正(即3个直线运动的正负方向与坐标轴一致),横摇向右舷倾侧为正,纵摇向船首倾侧为正,首摇以船首向左舷偏侧为正,如图6-8所示。

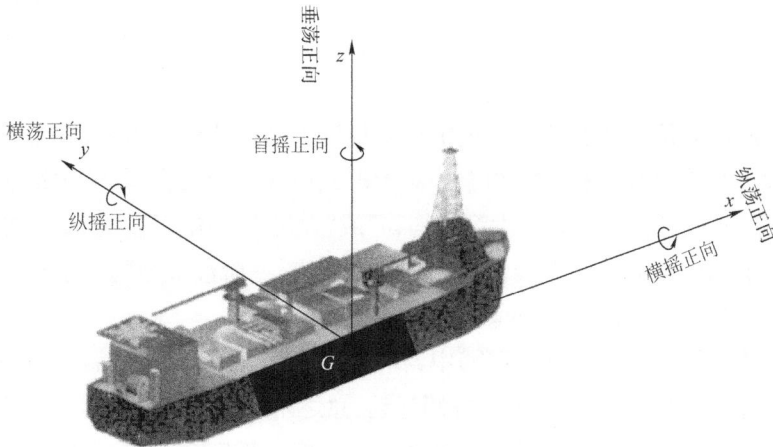

图6-8　浮体坐标系及运动正负方向的定义

顺便指出,坐标系的原点(即运动参考点)并非一定要选在重心 G 处,可以根据研究问题的需要任意选择,但是3个坐标系的定义以及坐标轴的方向一般应保持不变。

6.3.5　浮体作用力

浮式海洋平台在海上定位作业时产生6自由度运动,必然受到各种外力的作用。对于海洋工程水动力学研究而言,一般应考虑的外力作用包括风、浪、流等海洋环境所产生海洋环境载荷,周围海水的流体反作用力,定位系统所产生的系泊力。

设浮式海洋平台在海上所受到总的外力为 F,则可将 F 分解为:

$$F=F_{\mathrm{W}}+F_{\mathrm{C}}+F_{\mathrm{WD}}+F_{\mathrm{S}}+F_{\mathrm{R}}+F_{\mathrm{M}} \tag{6-16}$$

式中：F_W 为波浪扰动力，简称波浪力；F_C 为海流的作用力，简称"流力"；F_{WD} 为风的作用力，简称"风力"；F_S 为流体静力，或称"水静力""静恢复力"；F_R 为由于平台运动引起的流体反作用力，或称"流体动力"；F_M 为定位系统的作用力，简称"系泊力"。其中，F_W、F_C 和 F_{WD} 一般统称"海洋环境载荷"，F_S 和 F_R 统称"流体反作用力"。对上述各项外力分别简要说明如下。

6.3.5.1 波浪扰动力

波浪扰动力相当于浮体固定不动，波浪经过浮体时作用在浮体上的外力。它由波浪引起浮体湿表面上的压力变化以及浮体对波浪的绕射和反射所决定。根据小参数摄动理论，浮体在波浪中所受的波浪扰动力通常可分解为一阶波浪力 $F_w^{(1)}$ 和二阶波浪力 $F_w^{(2)}$。

一阶波浪力是浮体在波浪环境中最直接感受到的波浪作用力，其变化的幅值相对较大且与波浪具有相同的频率。对于浮式海洋平台而言，其结构特征尺度与波长比一般较大，属于所谓的"大型结构物"或"大尺度结构物"范畴，必须考虑物体存在对波浪场的影响。基于线性势流理论的假定，一阶波浪力的大小与波幅成正比，其比例关系定义为波浪力的幅值响应函数（RAO）。

在线性波浪理论（一阶波理论）中，我们已知深水波的水质点做封闭的轨圆运动，有限水深波的水质点做封闭的椭圆运动，总之水质点仅在原地运动并不随波浪前进。实际波浪中的水质点基本上是轨圆运动但并不完全封闭，水质点会沿波浪前进方向十分缓慢地移动。因此，浮式结构物在波浪的作用下会沿着波浪传播方向产生缓慢的漂移力，波浪的作用时间越长，漂移的距离越大。

使浮式结构物在波浪中产生漂移的作用力称为波浪漂移力，是非线性的二阶波浪力，其成分包括：

（1）平均波浪漂移力，或称定常波浪漂移力、平均波浪力。平均波浪漂移力与波浪传播方向一致，使无航速的船舶和浮式海洋平台等浮式结构物产生平均漂移，使航行中的船舶产生阻力增加。

（2）缓变（或称低频）的波浪漂移力，或简称为波浪慢漂力。这是波浪作用在浮式结构物上随时间呈缓慢周期性变化的力，虽然量级不大，但是由于系泊船舶或浮式海洋平台水平面运动的自然频率通常很低，波浪慢漂力的频率与之相接近，所以容易导致产生长周期、大幅度的低频共振水平面运动，在系泊系统中引起相当大的受力响应,极大地影响系泊系统的安全。

(3)高频(或称和频、倍频)波浪力。这是波浪作用在浮式结构物上随时间呈高频率(高于波浪频率)周期性变化的力,会使浮式结构物产生高频弹振,引起结构的疲劳破坏。特别是对于固有频率相对较高的张力腿平台,会以相同频率激发垂荡、首摇和横摇运动的共振响应,导致张紧拉索的疲劳损伤。

对于规则波而言,二阶波浪力包括平均波浪漂移力和频率为规则波2倍的倍频波浪力。对于不规则波而言,除了包含平均波浪漂移力、倍频波浪力外,还包括各成分波的频率之差所产生的低频波浪力(即波浪慢漂力),以及各成分波频率之和的高频波浪力。

二阶波浪力相比于一阶波浪力,大小通常相差1~2个量级,具有较小的数量级。但对于船舶和浮式海洋工程结构物而言,二阶波浪力是非常重要的,特别是平均波浪力和波浪慢漂力,对于系泊系统和推进器系统的设计、拖航系统设计和拖航阻力估算、船舶在波浪中阻力增加的计算、潜艇在近水面时的性能分析,以及大体积小水线面浮体缓慢垂荡、首摇和横摇运动的分析,都是主要考虑的外力因素。

平均波浪力和波浪慢漂力的大小,与入射波波幅的平方成正比,其比例关系定义为二阶波浪力的二次传递函数(简称"QTF")。

6.3.5.2 海流的作用力

水流速度变化相对来说比较缓慢,在计算中常将水流看作是稳定的流动。流作用在船舶或海洋平台水下部分的力通常也包括3个分量,即纵向力 F_{Cx}、横向力 F_{Cy} 和绕垂向轴的首摇力矩 F_{CM}。对类似于船舶形状的物体而言,流力的计算公式可表示为:

$$\begin{cases} F_{Cx} = \dfrac{1}{2}\rho_{w}V_{C}^{2}C_{Cx}(\alpha_{C})TB \\ F_{Cy} = \dfrac{1}{2}\rho_{w}V_{C}^{2}C_{Cy}(\alpha_{C})TL \\ F_{CM} = \dfrac{1}{2}\rho_{w}V_{C}^{2}C_{CM}(\alpha_{C})TL^{2} \end{cases} \tag{6-17}$$

式中,V_C 为水流速度;ρ_w 为海水密度;C_{Cx}、C_{Cy}、C_{CM} 分别为与流向角有关的纵向流力、横向流力和首摇流力矩系数;α_C 为水流方向与船舶或海洋平台首向角之间的夹角,简称"流向角";T、B、L 分别为船舶或平台的吃水、宽度及长度。

流力系数通常采用经验公式进行估算,也可用模型拖曳试验或风洞试验获得。对于许多不同形状(如圆柱、平板、立柱等)构件的流力系数,可从相关的参考资料查得。

6.3.5.3 风的作用力

海洋平台的上部模块兼具生活和油气生产等多种功能,设施非常复杂、庞大,受风面积也较大,因此由风引起的动态载荷往往成为海洋环境载荷中的主要成分,对浮式海洋平台的运动性能和结构响应有着重要的影响。确定风载荷最好的方法是在风洞中进行模型试验,其结果精度高,最为可靠。如果没有风洞试验资料,对风载荷的确定则一般采用经验公式和经验数据进行计算。

风作用在船舶或海洋平台水上部分的力通常包括3个分量,即纵向力 F_{WDx}、横向力 F_{WDy} 和绕垂向轴的首摇力矩 F_{WDM},计算公式可表示为:

$$\begin{cases} F_{WDx} = \dfrac{1}{2}\rho_a V_W^2 C_{Wx}(\alpha_W) A_L \\[2mm] F_{WDy} = \dfrac{1}{2}\rho_a V_W^2 C_{Wy}(\alpha_W) A_T \\[2mm] F_{WDM} = \dfrac{1}{2}\rho_a V_W^2 C_{WM}(\alpha_W) A_T L \end{cases} \qquad (6\text{-}18)$$

式中,ρ_a 为空气密度;V_W 为海平面上方10m处平均风速;C_{Wx}、C_{Wy}、C_{WM} 分别为与风向角有关的纵向风力、横向风力和首摇风力矩系数;α_W 为风向与船舶或海洋平台首向角之间的夹角,简称"风向角";A_L、A_T 分别为纵向和横向的受风面积;L 为特征长度。

风力系数和流力系数有许多相似之处,可从相关的参考资料查得。有些国家的船舶及海洋平台检验机构,对于风力和流力的计算有相应的规定,可供参考使用。

6.3.5.4 流体反作用力

船舶或浮式海洋平台在海上除了遭受风、浪、流引起的海洋环境载荷之外,还包括由于自身运动偏离平衡位置而产生的静恢复力,以及因运动而受到周围海水的流体反作用力,即流体动力。

(1)流体静力(静恢复力)。

流体静力 F_s 与浮体运动的幅度有关,一般可写为:

$$F_s = -C_{ij}X \tag{6-19}$$

式中,X 为运动的幅度矩阵;C_{ij} 为刚矩阵,或称静恢复力矩阵。对于具有对称面的船舶或浮式海洋平台,静恢复力矩阵可写为:

$$C_{ij} = \begin{pmatrix} 0 & 0 & 0 & 0 & 0 & 0 \\ 0 & 0 & 0 & 0 & 0 & 0 \\ 0 & 0 & \rho g A_W & 0 & 0 & 0 \\ 0 & 0 & 0 & \rho g \nabla \overline{G M_T} & \rho g A_W \overline{x_f} & 0 \\ 0 & 0 & \rho g A_W \overline{x_f} Z & 0 & 0 & 0 \\ 0 & 0 & 0 & 0 & \rho g \nabla \overline{G M_L} & 0 \end{pmatrix} \tag{6-20}$$

式中,A_W 为水线面面积;$\overline{x_f}$ 为水线面漂心坐标;∇ 为排水体积;$\overline{G M_T}$、$\overline{G M_L}$ 分别为横稳性高和纵稳性高。

可见,对于船舶或浮式海洋平台,只有垂荡、横摇和纵摇运动具有静恢复力,而纵荡、横荡和首摇运动没有静恢复力,其相应的恢复力系数都为零。

(2)流体动力(也称辐射力或流体反作用力)。

浮式结构物在非定常的运动过程中,由于物体运动作用于周围的水而使之得到速度和加速度,因而水对物体产生反作用力 F_R。F_R 包括与运动加速度成正比的附加惯性力和与运动速度成正比的阻尼力,其比例系数分别称为附加质量系数和阻尼系数。

按照线性势流理论,流体动力 F_R 的表达式为:

$$F_R = -\mu \ddot{X} - \lambda \dot{X} \tag{6-21}$$

式中,μ 为附加质矩阵;λ 为阻尼系矩阵。

附加质量系数和阻尼系数是浮式海洋平台非常重要的水动力参数。

6.3.5.5　系泊力

浮式海洋平台在水平方向上由于自身没有恢复力,所以要定点在特定海域进行海上油气生产作业,就必须依靠定位系统提供恢复力。系泊力 F_M 就是定位系统对船舶或浮式海洋平台等浮式结构物的作用力。目前,海上的定位系统应用最为普遍的是系泊系统,对于钻井平台等对定位能力要求比较高的浮式海洋平台,还常常应用动力定位系统。

浮式海洋平台与定位系统是一个整体,因此除了分析浮式海洋平台本身在海上风、浪、流作用下的受力情况,还必须分析定位系统的动力性能以及所提供的系泊力特性。这里主要针对最为常见的系泊系统进行讨论。

一般的系泊系统都是由多根锚泊线,即锚链、缆索或钢丝绳组成,其力学分析通常有下列三种计算方法:

(1)静力分析。

将系泊系统看作弹簧系统,进行静力特性分析,求得系泊浮体各个运动方向上的刚度系数或恢复力系数,从而将系泊力作为静恢复力考虑。

(2)准静力分析。

通过系泊系统的静力特性分析,求得系泊浮体各个运动方向上的静力特性曲线(即位移-受力曲线),如同一个无质量的非线性弹簧,忽略系泊缆/立管的惯性、流载荷和阻尼等动态特性的影响,从而根据浮体的运动(位移)确定系泊力。在计算得到浮体运动后,系泊缆和立管的动力行为再独立地进行计算。静力特性曲线也称静恢复力曲线,直接反映了系泊系统与系泊力之间的关系,是系泊系统最为重要的属性,在工程计算和设计中都有重要的意义,在模型试验中都要进行相关的试验和校核。

(3)动力分析。

全面考虑系泊系统所受的外力(包括惯性力、张力、重力、流体动力及海底摩擦力等项),进行动力分析,将浮体的运动与系泊系统的动力分析进行耦合。

大量理论和试验研究都表明,系泊链/立管的动态特性对深水浮式海洋平台运动的影响是显著的,而且水深越大则越显著。如果采用非耦合的准静力计算,忽略系泊链和立管的动态影响,那么数值预报的浮式海洋平台水平面运动及系泊力都将显著偏大。因此,非耦合的准静力分析方法的可靠性和准确性随水深增加而降低,必须考虑采用完全耦合的水动力计算分析方法。目前国际上最先进的数值预报方法和软件都已经采用了耦合水动力计算分析方法。

6.3.6 附加质量、固有周期和阻尼

浮式海洋平台在海上风、浪、流作用下受到各种外力作用,并产生6个自由度的运动。海洋平台的运动与受力之间的关系服从牛顿第二定律,即:

$$F = M\ddot{X} \tag{6-22}$$

式中,M为海洋平台的质量矩阵;$\ddot{X}$为平台运动的加速度矩阵。

将6.3.5节所讨论的总外力F的各个分项代入式(6-22),并把静恢复力$F_s=-CX$以及流体反作用力$F_R=-\mu\ddot{X}-\lambda\dot{X}$中含有$\ddot{X}$、$\dot{X}$和$X$的诸项移至等式左端,经整理后可得到浮式海洋平台的运动方程为:

$$(M+\mu)\ddot{X}+\lambda\dot{X}+CX=F_W+F_C+F_{WD}+F_M \qquad (6-23)$$

这是描述浮式结构物运动与受力的一般表达式,等式右边各项依次为质量矩阵、阻尼矩阵、刚度矩阵、运动矩阵和受力矩阵,因而该方程是一个矩阵方程。此外,上述运动方程是假定运动为频率的函数推导而得,仅适用于稳定振荡运动的频率域描述。该运动方程的优点是物理概念清楚,便于理解浮式结构物运动与受力之间的关系。

式(6-23)中,附加质量、固有周期以及阻尼都是船舶与海洋工程水动力学理论与试验研究中非常基础和重要的物理概念,对于船舶或浮式海洋平台运动幅值的计算有重要影响,因此有必要进行详细的阐述。

6.3.6.1　附加质量

船舶或浮式海洋平台在海上风、浪、流作用下的运动是非定常运动,除了本身受到与加速度成正比的惯性力外,由于物体在运动中作用于周围的水使之得到速度和加速度,根据作用与反作用的原理,水对物体存在反作用力。其中,与加速度成正比的反作用力称为附加惯性力,其比例系数称为附加质量。

例如,力f使质量为m的物体在真空中做加速运动,则加速度a为:

$$a=\frac{f}{m} \qquad (6-24)$$

如果将该物体置于水中用同样的力f使之做加速运动,则其加速度a'要比a小,可以写作:

$$a'=\frac{f}{m+m_a} \qquad (6-25)$$

式中,m_a为附加质量,它与物体本身的形状和运动方向有关。

船舶或浮式海洋平台的6自由度运动包括直线运动和转动两种形式,与此相应有线加速度和角加速度。对于直线运动的纵荡、横荡和垂荡来说,惯性作用表现为力的形式。物体本身的惯性用质量m(实际上即为排水量)来衡量,附加惯性分别用附加质量μ_x、μ_y和μ_z来衡量。对于绕x、y和z轴转动的横摇、纵摇和首摇来说，惯性作用表现为力矩的形式。物体本身的惯性用质量惯性矩I_{xx}、I_{yy}和I_{zz}来衡量，它们可以根据船或海洋平台的质量分布进行计算，其表达式为：

$$\begin{cases} I_{xx} = \displaystyle\int_m \left(y^2 + z^2 \right) \mathrm{d}m \\[2mm] I_{yy} = \displaystyle\int_m \left(z^2 + x^2 \right) \mathrm{d}m \\[2mm] I_{zz} = \displaystyle\int_m \left(x^2 + y^2 \right) \mathrm{d}m \end{cases} \tag{6-26}$$

式中，x、y和z为微质量$\mathrm{d}m$在随船坐标系中的坐标位置。

在实际工作中一般按离散的部件进行计算，例如绕x轴的惯性矩I_{xx}的计算式为：

$$I_{xx} = \frac{1}{g} \left[\sum_i p_i \left(y_i^2 + z_i^2 \right) \right] + \sum I_{xi} \tag{6-27}$$

式中，p_i为某一部件的重量；y_i、z_i为部件重量p_i的重心在随船坐标系中的坐标；I_{xi}为重量p_i对通过其重心纵轴的自身惯性矩。

从式（6-27）中可以看出，按实际部件重量的分布计算惯性矩I_{xx}、I_{yy}和I_{zz}是很繁杂的工作。对于普通船型，大多采用经验公式进行计算；对于特殊船舶或海洋平台等，则必须按部件进行计算。至于附加惯性矩，则分别以J_{xx}、J_{yy}和J_{zz}来衡量。

附加质量和附加惯性矩是水对物体的反作用，它们与物体的水下形状和运动方向有关一般由经验公式或模型试验确定，也可以通过数值方法进行计算。普通船舶的附加质量和附加惯性矩的大致变化范围是：纵荡$\mu_x = (0.05 \sim 0.15)\mathrm{m}$；横荡$\mu_y = (0.9 \sim 1.2)\mathrm{m}$；垂荡$\mu_z = (0.9 \sim 1.2)\mathrm{m}$；横摇$J_{xx} = (0.05 \sim 0.15)I_{xx}$（无触龙骨）；$J_{xx} = (0.10 \sim 0.35)I_{xx}$（有触龙骨）；纵摇$J_{yy} = (1.0 \sim 2.0)I_{xx}$（视载货情况而定）；首摇$J_{zz} \approx J_{yy}$。

以上所介绍的仅是6自由度运动中某一单项运动的附加质量和附加惯性矩。船舶或浮式平台在海上的运动相当复杂，实际上是各自由度运动的综合结果，因而有相互影响的耦合作用。例如，在船舶摇摆运动中既有横摇运动又有纵摇运动时，在分析横摇运动时必须考虑纵摇的影响，除考虑附加惯性矩J_{xx}外，还要计及纵向惯性矩J_{yy}对横摇的影响$[J_{yy}]_z$，反之亦然。模型在海洋工程水池中试验时，运动情况虽然复杂,但各自由度运动的附加质量和附加惯性矩之间的耦合作用实际上都已包括在试验的内涵之中,不需要专门考虑。但在理论数值计算时,必须考虑其耦合作用。例如在理论计算横摇运动时,除考虑附加惯性矩的主项 J_{xx} 外,还要计及其余 5 个运动附加质量和附加惯性矩对横摇运动的耦合影响。船舶或浮式平台在风浪作用下的复杂运动虽可分解为 6 个自由度的运动,但在理论计算时,除考虑 6 个自由度运动中的每一主 μ_x、μ_y、μ_z、J_{xx}、J_{yy}、J_{zz} 外,还要计及其余 5 个运动对它的耦合影响。因此,附加质量和附加惯性矩实际上共有 36 项,通常以矩阵的形式表达,其中 6 项是对应于每一运动的主项,其余 30 项是耦合影响项。

6.3.6.2 固有周期

在理论力学中讨论过单自由度弹簧的强迫振动问题,在船舶耐波性中讨论过船舶在波浪作用下的横摇问题。有关这类问题都是以二阶常系数非齐次微分方程式描述,且等式右端是具有一定周期的扰动力。如果弹簧或船舶的固有周期(或称自然周期)与扰动力的周期相等,则将发生共振现象,产生很大的振荡幅度。

浮式海洋平台运动方程的左端与单自由度弹簧振动和船舶横摇运动的微分方程相类似,右端的外力中主要是具有周期性的波浪扰动力 F_w。如果浮式海洋平台的固有周期与波浪的周期相等或相近,则海洋平台在波浪的作用下将产生很大的运动幅度,应该采取措施设法避免。固有周期表达了浮式结构物自身及其系泊系统的特性,在海洋平台的计算与设计中具有重要的意义,也是海洋工程模型试验中的主要内容之一。

在海洋平台的 6 个自由度运动中,横摇、纵摇及垂荡等运动具有复原力矩或复原力,在外力作用下偏离原来的平衡位置,但当外力消失后经过若干次振荡后能恢复到原来的平衡位置。根据这一特点,在模型试验中只需记录振荡的次数及相应的时间,即可十分方便地测得横摇、纵摇及垂荡的固有周期。平台本身的纵荡、横荡及首摇等运动虽然没有复原力矩或复原力,但当配置系泊系统(可视为弹簧系统)后便具有静恢复力的特性,因此在模型试验中是以海洋平台模型配置系泊系统后测量整个系统的纵荡、横荡及首摇的固有周期。固有周期表达式可写为:

$$T_i = 2\pi \sqrt{\frac{M_{ii} + \mu_{ii}}{C_{ii}}} \tag{6-28}$$

具体到横摇、纵摇和垂荡运动,根据式(6-28)所示的恢复力系数,其固有周期分别为:

$$\begin{cases} T_\phi = 2\pi \sqrt{\dfrac{I_{xx} + J_{xx}}{\Delta \cdot h_{\mathrm{T}}}} \\[2ex] T_\theta = 2\pi \sqrt{\dfrac{I_{yy} + J_{yy}}{\Delta \cdot h_{\mathrm{L}}}} \\[2ex] T_z = 2\pi \sqrt{\dfrac{\dfrac{\Delta}{g} + \mu_z}{\rho_{\mathrm{w}} A_{\mathrm{W}}}} \end{cases} \qquad (6\text{-}29)$$

式中,Δ 为排水量;h_{T} 为横稳性高;h_{L} 为纵稳性高。

在设计计算的初始阶段,由于技术数据资料不全,常用经验统计公式初步估算相应的固有周期。例如,对于一般船舶固有周期的估算公式是:

$$\begin{cases} T_\phi = \dfrac{0.8B}{\sqrt{h_{\mathrm{T}}}} \\[2ex] T_\phi = 0.58 \sqrt{\dfrac{B^2 + 4z_{\mathrm{g}}}{h_{\mathrm{T}}}} \, T \end{cases} \qquad (6\text{-}30)$$

式中,z_{g} 为重心高度(m)。

纵摇固有周期的计算公式为:

$$T_\theta = 2.8 \sqrt{C_{\mathrm{vp}} d} \ \text{或} \ T_\theta = 2.4 \sqrt{d} \qquad (6\text{-}31)$$

式中,C_{vp} 为垂向棱形系数;d 为吃水(m)。

垂荡固有周期 $T_z \approx T_\theta$,即一般船型的垂荡固有周期与纵摇的固有周期大致相同。

6.3.6.3 阻尼

对于海上系泊浮式平台系统,阻尼应包括浮体阻尼和系泊系统阻尼,而浮体阻尼又包括波浪辐射阻尼、表面摩擦阻尼、旋涡阻尼和波浪漂移阻尼。

波浪辐射阻尼是有自由面存在时所特有的现象。当浮体在水面上做振荡运动时,由于自由面存在,会有波浪产生并向四周辐射,而波浪带走的能量就体现为辐射阻尼力的作用。这种阻尼即使把流体假定为无黏性的理想流体也依然存在,因此也称势流阻尼,可根据辐射理论计算得到。对于船舶的垂荡和纵摇运动,其运动阻尼的主要成分就是波浪辐射阻尼。

　　表面摩擦阻尼和旋涡阻尼都是因海水具有的黏性而引起的阻尼,因此也统称黏性阻尼。对于船舶而言,黏性阻尼主要体现在横摇阻尼中,特别是装有触龙骨的船舶或者具有矩形横截面的船舶,黏性阻尼会占到横摇总阻尼的一半以上。对于系泊浮体而言,除横摇阻尼以外,黏性阻尼还主要体现在低频慢漂阻尼中。系泊浮体的大幅度低频水平面运动,是由于波浪慢漂力的频率与系泊浮体固有频率相近而形成共振作用所致,这种共振运动的振幅将主要取决于系统的低频慢漂阻尼。由于振荡频率很低,波浪辐射阻尼可以忽略,低频慢漂阻尼主要就是黏性阻尼。黏性阻尼在理论上难以确定,一般通过经验数据或者经验公式估算,也可通过模型在静水中的衰减试验得到。当然,因无法满足雷诺相似准则,存在尺度效应的影响时,试验数据须经过适当的修正后才能用于实际。

　　无论是在静水中还是在波浪中,黏性阻尼都是存在的,但当船舶或者系泊浮体在波浪中做振荡运动时,其遭受的总运动阻尼比静水中时要大,这部分增加的阻尼就是波浪漂移阻尼,或简称波浪阻尼。与波浪慢漂力类似,波浪阻尼也与波浪高度的平方成比例。因此,在较高海况下,波浪阻尼将是低频慢漂阻尼的主要成分。例如:一艘长235m的船舶,波浪高度H_s=8.1m时,波浪阻尼占总阻尼的85%;而在波浪高度H_s=2.8m时,波浪阻尼可以忽略。波浪阻尼是由波浪引起的,与黏性无关,可以通过比较系泊浮体在静水和规则波中的自由衰减模型试验结果分析得到,也可通过一些经过验证的经验公式计算得到。波浪阻尼可看成是二阶波浪力关于慢漂运动速度的梯度,从而把计算低频运动阻尼的问题归结为计算二阶慢漂力问题,这是目前比较实用且应用广泛的理论处理方法。

　　系泊系统随浮体一起运动,同样将遭受周围海水的黏性阻尼力作用,成为整个系统运动阻尼的重要组成部分。随着系泊浮式海洋平台的作业水深越来越大,系泊锚链线的长度随之越来越长,系泊系统的黏性阻尼占整个系统总阻尼的比例也越来越显著。有模型试验数据表明,这个比例甚至可高达80%。由于系泊系统的黏性阻尼在理论上也是难以预报的,所以大多借助模型试验确定,同样也会存在尺度效应问题。

　　与分析附加惯性力和附加惯性力矩的情况相类似,浮体的某一单项运动有其相应的阻尼力,例如横摇运动的横摇阻尼力矩、垂荡运动的垂荡阻尼力等,因此,6个自由度运动中有与之相应的6个主项阻尼力。对于复杂的运动,各单项之间存在耦合作用,所以黏性阻尼力和阻尼力矩实际上共有36项,通常也以矩阵的形式表达,其中6项是对应于每一运动的主项,其余30项是耦合影响项。

6.4 线性系统响应关系

在不规则海浪的作用下,船舶或浮式海洋平台会产生不规则的运动和受力。如果把不规则波$\zeta(t)$看作是输入,通过作为能量转换器(或称传递器)的船舶或海洋平台,将其能量传递给作为输出的运动$y(t)$。这里$y(t)$可以是横摇$q(t)$、纵摇$o(t)$、垂荡$z(t)$或其他受力[如系泊力$F(t)$等]。图6-9为这种转换关系的示意图。

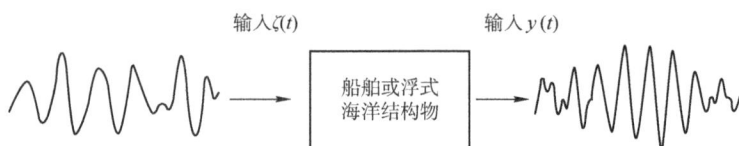

图6-9 线性系统输入与输出的转换

研究船舶等浮体在不规则风浪作用下的运动问题时,都是假定不规则风浪是平稳的正态随机过程,而船舶等浮体也是时间恒定的线性系统。因此,问题便归结为线性系统输入与输出之间的响应关系,当输入量是一个平稳的随机过程时,输出也是一个平稳的随机过程。

6.4.1 频域分析法

在频域范围内以频率响应来探讨船舶等浮体在波浪作用下的动态特性称为频域分析法或频率响应法。所谓频率响应,就是船舶等浮体系统对不同频率的正弦输入响应的稳态值。如果输入的波浪是正弦函数并以复数表示为$\zeta = \zeta_0 e^{i\omega t}$,则输出的稳定值也是相同频率的正弦函数$Y = Y_0 e^{i(\omega t + \delta)}$。这时的频率响应函数为:

$$H(i\omega) = \frac{Y(i\omega)}{\zeta(i\omega)} = \frac{Y_0}{\zeta_0} e^{i\delta} \tag{6-32}$$

式中,$\frac{Y_0}{\zeta_0} = |H(i\omega)|$表示输出对输入的幅值比,也称幅频特性,其平方值$|H(i\omega)|^2$称为幅值响应算子,简写为RAO;$\delta = \arg[H(i\omega)]$表示正弦输出对正弦输入的相位差,称为相频特性。

因此,传递函数在频域分析法中就是频率响应函数$H(i\omega)$[为简便起见,常写作$H(\omega)$],包括幅值响应函数和相位响应函数。

频率响应函数是船舶和海洋平台等浮体自身系统的一个非常重要的动态特性，与波浪输入无关。只要知道了系统的频率响应函数，便可得到任意波浪条件作用下系统的线性响应。

对于类似不规则风浪的随机扰动，输入和输出最方便的表达方式是谱密度函数。谱分析方法中一个重要的结论是，在线性系统中，输出的谱密度$S_y(\omega)$等于输入谱密度$S_\xi(\omega)$乘以系统的幅值响应算子RAO，即：

$$S_y(\omega) = S_\xi(\omega)|H(i\omega)|^2 \tag{6-33}$$

由此可见，谱分析方法的优点在于，将随机过程的海浪和船舶等浮体运动之间的不确定关系，转化为非随机的谱密度之间的确定关系，而频率响应函数则是建立这种确定关系的关键。

关于船舶等浮体系统的频率响应函数，可以用理论计算方法求得，而较为可靠正确的方法是通过模型试验求得，包括模型在规则波和不规则波中的试验。

如果模型在波幅为ξ_A的规则波中试验，测得的运动幅值为$y_A(\omega)$，则运动的频率响应函数为：

$$Y(\omega) = \frac{y_A(\omega)}{\zeta_A} \tag{6-34}$$

其物理意义表示频率响应函数在数值上等于单位波幅引起的运动幅值。如以船舶的横摇为例，模型在波幅为ξ_A的规则波中测得的横摇幅值为$\varphi_A(\omega)$，则模型的频率响应函数为：

$$Y_\phi(\omega) = \frac{\phi_A(\omega)}{\zeta_A} \tag{6-35}$$

由于不规则波是由许多不同频率和波幅的规则波叠加而成的，因此在一系列不同频率（相应于不同波长）规则波中试验得到的频率响应函数，可用以估算不规则波中船舶等浮体的运动性能。

至于模型在不规则波中的试验，是在给定的风浪谱密度$S_\xi(\omega)$情况下，由测量数据的分析中得到运动的谱密度$S_y(\omega)$，从而求得运动的频率响应函数$H(\omega) = \sqrt{S_y(\omega)/S_\xi(\omega)}$。

6.4.2 时域分析法

在波浪作用下，船舶等浮体的动态特性也可以用时域范围内的脉冲响应法来描述,这种方法称为时域分析法。这种方法可以得出在不规则海浪作用下船舶等浮体运动的时间历程。只要给定时间域中的某一时刻,便可给出浮体在该时刻的运动数值,因而称为确定性估算。

在该方法中首先引入一个单位脉冲 $\delta(t_0)$ 作用在系统上,产生了一个响应 $h(t-t_0)$,称为脉冲响应函数。对于船舶等浮体而言,脉冲响应函数相当于船体受到一个短促的突然作用之后的响应,从扰动终止的瞬时起,直到恢复静平衡的整个过程中的动态特性。

令 $r=t-t_0$,则单位脉冲 $\delta(t_0)=\delta(t-\tau)$,其脉冲响应 $h(t-t_0)=h(\tau)$。根据线性叠加原理,输入可看作是很多脉冲之和,这时的脉冲即为波面升高 $\xi(t_0)=\xi(t-\tau)$。经过数学推导,线性系统在 t 时刻的输出 $y(t)$ 为:

$$y(t) = \int_{-\infty}^{\infty} \zeta(t-\tau)h(\tau)\mathrm{d}\tau \tag{6-36}$$

船舶等浮体在不规则波作用下的 $h(\tau)$ 也可用理论计算或模型试验求得。在频域分析法中,船舶等浮体的动态特性由频率响应函数 $H(\omega)$ 来表达。而在时域分析法中,则由脉冲响应函数 $h(\tau)$ 来表达其动态特性。$H(\omega)$ 和 $h(\tau)$ 都是系统本身动态特性的反映,两者之间的关系可由下列傅里叶变换确定,即:

$$H(\omega) = \frac{1}{2\pi} \int_{-\infty}^{\infty} h(\tau)\mathrm{e}^{-\mathrm{i}\omega\tau}\mathrm{d}\tau \tag{6-37}$$

$$h(\tau) = \int_{-\infty}^{\infty} H(\omega)\mathrm{e}^{\mathrm{i}\omega\tau}\mathrm{d}\omega \tag{6-38}$$

模型在不规则波中试验时,同步采集了波浪、模型运动及受力等各种测量数据,一般能给出相应于实体长达 1~3h 的各种数据的时历曲线。根据这些测量数据即可方便地进行频域分析和时域分析。

基于以上的浮体试验设计原则,可基于大比尺波浪水槽,以张力腿平台试验为例,分析浮体运动中的重要考量因素,为相关研究提供参考。

6.5 试验案例

6.5.1 试验概况

张力腿平台(图6-10)是目前深海油气开发最常用的形式之一。其升沉运动小,适用于水深大、抵抗恶劣海况能力较强的试验,且有较高性价比,具有良好的发展势头,比较适合在我国南海投入使用。为了掌握该类平台的运动特性,需要开展物理模型试验进行研究。

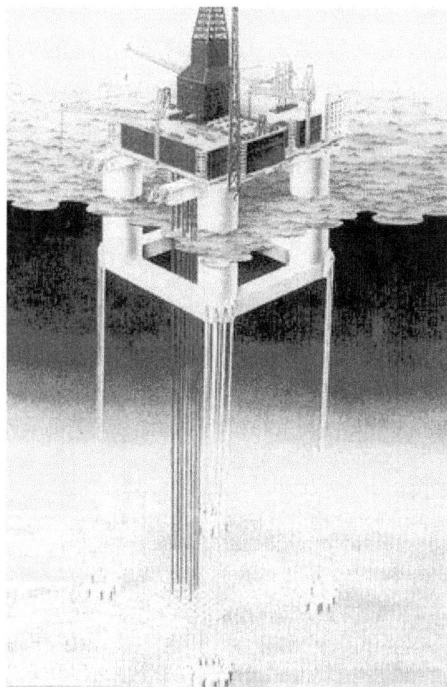

图6-10　张力腿平台示意图

针对流花油田张力腿平台设计方案开展涡激运动水池模拟试验,通过张力腿平台在位工况下的流作用水池试验和波流联合作用水池试验,获得张力腿平台在各种海况条件下的涡激运动响应特性、张力腿、立管响应特性,为张力腿平台工程化设计提供数据支持,从而为张力腿平台在南海深水油气田开发中工程应用打下坚实的基础。

本次试验主要包括以下内容:

(1)根据张力腿平台船体及组块图纸,制作张力腿平台系统水池试验模型1套,模型包括张力腿平台浮体、张力腿和立管,进行全水深整体模拟;

(2)试验模型刚度标定;

(3)静水衰减试验;

（4）张力腿平台涡激运动试验，包括平台涡激运动关键方向角确定和关键方向不同折合速度试验；

（5）波流联合试验；

（6）试验数据处理。

模型试验在交通运输部天津水运工程科学研究院的大比尺波浪水槽中进行，模型试验在水槽中的布置如图6-11所示。水槽左端装有造波机，右端设有消能坡以减弱波浪的反射。张力腿平台（TLP）被安排于波浪在水槽中的稳定区域，以减少边壁效应。

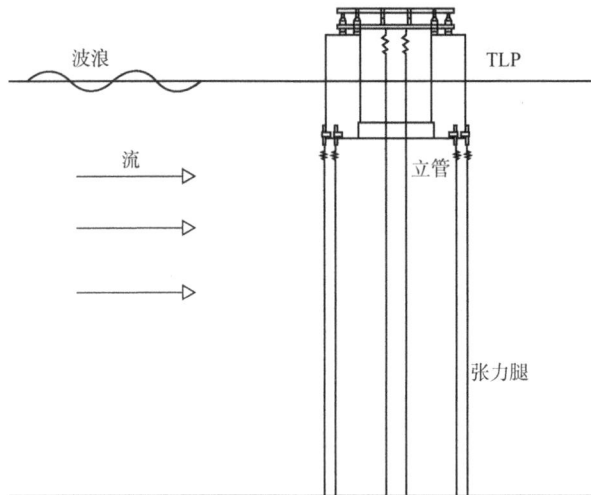

图6-11　模型布置示意图

本次试验所用的仪器设备如表6-2所示。

试验中所用仪器设备

表6-2

位置		所测物理量	仪器	数量	量程	精度
平台	平台上部	平台6自由度位移	电磁式+光学6自由度运动测量系统	1	—	—
	立柱顶部	平台加速度				
张力腿×8		张力腿张力和加速度	水下拉力传感器+加速度传感器	8+5	50~100N	0.05% F.S.

续上表

位置		所测物理量	仪器	数量	量程	精度
立管×4	立管顶部	立管轴力和加速度	水下拉力传感器+加速度传感器	4+3	加速度：5g	<1% F.S.
	立管中部	立管应变和加速度				
水池		流速	流速仪Vectrino+高级小威龙	1	—	—
水池		波高	浪高仪SG2000型电容式测波系统	3	—	—
试验场地		拍摄试验过程	数码相机	1	—	—
试验场地		拍摄试验过程	数码高清摄像机	2	—	—

加速度传感器具体布置方案为：2、3、4号立柱下各选择一根张力腿，传感器布置在3、4、5位置；1号立柱下选择两根张力腿，其中一根布置在中点处另一根布置在1、3处；选择两根立管进行测量，一根布置在2处、一根布置在6处，如图6-12所示。

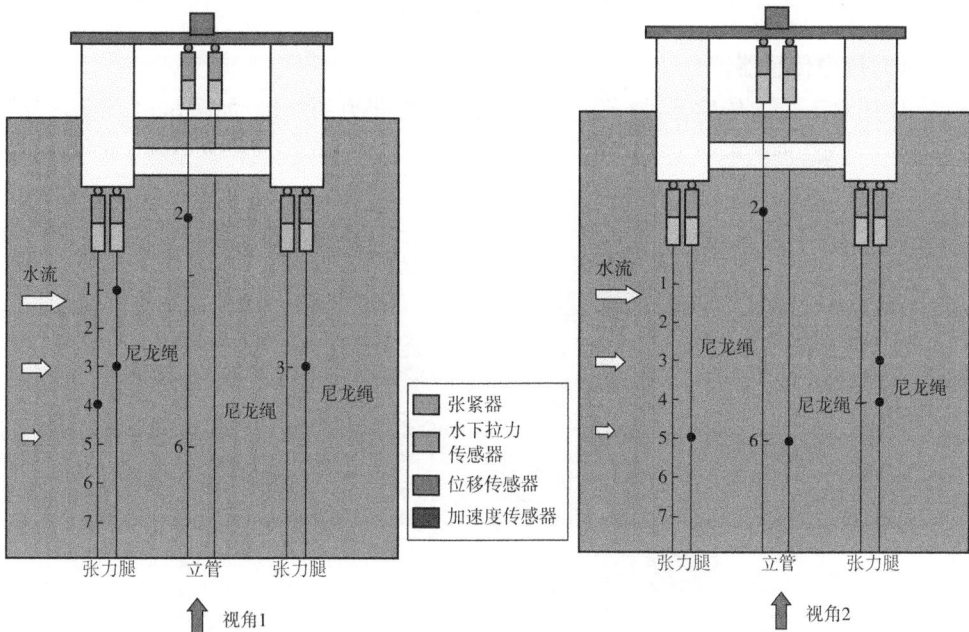

图6-12 传感器安装示意图

（1）波高采集系统。

波高采集系统采用大型动态电容式波高测量系统，使用的量程为0.6m。波高采集系统可对传感器进行温度修正。

（2）流速仪。

对于试验中出现的流速，使用流速仪进行率定，拟使用的仪器为Vectrino+小威龙，如图6-13所示。

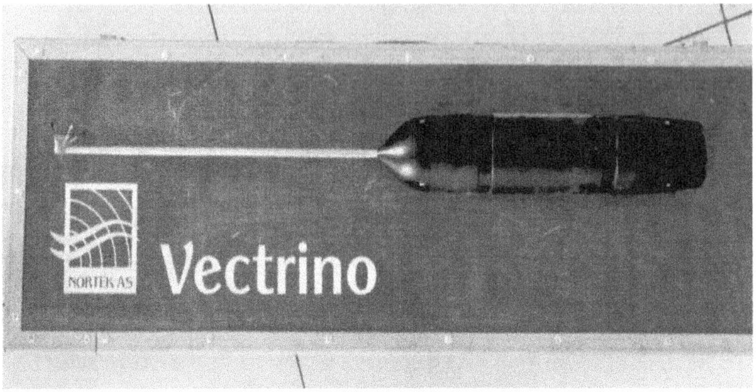

图6-13　Vectrino+高级小威龙

（3）拉力传感器。

使用水下拉力传感器进行张力腿及立管系统张力的测量，如图6-14所示。

图6-14　水下拉力传感器

(4)非接触式运动量测试系统。

对于TLP的6自由度运动量测量,使用如图6-15所示的非接触式运动量测量系统。

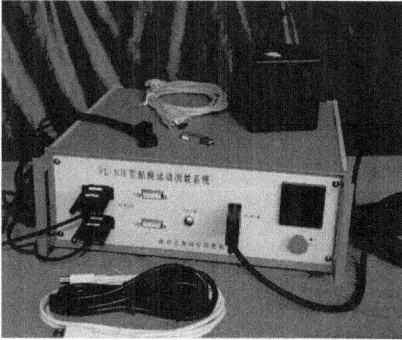

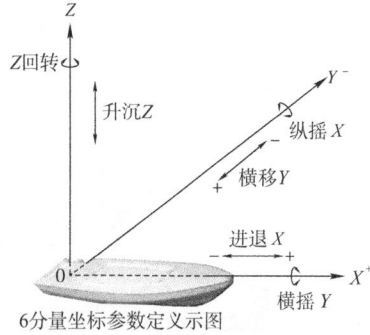

a) 电磁式

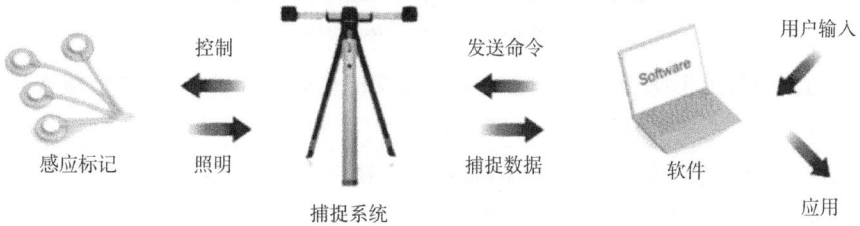

b) PTI三维运动捕捉系统

图6-15 非接触式船动量测试系统

(5)张力腿和立管的响应测量。

张力腿和立管的响应采用水下加速度传感器(图6-16)进行测量,其优点是费用低,操作方便,尤其当平台转换角度后,无须改变传感器的位置。

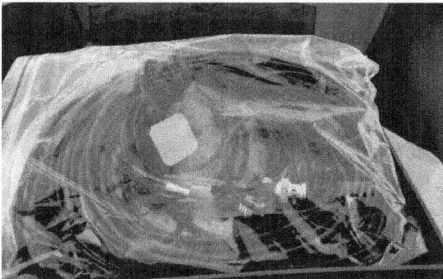

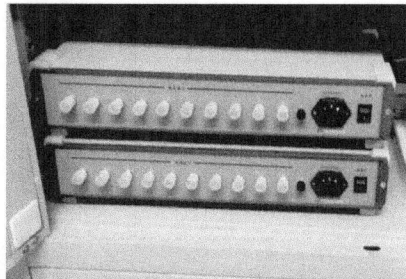

图6-16 水下加速度传感器

（6）浮体静力校准平台。

根据船模静力校准方法，本次试验所使用的浮体静力校准系统如图6-17所示，包括惯量调整架和计算软件，调整架的具体构成如下。

图6-17　浮体静力校准系统

①主框架：主框架长2.6m、宽1.9m、高1.7m，由铝合金型材和方管横连接框构成。为便于运输安装使用，可以分解成若干零件，各部分零件用螺栓连接。

②横梁：横梁主体是100mm×100mm的不锈钢方管及悬挂套筒，横梁由管夹固定在主框架上。套筒与刀架板一起共同支撑刀架。

③刀架系统：刀架是关键零件，刀架模块的顶尖用优质钢材加工，顶尖磨损后可以更换维修。

④称重：称重设备使用电子地磅。量程为2000kg，精度为0.05%F.S.。

⑤位移传感器：为提高读数精度，选用了SMW-WypC-200L型位移传感器和M4数显仪表。

⑥小框架：小框架是为Z向惯量测定使用的附加设备，配合专用的悬挂线，可以进行Z向惯量测定。

船模静力校准步骤为：模型准备（划线、称重、配载）→刀架安装→模型悬挂→重心校准→纵向惯量校准→横向惯量校准→Z向惯量测定。

（7）底部锚固装置。

在本次试验中，需要测试不同角度下TLP的运动特性。而在更换角度的工况中，设计到张力腿底部的固定以及上部系泊系统的变换，工作量较大。为了节省试验时间,在水池底部安装固定平台的转动装置,如图6-18所示。这样在转换角度时,可由潜水员下水,拔掉固定的插销,转到相应的角度即可。

图6-18　底部转动装置

6.5.2　试验方法

6.5.2.1　模型比尺

根据设计TLP主尺度以及大比尺波浪水槽的实际设施条件,讨论确定选定模型缩尺比为1:61。在本试验的相似性分析中,考虑了几何相似、运动相似、动力相似以及质量相似并进行计算,得到模型的相关参数,保证了模型试验的现象准确,各物理量对应的比尺见表6-3。其中$\rho=1$。

模型缩放因子　　　　　　　　　　　　表6-3

物理量	比尺	物理量	比尺
长度	λ	加速度	1
面积	λ^2	重量	$\rho\lambda^3$
体积	λ^3	力	$\rho\lambda^3$
线性运动	λ	力矩	$\rho\lambda^4$
角度	1		

TLP的主要尺度参数见表6-4,载况参数见表6-5。

TLP主要尺度参数　　　　　　　　　　　　表6-4

参数	实际值	模型值	单位
平台甲板以上重量	13716000	60.428	kg
平台重量	31847000	140.307	kg
载荷	17388000	76.606	kg
总排水量	49235000	216.912	kg
吃水	30.5	0.500	m
立柱高度	56.5	0.926	m
立柱直径	19.5	0.320	m
立柱中心间距	59.0	0.967	m
生产甲板距基线高度	59.5	0.975	m
浮筒高度	8.5	0.139	m
浮筒宽度	8.5	0.139	m

TLP载况参数　　　　　　　　　　　　表6-5

参数	实际值	模型值	单位
平台甲板以上重量	13716000	60.428	kg
平台重量	31847000	140.307	kg
载荷	17388000	76.606	kg
总排水量	49235000	216.912	kg
重心高度	43.16	0.708	m
横摇惯性半径	36.91	0.605	m
纵摇惯性半径	38.51	0.631	m
横荡/纵荡固有周期	86.09	11.023	s

　　试验中考虑实际水深404.69m,对全水深尺度的张力腿进行模拟,对应的水槽试验水深为6.63m。模拟TLP及其系泊系统,分别制作并模拟以下模型:

(1)1座深水TLP模型;

(2)对应404.69m水深的8根张力腿模型;

(3)4根顶端张紧式立管模型。

6.5.2.2　模型设计

　　TLP主体模型(图6-19)按照设计方案所定的总布置图等文件制作。TLP主体模型由立柱、浮筒、上甲板(图6-20)、生产甲板和上部模块组成。其中,立柱由直径32.5cm壁厚为6mm的PP管制作,按照给定的立柱长度进行截取。浮筒由PP板制作,由铆钉和焊条进行连接。主体基本成型后,进行打磨处理,保证结构的光滑。在本次试验中,由于不考虑风载荷的作用,故对上部模块的模拟进行简化。

图6-19 TLP主体模型

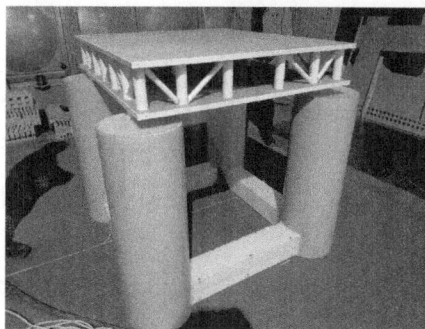

图6-20 TLP主体模型上甲板

模型的立柱内部预留一定空间,用来放置压载块,方便调节模型重量、重心位置、横摇和纵摇惯性半径等参数。

6.5.3 试验工况

6.5.3.1 张力腿模型模拟

模型试验中,TLP采用对应实际水深为404.69m的8根张力腿进行系泊定位。张力腿共有4组,每组2根,对称分布在平台立柱的外侧。在物理模型试验中,要保证张力腿模型和实际结构之间的几何相似和力学特性相似,因此在模拟时,首先保证张力腿长度和外径的几何相似和刚度系数(EA/L)相似。张力腿主要参数见表6-6,不同材质的等效外径见表6-7。

TLP张力腿主要参数 表6-6

参数	实际值	模型值	单位
水深	404.69	6.63	m
TLP吃水	30.5	0.5	m
张力腿长度	376.4	6.24	m
等效外径	1.016	0.017	m
EA/L	$6.37×10^7$	17119.054	N/m

TLP张力腿不同材质的等效外径计算 表6-7

材质	弹性模量 E（GPa）	张力腿长度 L（m）	EA/L（N/m）	等效外径（mm）
尼龙	2.83			6.93
尼龙1010	1.07	6.24	17119.05402	11.3
钢丝	200			0.82

根据计算结果,尼龙1010的外径最为接近,但该材料不易获取。因此,拟采用普通尼龙绳进行模拟,购买的尼龙绳见图6-21,直径为7.0mm。然后再通过外面加软管来模拟外径相似。

其中,尼龙缆绳的密度是1150kg/m³,塑料软管的内径是16mm,外径是18mm(未找到外径17mm的软管),软管的重量是0.08333kg/m。

6.5.3.2 顶张紧式立管模型模拟

根据总体设计方案,在TLP的中心区域布置有12根顶端张紧式立管,通过张紧器与平台甲板连接。其中有1根钻井立管，11根生产立管。在模型试验中，对以上立管进行等效模拟，共考虑4根立管，如图6-22中圆圈所示，等效后的具体参见表6-8。

图6-21 尼龙绳

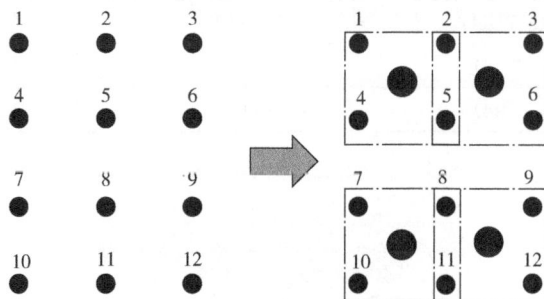

图6-22 TLP管汇系统等效示意图

TLP等效后的立管参数 表6-8

立管编号	X （m）	Y （m）	距基线	预张力 （kN）	等效外径 （m）	EA/L （N/m）
TTR1	−2.49	4.62	61.50	3543.71	0.59	$1.60×10^7$
TTR2	2.49	4.62	61.50	3543.71	0.59	$1.60×10^7$
TTR3	−3.00	−5.00	61.50	2943.91	0.55	$1.23×10^7$
TTR4	3.00	−5.00	61.50	2943.91	0.55	$1.23×10^7$

TLP模型的外径、单位重量和轴向刚度等参数均按照实际值进行模拟。与张

力腿模型相同,立管模型拟采用尼龙绳进行制作,其主要参数见表6-9。其中,尼龙缆绳的密度是1150kg/m³,塑料软管分别为内径7mm,外径9mm;内径8mm,外径10mm。在整体模型中,立管模型的底部固定在水槽底部的转盘上,另一端固定在TLP平台的甲板底部,见图6-23。TLP立管模拟不同材质的等效外径如表6-10所示。由于购买不到正好符合试验的缆绳直径,TTR1和TTR3的直径相差也不大,因此在试验中认为各个立管的直径相同,最终找到了最接近所需的缆绳直径,如图6-24所示,直径为3.53mm。

TLP立管主要参数 表6-9

参数	实际值	模型值	单位
水深	404.69	6.63	m
TLP平台吃水	30.5	0.5	m
立管长度	435.69	7.14	m
等效外径	TTR1、TTR2 0.59m,TTR3、TTR4 0.55m	0.01、0.009	m
等效EA/L刚度(TTR1、TTR2)	$1.60×10^7$	4300	N/m
等效EA/L刚度(TTR3、TTR4)	$1.23×10^7$	3306	N/m
顶端预张力(TTR1、TTR2)	3544000	15.61	N
顶端预张力(TTR3、TTR4)	2944000	12.97	N

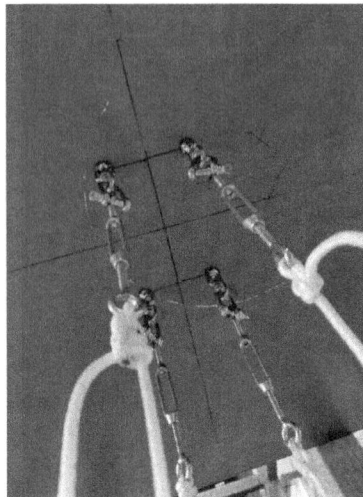

图6-23 立管与甲板的连接

TLP立管模拟不同材质的等效外径   表6-10

材质	弹性模量 E（GPa）	张力腿长度 L（m）	EA/L（N/m）		等效外径（mm）	
			TTR1、TTR2	TTR3、TTR4	TTR1、TTR2	TTR3、TTR4
尼龙	2.83	7.14	4300	3306	3.72	3.26
钢丝	200				0.44	0.39

图6-24　TLP管汇系统等效示意图

6.5.4　结果分析

6.5.4.1　自由衰减结果

校准后的TLP连接上张力腿、立管以及传感器后,进行下水安装。首先将底部的锚固装置放在水池底部,按照模拟长度将张力腿立管连接在该装置上,然后用起重机将TLP吊起,提水至试验水深,如图6-25所示。

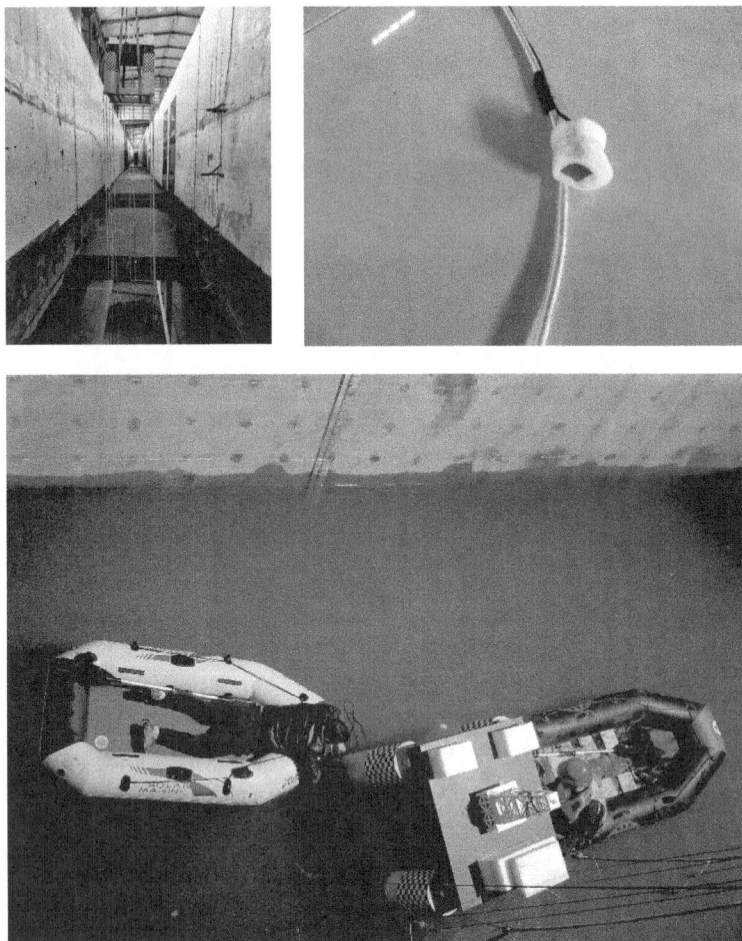

图6-25　TLP安装

准备好后,进行传感器的最后连接与校核,准备进行静水衰减试验。TLP与水流方向为0°时的衰减曲线见图6-26。

随后,通过分析得到平台沿x轴和y轴的自振周期分别为10.80s和11.00s,与目标周期非常接近(11.023s),从而证明TLP试验的模型设置与安装是正确的。最后开展各个方向的自振周期测试,得到自振频率如表6-11所示。

a) 沿 x 轴衰减曲线

b) 沿 y 轴衰减曲线

c) 沿 z 轴衰减曲线

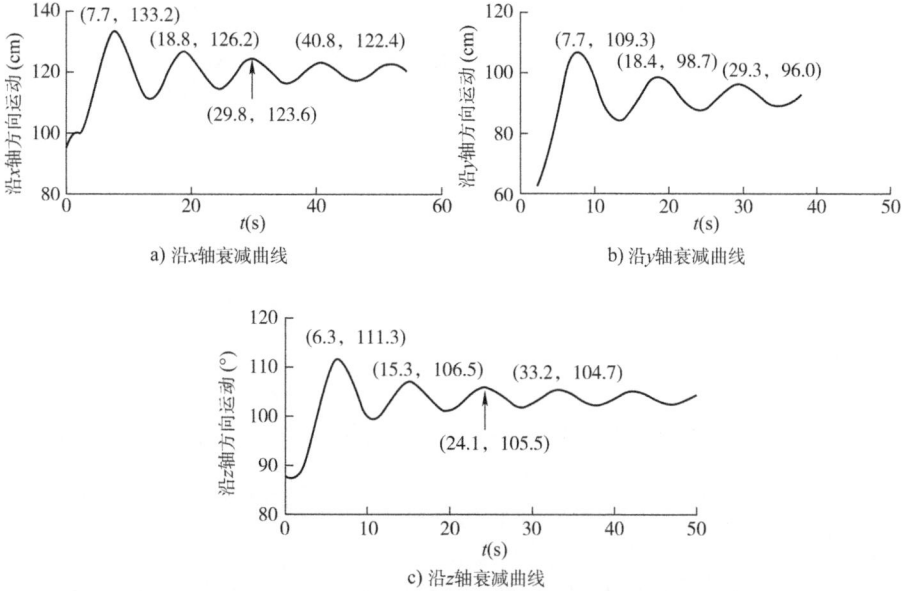

图6-26 TLP与水流方向为0°时的衰减曲线

各方向角情况下TLP平台沿 x 轴和 y 轴自振频率   表6-11

方向角	0°	22.5°	45°
沿 x 轴自振频率	10.80	11.23	11.15
沿 y 轴自振频率	11.00	11.09	11.20

6.5.4.2 水流作用

为确定TLP的关键角,开展TLP与水流方向呈不同角度情况下的涡激运动试验,如图6-27所示。

图6-28~图6-31是平台与水流方向呈0°时不同折合速度的结果,图6-32~图6-35是平台与水流方向呈22.5°时不同折合速度的结果,图6-36~图6-39是平台与水流方向呈45°时不同折合速度的结果。

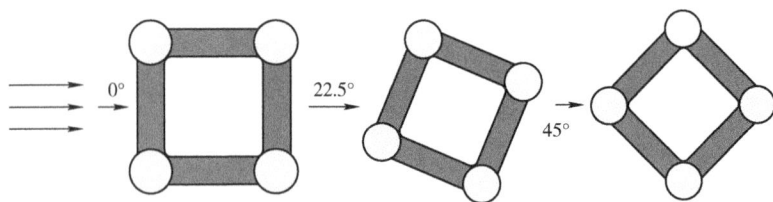

图6-27 平台与水流方向呈不同角度时试验示意图

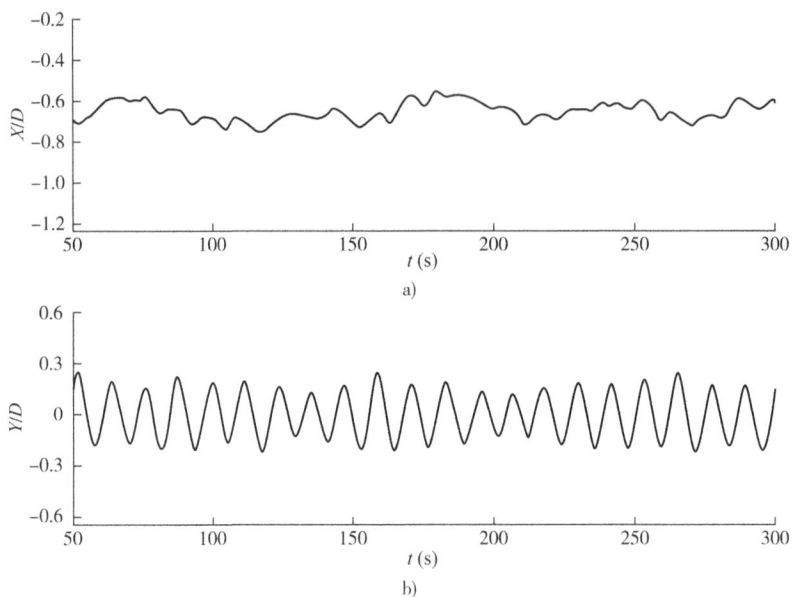

a)

b)

图6-28 TLP与水流方向呈0°时平台顺流和横流向的运动时程曲线（折合速度7.0m/s）
注:X为x方向运动距离;Y为y方向运动距离;D为立柱直径,后同。

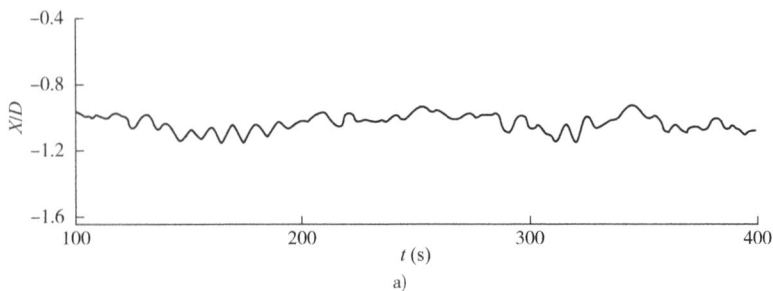

a)

图 6-29

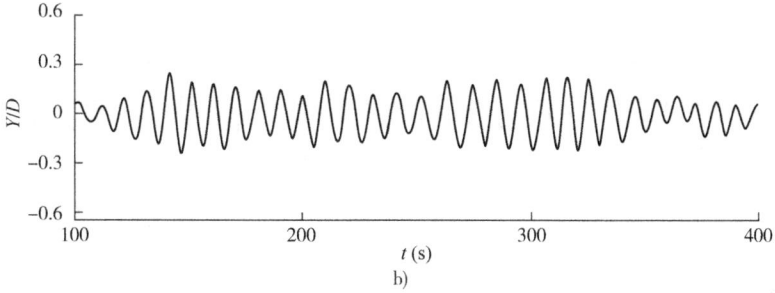
b)

图6-29　TLP与水流方向呈0°时平台顺流和横流向的运动时程曲线（折合速度8.5m/s）

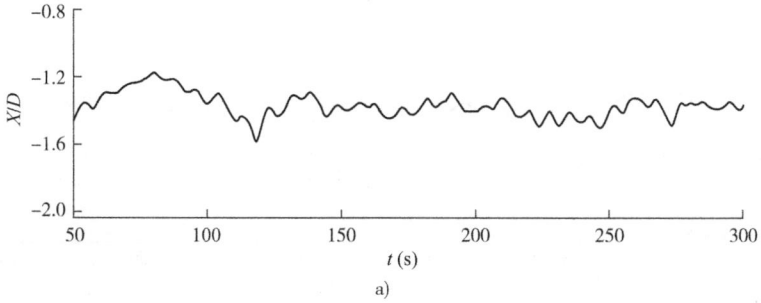
a)

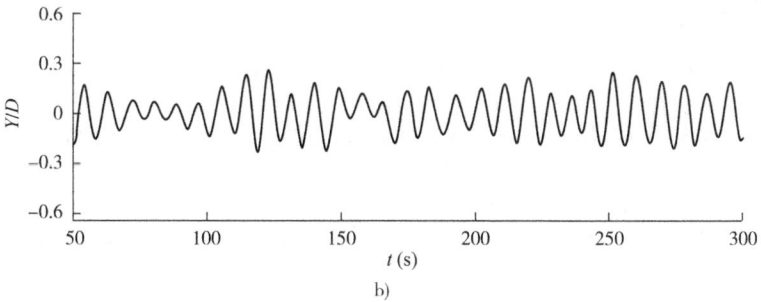
b)

图6-30　TLP与水流方向呈0°时平台顺流和横流向的运动时程曲线（折合速度10.0m/s）

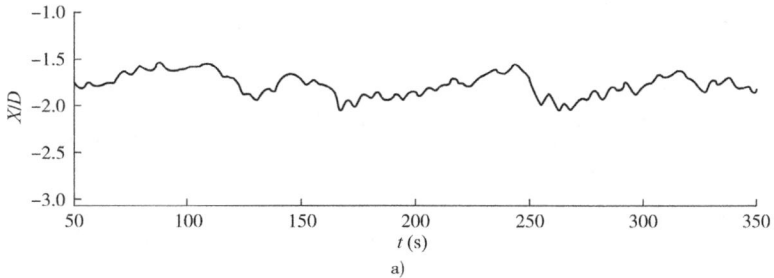
a)

图　6-31

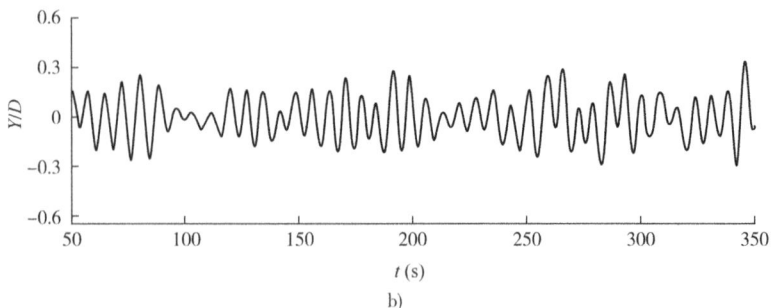

b)

图6-31　TLP与水流方向呈0°时平台顺流和横流向的运动时程曲线（折合速度11.5m/s）

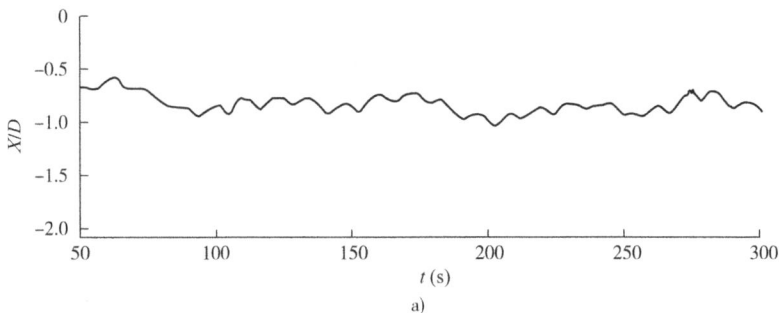

a)

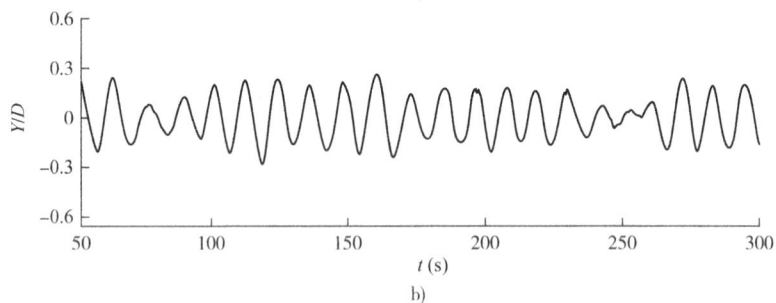

b)

图6-32　TLP与水流方向呈22.5°时平台顺流和横流向的运动时程曲线（折合速度7.0m/s）

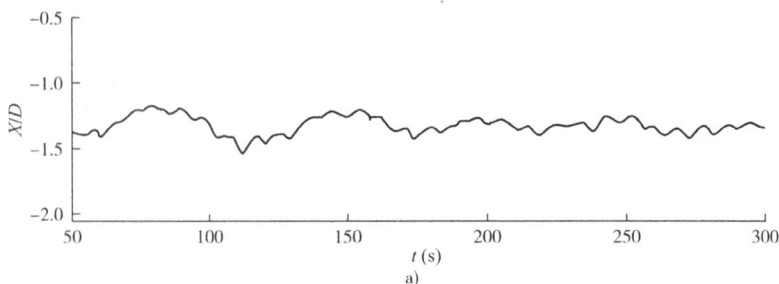

a)

图　6-33

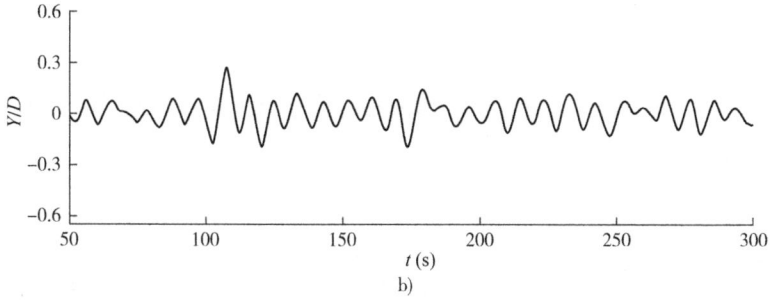

b)

图6-33　TLP与水流方向呈22.5°时平台顺流和横流向的运动时程曲线（折合速度8.5m/s）

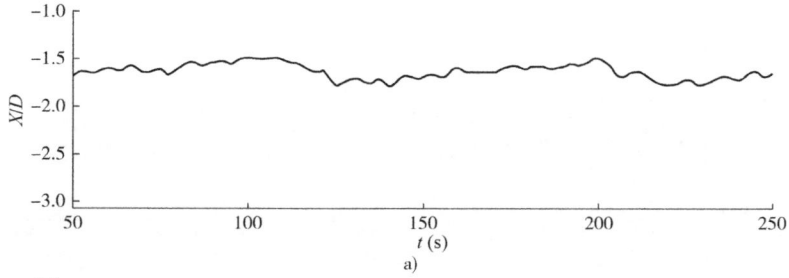

a)

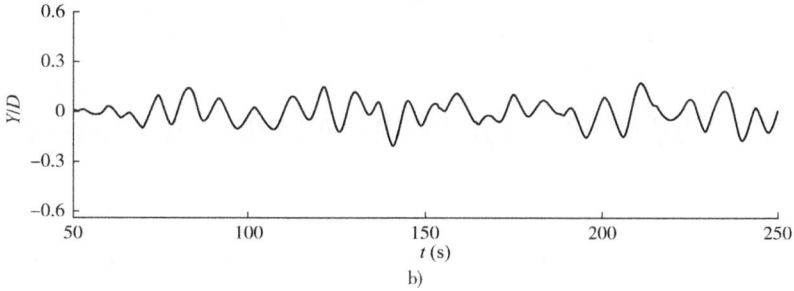

b)

图6-34　TLP与水流方向呈22.5°时平台顺流和横流向的运动时程曲线（折合速度10.0m/s）

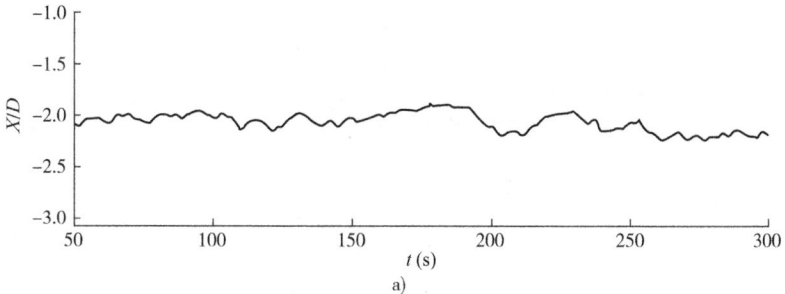

a)

图　6-35

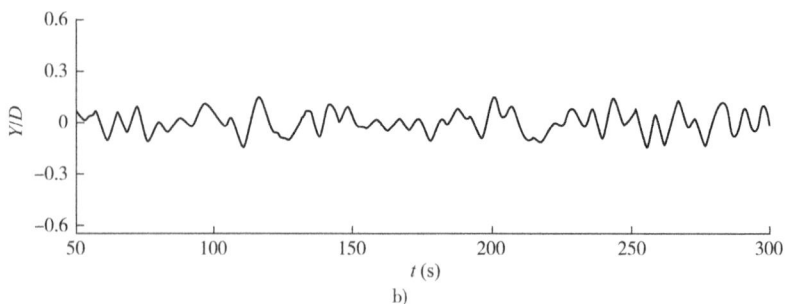

b)

图6-35　TLP与水流方向呈22.5°时平台顺流和横流向的运动时程曲线（折合速度11.5m/s）

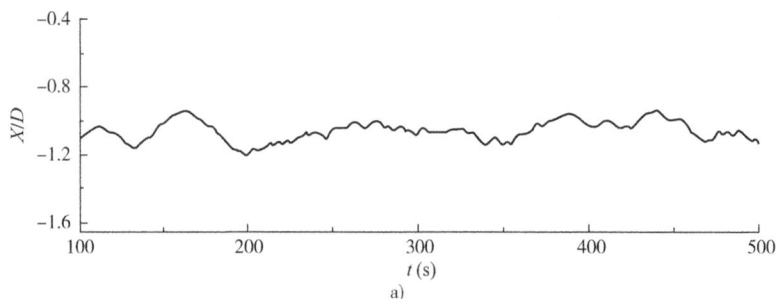

a)

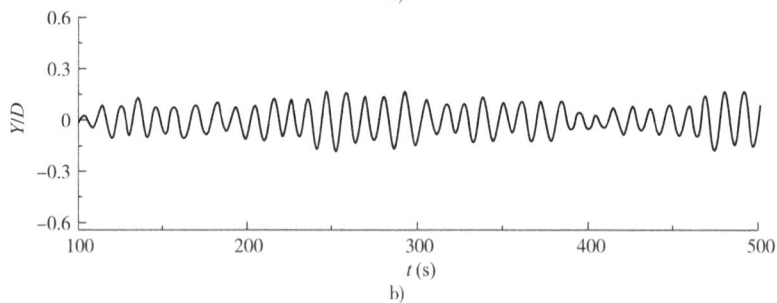

b)

图6-36　TLP与水流方向呈45°时平台顺流和横流向的运动时程曲线（折合速度7.0m/s）

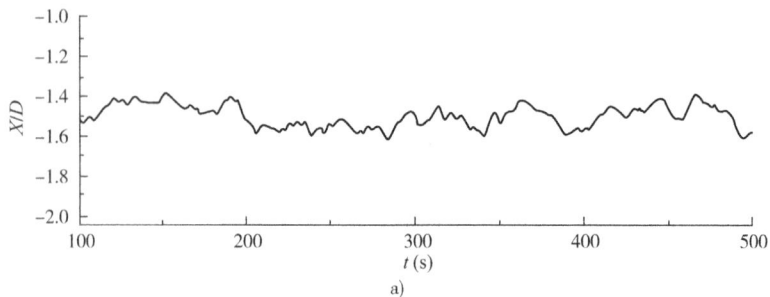

a)

图　6-37

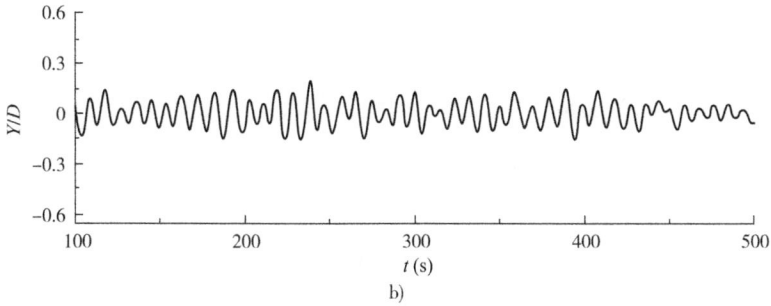

b)

图6-37 TLP与水流方向呈45°时平台顺流和横流向的运动时程曲线(折合速度8.5m/s)

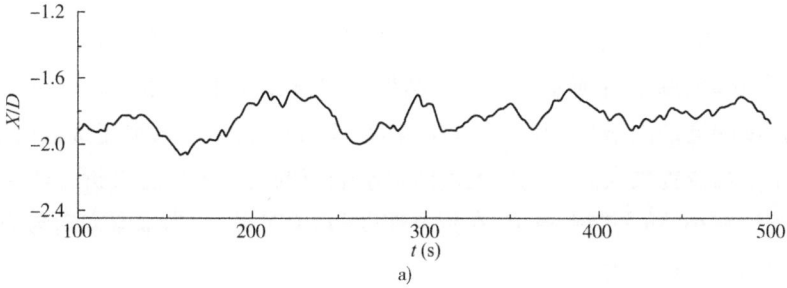

a)

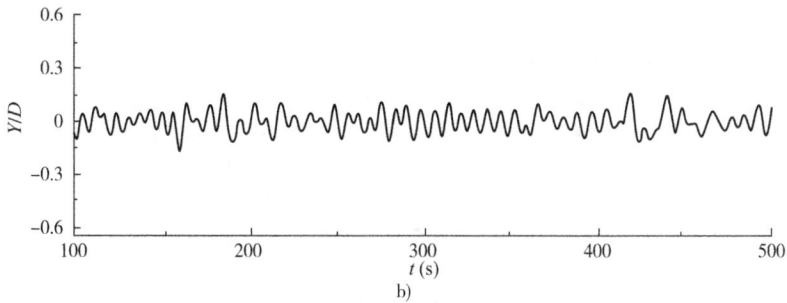

b)

图6-38 TLP与水流方向呈45°时平台顺流和横流向的运动时程曲线(折合速度10.0m/s)

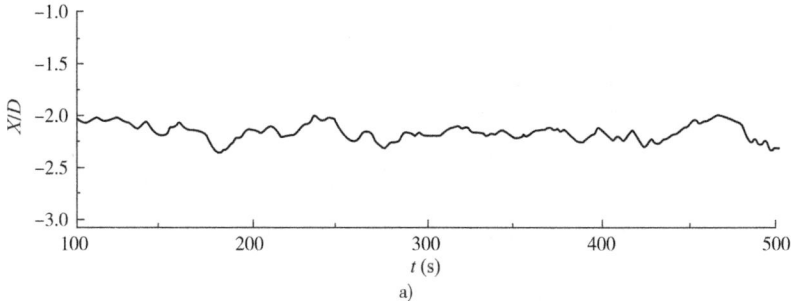

a)

图 6-39

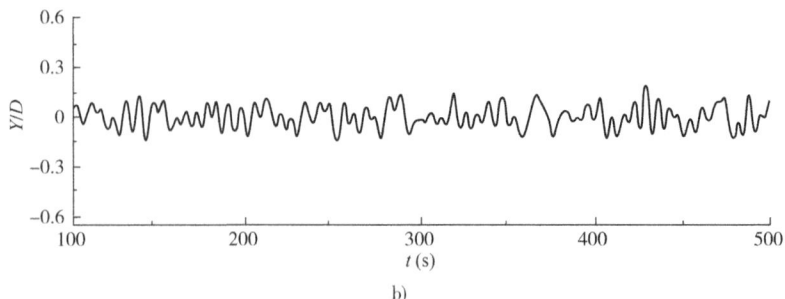

b)

图6-39　TLP与水流方向呈45°时平台顺流和横流向的运动时程曲线(折合速度11.5m/s)

随后,对TLP与水流不同方向情况下顺流向的平均值和横流向的均方根进行统计,如图6-40、图6-41所示。从计算结果可知,顺流向的涡激运动响应平均值随着折合速度的增加而增加,当水流方向与TLP呈45°时,由于与水流接触面积最大,偏离初始平衡位置最大。横流向的涡激运动响应的均方根值随着折合速度的增加而先增大后减小,随之趋于稳定,在折合速度为7.0时最大;当水流方向与TLP呈0°时横流向的均方根最大。

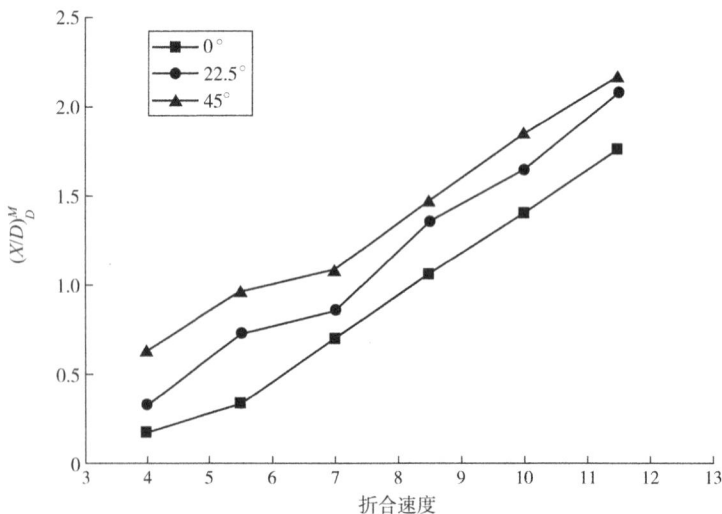

图6-40　不同水流方向顺流向涡激运动响应的平均值$(X/D)_D^M$

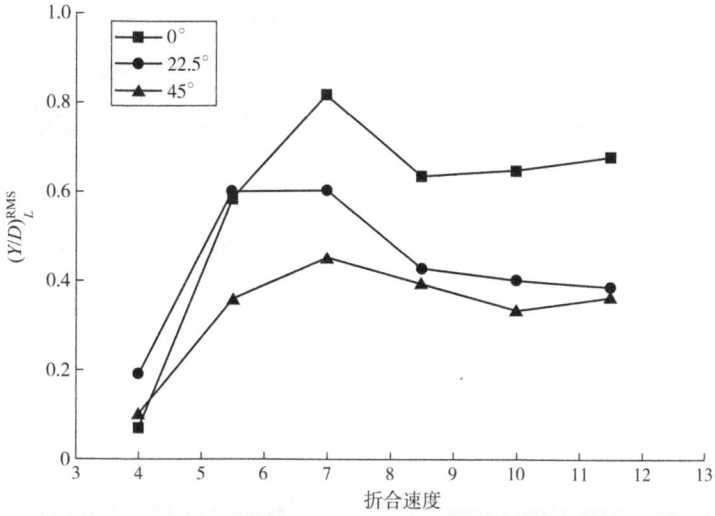

图6-41 不同水流方向横流向涡激运动响应的均方根$(Y/D)_L^{RMS}$

随后，针对各方向横流向的结果进行小波分析，如图6-42~图6-44所示。

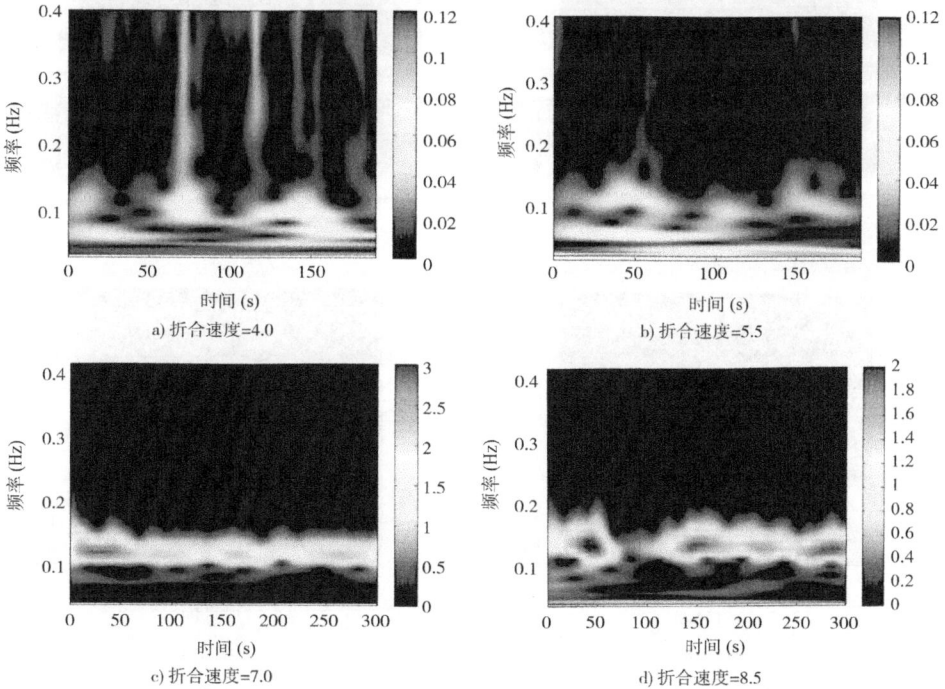

a) 折合速度=4.0

b) 折合速度=5.5

c) 折合速度=7.0

d) 折合速度=8.5

图　6-42

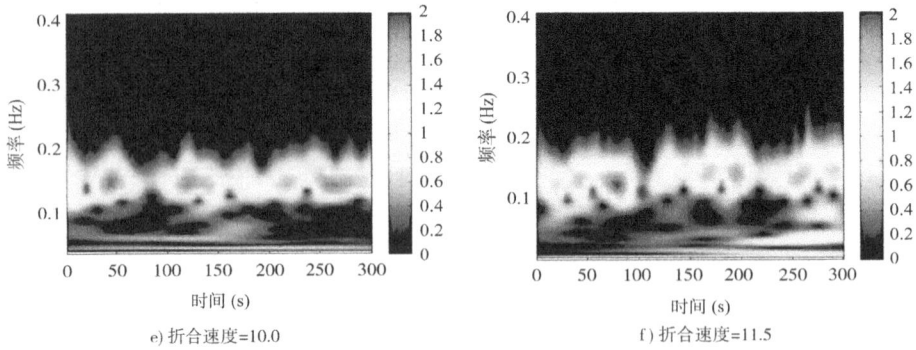

e) 折合速度=10.0

f) 折合速度=11.5

图6-42　TLP与水流方向呈0°时横流向的运动小波分析结果

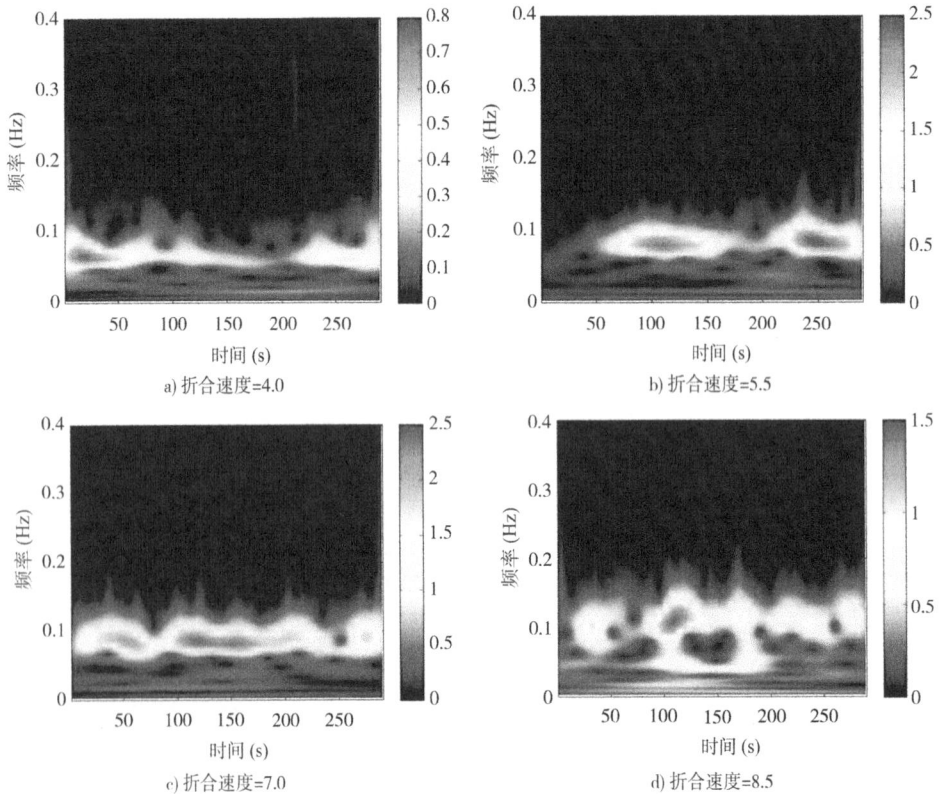

a) 折合速度=4.0

b) 折合速度=5.5

c) 折合速度=7.0

d) 折合速度=8.5

图　6-43

e) 折合速度=10.0

f) 折合速度=11.5

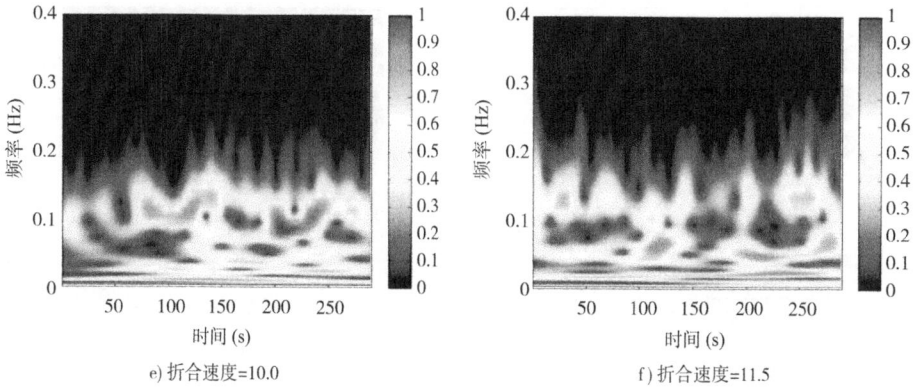

图6-43　TLP与水流方向呈22.5°时横流向的运动小波分析结果

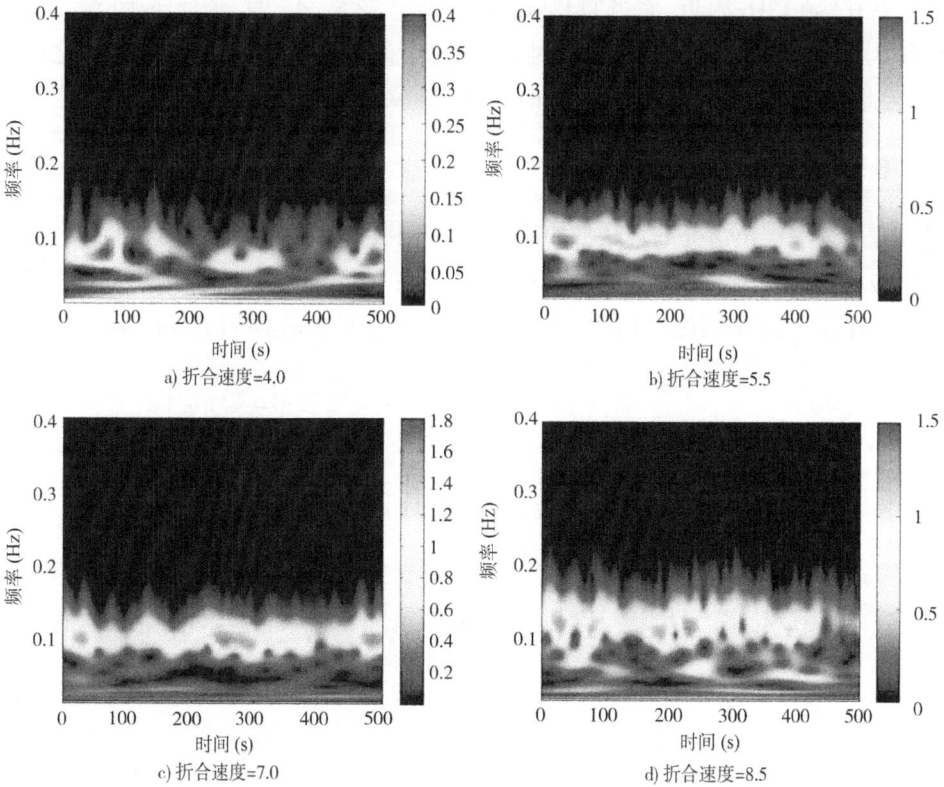

a) 折合速度=4.0

b) 折合速度=5.5

c) 折合速度=7.0

d) 折合速度=8.5

图　6-44

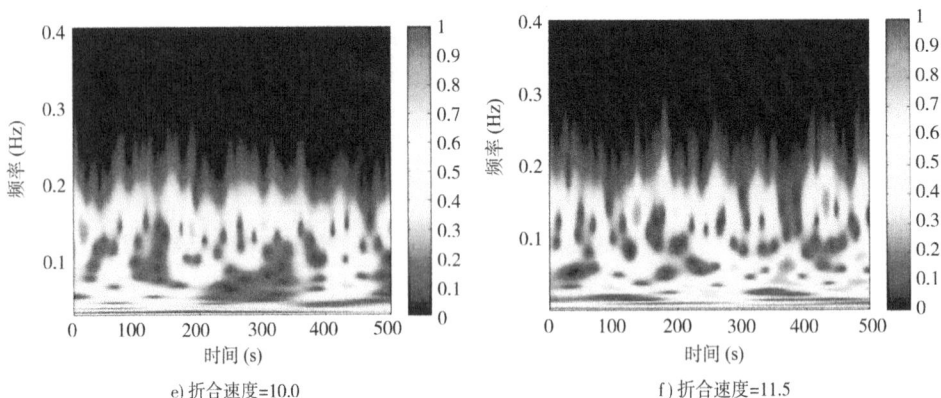

e) 折合速度=10.0

f) 折合速度=11.5

图6-44　TLP与水流方向呈45°时横流向的运动小波分析结果

　　从小波分析结果可知,当TLP与水流方向呈0°时,即使流速增大,激发的频率一直在0.1~0.13Hz附近,而当TLP与水流方向呈22.5°、45°时,流速越大,激发的频率越大,当水流方向与TLP呈45°时,高流速下的激发频率在0.03~0.15Hz之间变化,因此判定TLP与水流方向呈45°时为此时的关键角。

6.5.4.3　波浪作用

　　在上述关键角情况下,开展规则波与不规则波与TLP的耦合动力试验,图6-45~图6-47为规则波作用下的运动时间历程曲线,包括纵荡运动和升沉运动,随后对结果进行统计,得到无量纲化的不同周期规则波浪作用下平台运动幅值,如图6-48所示。

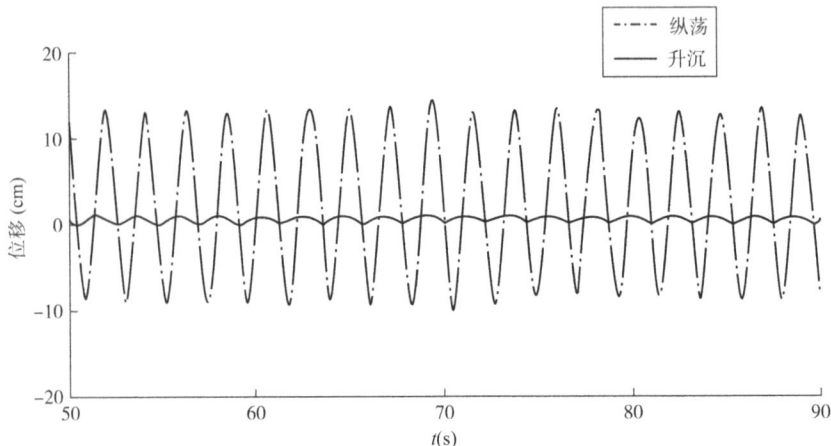

图6-45　波浪周期为2.18s时TLP的纵荡和升沉时程曲线

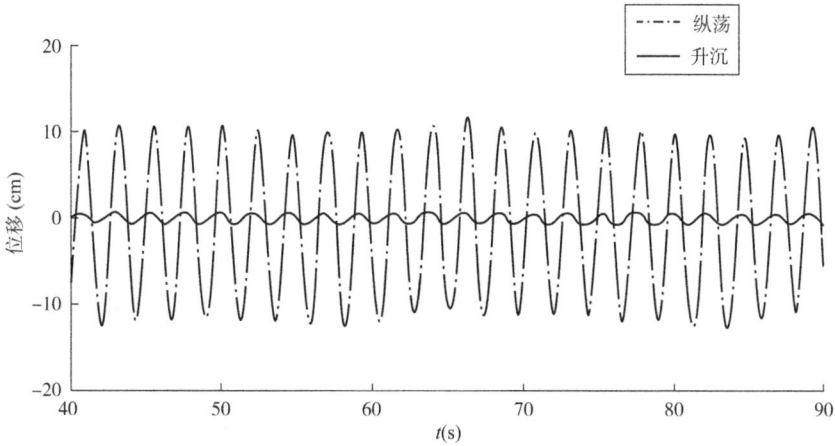

图6-46　波浪周期为2.30s时TLP的纵荡和升沉时程曲线

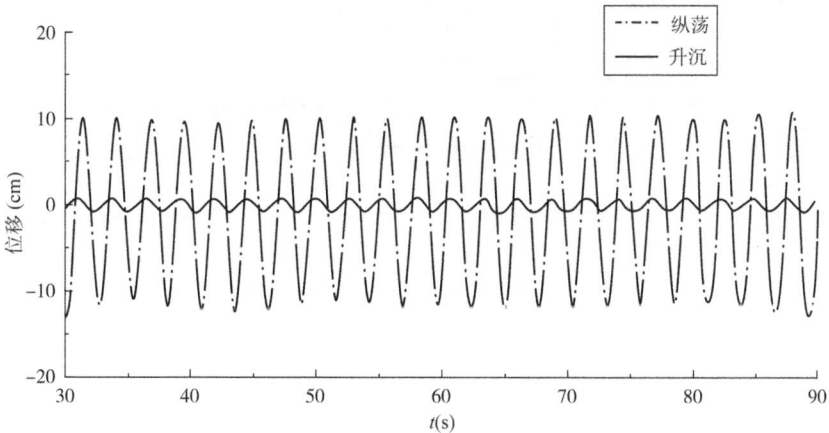

图6-47　波浪周期为2.69s时TLP的纵荡和升沉时程曲线

　　通过规则波试验可知,在目前试验周期下,TLP的一阶纵荡运动随着波浪周期的增加而激烈,二阶平均偏移值随着波浪周期的增加而减小,升沉运动随着波浪周期的增加而激烈,纵摇运动随着波浪周期的增加而减弱。针对不同重现期的不规则波对结果进行分析,图6-49为重现期50年不规则波作用下平台的运动响应,图中依次为纵荡方向、升沉方向和纵摇方向。对所有的结果进行傅里叶变换,发现各方向在低频还有一个峰值,存在能量,该频率经过分析为结构的自振频率。

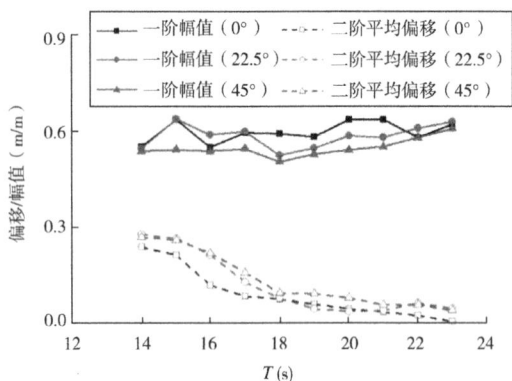

a) 纵荡运动

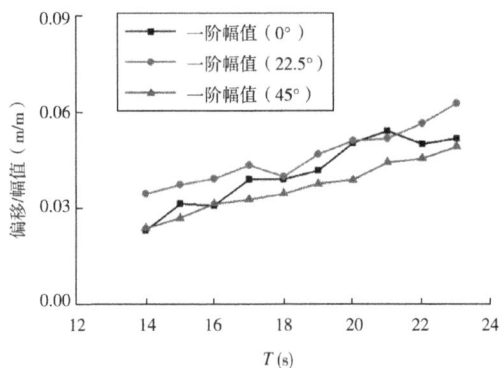

b) 升沉运动

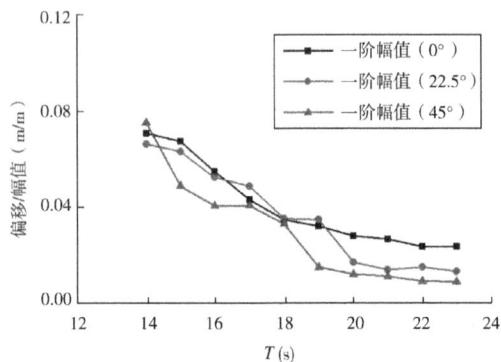

c) 纵摇运动

图6-48 不同波浪周期下平台运动幅值

a) 纵荡运动

b) 升沉运动

c) 纵摇运动

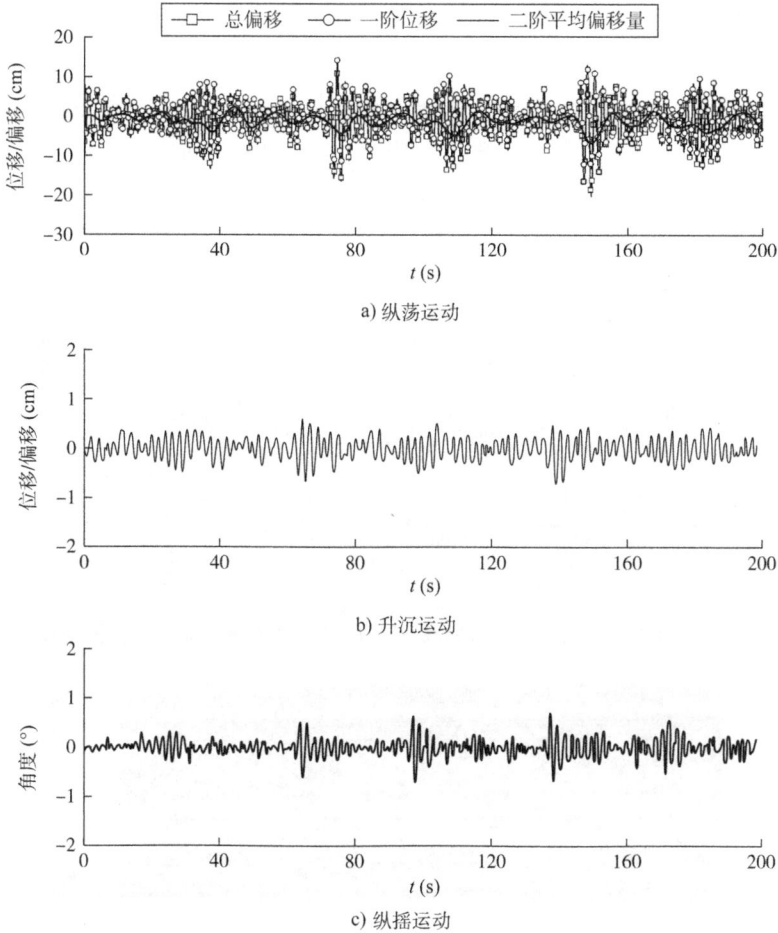

图6-49　重现期50年不规则波作用下平台的运动响应

6.5.4.4　波流共同作用

　　不同重现期波浪和水流联合作用下,TLP在顺流向和横流向同时体现出了波浪作用的特征和水流作用的特征。图6-50所示为重现期100年不规则波和水流联合作用下平台顺流向和横流向的运动响应时程曲线,图6-51~图6-53为不同重现期不规则波和水流联合作用下平台顺流向和横流向的运动响应结构小波变换结果。从小波变换结果可以看出,由于水流的存在,TLP在横流向发生了涡激运动,因此该方向的小波变换结果包括波频能量和低频能量两部分。

a) 顺流向

b) 横流向

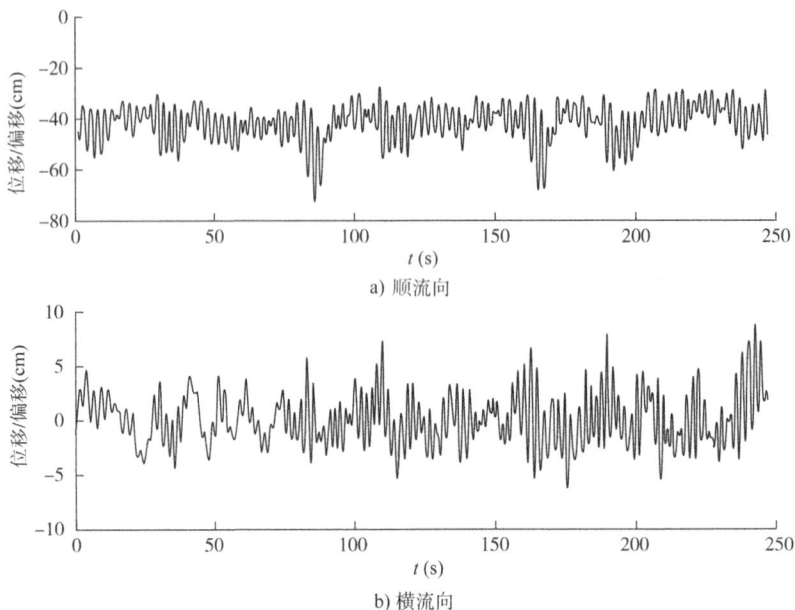

图6-50　重现期100年不规则波水流联合作用下平台顺流向和横流向的运动响应时程曲线

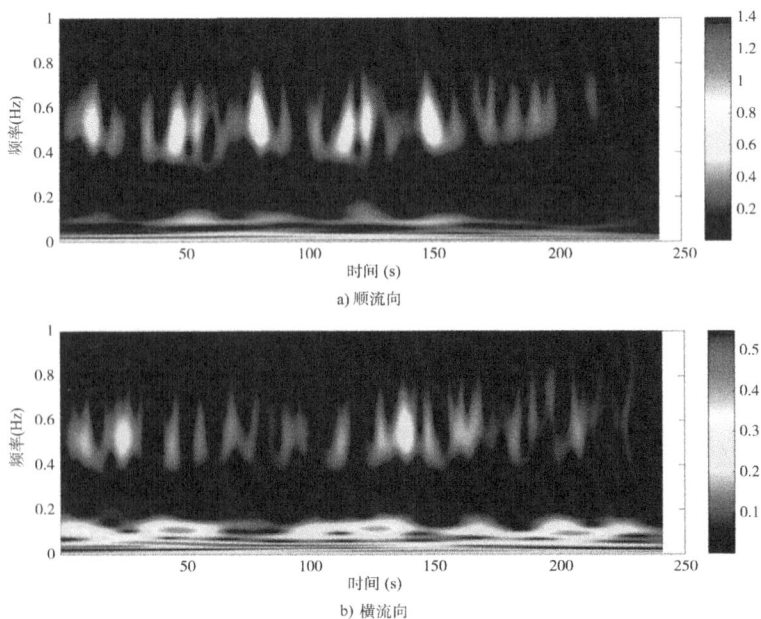

a) 顺流向

b) 横流向

图6-51　10年重现期不规则波和水流联合作用下顺流向和横流向的运动响应结构小波变换结果

a) 顺流向

b) 横流向

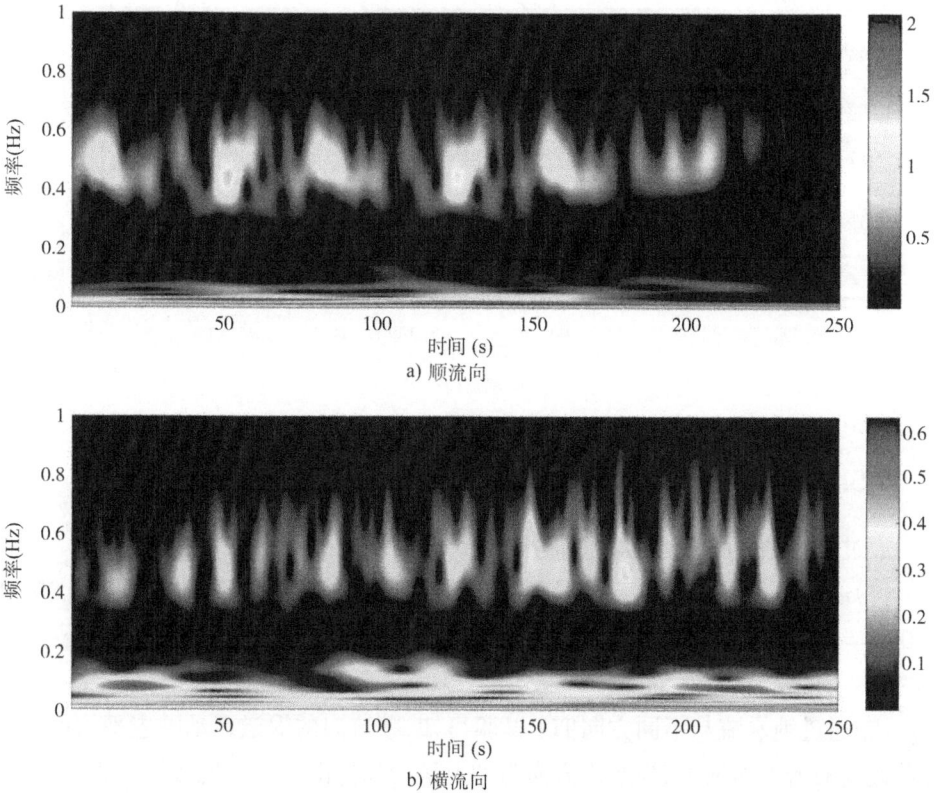

图6-52 50年重现期不规则波和水流联合作用下顺流向和横流向的运动响应结构小波变换结果

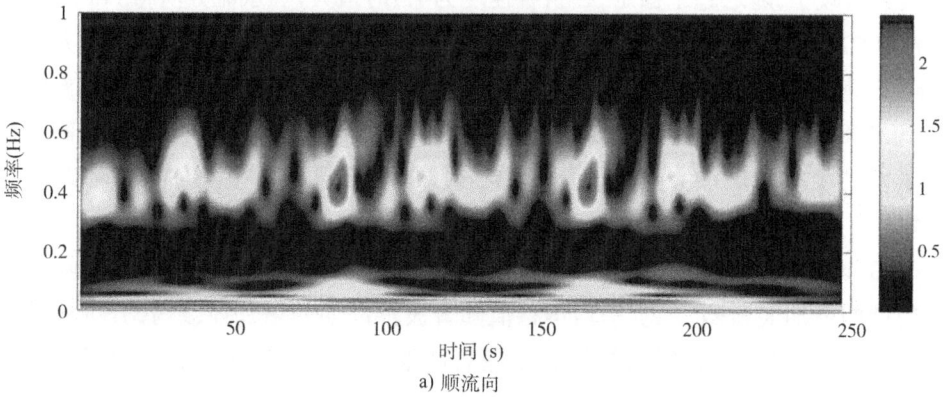

a) 顺流向

图 6-53

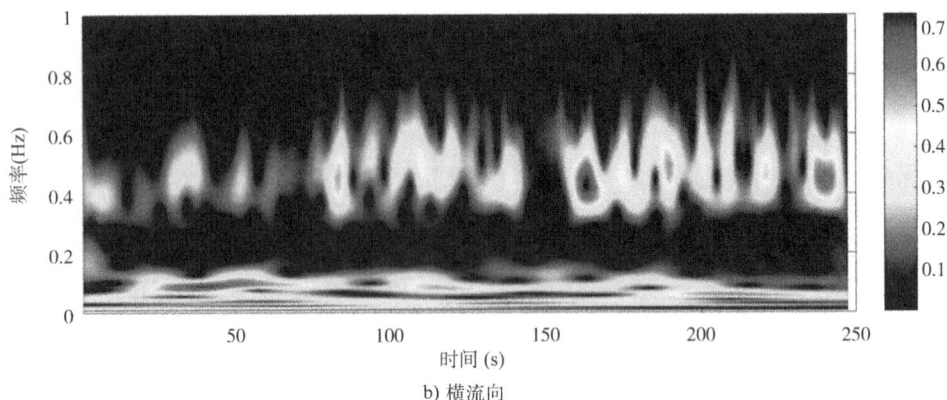

b) 横流向

图6-53　100年重现期不规则波和水流联合作用下顺流向和横流向的运动响应结构小波变换结果

6.5.5　试验结论

通过进行TLP涡激运动水池试验,得到以下结论:

(1)通过自由衰减试验分析得到平台沿x轴和y轴的自振周期分别为10.80s和11.00s,与目标周期非常接近(11.023s),从而证明TLP的模型设置与安装是正确的。

(2)通过纯水流与不同方向TLP试验可知,顺流向的涡激运动响应平均值随着折合速度的增大而增大,当水流方向与TLP呈45°时,由于与水流接触面积最大,偏离初始平衡位置最大。横流向的涡激运动响应的均方根值随着折合速度的增加而先增大后减小,随之趋于稳定,在折合速度为7.0时最大;当水流方向与TLP呈0°时横流向的均方根最大。通过对结果进行小波分析结果可知,当TLP与水流方向呈0°时,即使流速增大,激发的频率一直在0.1~0.13Hz附近,而当TLP与水流方向分别呈22.5°、45°时,流速越大,激发的频率越大,当水流方向与TLP呈45°时,高流速下激发的频率为0.03~0.15Hz。因此,判定TLP与水流方向呈45°时,为此时的关键角。

(3)通过规则波试验可知,在目前试验周期下,平台的一阶纵荡运动随着波浪周期的增加而激烈,二阶平均偏移值随着波浪周期的增加而减弱,升沉运动随着波浪周期的增加而激烈,纵摇运动随着波浪周期的增加而减弱。通过不规则波试验可知,运动能量谱除了在波频处有较大能量,在自振频率处同样有能量的存在。

　　(4)在不同重现期的不规则波浪和水流联合作用下,平台于顺流向、横流向均呈现出波浪作用与水流作用的相应特征,从小波变换结果发现,由于水流的存在,TLP在横流向发生了涡激运动,因此该方向的小波变换结果包括波频能量和低频能量两部分。

7   泥沙输移模型

7.1   模型简介

沿海物理模型采用了固定底部的设置,旨在通过比尺测深法反映实际工程站点的地形特征,或利用广义测深法服务于参数化研究。然而,值得注意的是,在固定床模型中,底部地形无法响应流体动力学的动态变化,这在某些场景下成为显著的局限性。特别是当预期波浪和水流将对海底地形产生显著影响时,这种局限性尤为突出。在此情况下,经过修正的测深法可能反过来影响入射波的特性,而床层则持续演变,直至达到一种动态的准平衡状态。

为克服定床模型的限制,并更准确地模拟沿海沉积物输运过程,动床模型作为一种替代方法被提出。动床模型允许模型床的全部或部分由颗粒材料构成,这些颗粒在波浪和水流产生的流体动力作用下发生位移。本章将专门探讨沿海岸流态作用下,动床模型在输送和沉积非黏性沉积物方面的应用,以期为相关领域的研究提供更为贴近实际的动力学模拟工具。

7.1.1   研究目的

动床模型的床面由可响应流体动力变化的材料组成,旨在模拟实际环境条件下沉积物的响应。这种响应与原型在类似条件下的行为高度相似,使得动床模型成为研究海岸线演变、海滩形态稳定性、沿海结构对侵蚀防护设计影响等问题的有力工具。此外,动床模型还可用于评估功能结构的布局效果,最大程度地减少海岸侵蚀和港口沉积。

在波浪槽环境中进行的二维动床模型研究,主要用于探索波浪或洋流对岸上及近海沉积物迁移的影响。这些模型同样能够揭示接近原型尺度的沉积物迁移的微观机制。二维动床模型的研究范围广泛,包括但不限于海滩轮廓的演变、沙丘的侵蚀、沙纹的发展、沿海结构的冲刷、滩涂的初步调整、海滩填充物对风暴的响应、鹅卵石海滩对波浪作用的反应,以及单向水流下的床形平移等。

尽管三维动床模型在研究中应用较少,部分原因是其高昂的成本,但它们对于复杂的水动力过程和沉积物迁移现象具有更高的模拟精度。三维模型能够涵盖长距离运输、陆上/近海运输、建筑物冲刷和河道浅滩等多元化的泥沙运输情景。研究人员在特定情况下可能会采用三维动床模型进行研究,例如石油钻探沙岛的侵蚀、斜波引致的沿岸漂移、沿海结构对邻近海岸的影响、沙嘴的形成、入口通道和港口浅滩的三维波纹形成,以及在结构附近冲刷孔的形成等。这些研究有助于工程师们更全面地理解海洋动力过程,从而优化沿海结构的设计和管理。

7.1.2 模型要求

沿海沉积物运输物理模型主要聚焦于风浪和海流两大水动力因素。沉积物的响应模式多样,包括但不限于推移质和悬移质,或是这两种模式的混合。理想状态下,一个完美的模型应能维持推移与悬移荷载的相似性,并准确缩放沉积物颗粒的初始运动。然而,在小于原型的任何尺度下,构建一个"完全正确"的泥沙输送物理模型似乎总是存在挑战。

当前,对海岸侵蚀进行完全定量的动床模型研究仍面临诸多困难,被视为不切实际的目标。尽管如此,针对几种类型的海岸侵蚀问题开展的动床模型研究是可行的,并且能够通过合理设计,产生有用且足够准确的信息。在进行建模尝试时,研究人员必须将其限制在由单一运输方式主导沉积物运输的情境中。这是确保模型能够合理缩放并产生可靠定量结果的关键。对于众多建模工作而言,获取高质量的原型数据是至关重要的一步,尤其是在模型缩放关系需要校准的情况下。这些原型数据不仅用于验证动床模型,而且当模型能够成功再现原型中观察到的所有底部特征演变时,该模型即被视为已经过验证。

在动床建模研究中,通常认为,只要泥沙运移的方式与验证中的模式相接近,经过验证的模型即可被信赖地用于预测因海岸改造而导致的未来演变。这一观点为海岸侵蚀及其防治策略的预测和规划提供了重要支持。

7.2 模型比尺要求

广义的动床模型将能够正确地模拟短波、长波、单向流、泥沙输运、固体结构和模型边界的复杂相互作用。这些模拟的精细度源于模型能够全面考虑这些动力因素的交织影响。然而,从广义模型更为特定的版本中提炼出的比尺关系,尽管能提供一定程度的理解,却难以全面涵盖所有交互作用的复杂性。这是因为任何单一的比尺关系都面临着难以同时准确模拟所有交互动态的挑战。

在模拟沿海沉积过程方面,多年来已发展了众多比尺关系。这些关系从早期针对河床活动标准中汲取了初步的经验,涵盖了从完全经验性到完全理论性的广泛范畴,每种都带有其特定的优势、假设和局限性。实际上,动床模型的候选缩放定律数量众多,导致在为特定模型应用选择最佳集合时,常常面临抉择的困难。

有两种方法可以确定沿海沉积物迁移模型的重要参数(以及由此产生的比尺关系):

(1)假定泥沙过程主要是对单向水流情况作出反应,并加上波浪。

(2)假设沉积物主要是随着水流的增加而对波浪作出反应。

Kamphuis指出,基于特定假设,会推导出不同的比尺定律。在其理论体系里,波浪能够促使沿海模型中的大部分沉积物发生移动,由此,沿海沉积物模型本质上属于短波模型,它融合了波浪作用与沉积物运动之间的经验关系。随后,研究将单向水流纳入波动模型,为契合各类实际情形、获得有效结果,相应地对模型的比尺关系进行调整。由此,缩放波浪时就需要运用短波流体动力学模型的缩放标准,而水流部分则可能会出现一定程度的失真,以此来适配整个模型。

本章采纳的是波浪模型叠加水流的假设设定,在沿海沉积物运输过程中,涉及的关键物理参数主要包括水动力参数和泥沙参数。

(1)水动力参数见表7-1。

水动力参数   表7-1

参数	含义	参数	含义
H	波高	h	水深
L	波长	g	重力加速度
T	波期	k_δ	底部粗糙度
λ	特征长度	ρ	流体密度
t	时间	ν	流体运动黏度

(2)泥沙参数见表7-2。

泥沙参数　　　　　　　　　　　　　　　　表7-2

参数	含义	参数	含义
d	沉积物直径	τ_b	底部切应力
ρ_s	沉积物密度	ω	沉积物下降速度

沉积物下落速度被认为是沉积物粒度、密度和形状以及流体密度和黏度的函数,因此不是独立的物理参数。底部切应力不是沉积物的物理参数,相反,它表征了流体和沉积物之间的联系。

7.2.1　水动力相似要求

Kamphuis将流体动力学定义为:

$$\Pi_H = f\left[\frac{H}{L},\frac{h}{L},\frac{x}{L},\frac{y}{L},\frac{z}{L},\frac{k_\delta}{L},t\sqrt{\frac{g}{L}},\frac{\nu}{L\sqrt{gL}}\right] \tag{7-1}$$

所有变量之间的显式函数关系是未知的。因此,液压运动学和动态相似性要求所有无量纲数在模型中必须与原型保持相同。如果模型边界粗糙度与原型中相同,则第6个无量纲参数将是恒定的;如果边界层保留在湍流的粗糙区域中,则在沿海模型中大约可以满足该要求。但是,在形成沙纹时,会出现与床粗糙度有关的问题。

可以将第7个无量纲乘积重新排列为$t/\sqrt{L/g}$,其中$\sqrt{L/g}$与重力引起的简单谐波运动(波动)的周期成正比。由于重力驱动的谐波系统符合弗劳德时间标度,因此可以看到,要使原型与模型之间的相对时间保持相同,就需要根据弗劳德准则对流体动力学进行标度。

最后,$\nu/L\sqrt{gL}$被识别为以$\sqrt{gL}$表示速度的雷诺数。相似性要求原型雷诺数和模型雷诺数相同。在许多建模情况下,人们都会忽略黏性效应,这意味着模型中通常不满足雷诺兹的相似性。然而,对于模型边界层可以是层状光滑的情况,忽略黏度很难证明沉积物运动仅限于边界层。但是,除了试图确保动床附近存在湍流之外,没有其他实用的选择。

通过对上述无量纲参数的分析,得出的结论是:输沙模型的流体动力学阶段必须采用弗劳德准则进行几何上的变形和缩放。同时,黏性尺度效应和原型尺度床形可能会对模型的流体动力学产生不利影响。

7.2.2 泥沙相似性要求

泥沙的物理参数可以与流体的某些物理性质相结合,形成一组通常用于单向流动的无量纲数。Kamphuis 使用了沉积参数 d、ρ_s、τ_b 与流体参数 ρ、ν、λ 结合,用函数表示沉积物参数方程:

$$f(\rho, \nu, \lambda, \tau_b, d, \rho_s) = 0 \tag{7-2}$$

给出了相应的无量纲积集:

$$\Pi_{S_\circ} = g\left[\frac{v_* d}{\nu}, \frac{\rho v_*^2}{\gamma_i d}, \frac{\rho_s}{\rho}, \frac{\lambda}{d}\right] \tag{7-3}$$

式中,v_* 为剪切速度,$v_* = \sqrt{\tau_b/\rho}$;γ_i 为沉沙比重量,$\gamma_i = (\rho_s - \rho)g$。

Kamphuis 随后添加了第五个参数 w/v_*,即沉积物下落速度与剪切速度之比,得出:

$$\Pi'_{S_\circ} = g'\left[\frac{v_* d}{\nu}, \frac{\rho v_*^2}{\gamma_i d}, \frac{\rho_s}{\rho}, \frac{\lambda}{d}, \frac{\omega}{v_*}\right] \tag{7-4}$$

这个参数说明了与推移质运输同时发生的悬浮运输。它可用于评估在设计用于推移质运输的模型中发生的运输的比尺效应。

方程中的第一个无量纲数称为颗粒尺寸雷诺数,即:

$$R_* = \frac{v_* d}{\nu} \tag{7-5}$$

第 2 个参数称为密度弗劳德数,即:

$$F_* = \frac{\rho v_*^2}{\gamma_i d} \tag{7-6}$$

这两个参数可以识别为经典 Shield 图的坐标,用于单向流动中的初始运动。第 3 个无量纲变量是沉积物的相对密度,即:

$$S_s = \frac{\rho_s}{\rho} \tag{7-7}$$

第 4 个参数是相对长度,即:

$$l_s = \frac{\lambda}{d} \tag{7-8}$$

相对长度参数中的特征长度是短波模型的平均波幅(a_m)、长波模的水深(H)。

第5个参数是相对下降速度,即:

$$V_\omega = \frac{\omega}{v_*} \tag{7-9}$$

为了在输沙过程中完全相似,在式(7-4)中,所有5个参数的值都是相同的。式(7-5)~式(7-9)必须在模型中与原型中相同。一般情况下,这是很困难的,但可以"不完全"相似解决。

Dalrymple对泥沙输移参数进行了类似的无量纲分组,只忽略了特征长度λ,包括泥沙落速和波高:

$$f(\rho, \nu, \tau_b, d, \rho_s, \omega, H, T) = 0 \tag{7-10}$$

从而给出了Dalrymple相应的无量纲乘积集:

$$\Pi_S = g\left[\frac{v_* d}{\nu}, \frac{\rho v_*^2}{\gamma_i d}, \frac{\rho_s}{\rho}, \frac{H}{\omega T}\right] \tag{7-11}$$

给出变量:

$$D_\omega = \frac{H}{\omega T} \tag{7-12}$$

该变量被称为下降速度参数或Dean数。式(7-11)代表了推移质和悬浮泥沙的运输规律。

Kamphuis还给出了破碎区泥沙输送的一般表达式,使用基本速度$\sqrt{gH_b}$代替了切变速度(v_*),其中H_b是破波高度;用H_b代替特征长度λ,得到了破碎带输沙关系:

$$\Pi_{S_b} = g\left[\frac{\sqrt{gH_b}\,d}{\nu}, \frac{\rho g H_b}{\gamma_i d}, \frac{\rho_s}{\rho}, \frac{H_b}{d}, \frac{\omega}{\sqrt{gH_b}}\right] \tag{7-13}$$

7.3 推移质主导输移模型

7.3.1 剪应力

推移质运输主要是由流体剪切应力引起的,该剪切应力引发沉积物颗粒的运动并使颗粒沿着底部运动。底部切应力是以推移质为主的沉积物输运的重要参数,动床模型必须提供相似的切应力,以使成比尺的流体动力适当地影响沉积物运动。

短波下的底部剪切应力 $[(N_{\tau_o})_{\text{wave}}]$ 为：

$$(N_{\tau_o})_{\text{wave}} = N_\gamma (N_L)^{1/4} (N_{k_s})^{3/4} \tag{7-14}$$

在这种情况下，假定底部材料不影响边界层，因此缩放比尺仅表示缩放的波。N_{k_s} 是底部粗糙度的比尺；N_γ 为沉积物密度比尺；N_L 是几何上未失真的模型长度比尺。

由流或长波引起的底部剪切应力：对于几何未失真的模型，单向流比尺 $(N_{\tau_o})_{\text{current}}$ 为：

$$(N_{\tau_o})_{\text{current}} = N_\gamma (N_L)^{3/4} (N_{k_s})^{1/4} \tag{7-15}$$

对于几何变形的模型，单向流比尺为：

$$(N_{\tau_o})_{\text{current}} = N_\gamma (N_Z)^{3/4} (N_{h_0})^{1/4} \tag{7-16}$$

或（其中 $N_{h_0} = N_Z =$ 垂直长度比尺）：

$$(N_{\tau_o})_{\text{current}} = N_p (N_{U_o})^2 \left(\frac{N_{h_0}}{N_Z}\right)^{1/4} \tag{7-17}$$

式中，U_o 是边界层顶部的自由流速度。

这些比尺假定在单向流（即长波速度）下对数边界层速度分布。

总长波剪切应力比尺可以用水平(N_X)和垂直(N_Z)长度比尺表示，即：

$$(N_{\tau_L})_{\text{longwave}} = \frac{N_\gamma (N_Z)^2}{N_X} \tag{7-18}$$

要在模型中实现正确的水流模式，需要此比尺的相似性。它可以容纳几何变形的弗劳德模型，因为它包含模型变形。对于几何未失真的模型：

$$N_X = N_Z = N_L \tag{7-19}$$

Kamphuis认为，沿海模型应该是增加了水流的波浪模型，并且在必要时，推移质运输模型中的单向水流会失真，以提供正确的切应力模拟。他定义了两个模型方案，并针对组合的波流和水流流动推导了必要的水平速度比尺。

在海底环境的物理模型中，波浪引起的底部切应力必须与水流引起的底部切应力具有相同的比尺，并且模型的流体动力学应保持不失真。在这种情况下，水平速度的标度是按以下等式求得的：

$$N_{U_o} = \sqrt{N_g} (N_L N_{k_s})^{1/4} \tag{7-20}$$

式中，N_g 为重力加速度比尺；N_{k_s} 为糙率比尺。

假定没有波纹形成的平坦床面,底部粗糙度尺度与颗粒直径尺度相同,即 $N_{k_s} = N_d (N_d$ 为沉积物直径比尺),则式(7-20)变为:

$$N_{U_e} = \sqrt{N_g} (N_L N_d)^{1/4} \qquad (7-21)$$

Kamphuis 提出了近海模型来模拟推移质沉积物的运移,其中单向水流和长波是推动沉积物移动的切应力的主要因素。诸如海潮入口、航道、沿岸结构、港口的冲刷以及其他近岸冲刷和沉积问题等问题是近海模型的典型应用。海岸模型要求长波总剪切应力比尺比必须与长波底部剪切应力相同。将式(7-20)和式(7-21)合并,得出水平速度比尺(对于几何变形的模型)为:

$$N_{U_e} = \frac{(N_g)^{1/2} (N_Z)^{9/8}}{(N_X)^{1/2} (N_{k_s})^{1/8}} \qquad (7-22)$$

假设平台为平底床面($N_k = N_d$),而弗劳德模型为未变形($N_X = N_Z = N_L$),则近海模型的水平速度标度减小为:

$$N_{U_e} = \frac{(N_g)^{1/2} (N_L)^{s/8}}{(N_d)^{1/8}} \qquad (7-23)$$

沿岸模型在其公式中忽略了短波引起的底部切应力,因此,它只能用于长波潮汐模型。最后,Kamphuis 考虑了 Waves Only 模型(WOM),并指出必要的水平速度尺度为:

$$N_{U_e} = \sqrt{N_g N_L} \qquad (7-24)$$

7.3.2 模型比尺要求

假设通过基床运输方式进行的泥沙运动仅是方程式中给出的5个无量纲参数的函数。如果所有参数的原型与模型之比为1,即可以获得完美的相似度:

$$N_{R_e} = N_{F_e} = N_{\rho_s/\rho} = N_{\lambda/d} = N_{V_{ss}} = 1 \qquad (7-25)$$

式中,N_{R_e} 为粒径的雷诺数比尺;N_{F_e} 为重度的弗劳德数比尺;$N_{\rho_s/\rho}$ 为泥沙相对重度比尺;$N_{\lambda/d}$ 为相对长度比尺;$N_{V_{ss}}$ 为相对下降速度比尺。

根据不变形的弗劳德准则对流体动力学进行缩放。但是,不可能存在完美的相似。基于在1971—1973年之间进行的工作,Kamphuis 提出了几种不完美的相似性,其中两个或两个以上的比尺没有得到维持。表7-3列出了不同类型的比尺要求,并指出了原型和模型之间保留了哪些参数。

模型的比尺选择 表7-3

类别	$\dfrac{v_*d}{\nu}$	$\dfrac{\rho v_*^2}{\gamma_i d}$	$\dfrac{\rho_s}{\rho}$	$\dfrac{\lambda}{d}$	$\dfrac{\omega}{v_*}$
最佳模型(BM)	N	Y	Y	Y	N
轻量模型(LWM)	Y	Y	Z	N	N
密度弗劳德模型(DFM)	N	Y	Z	N	N
沙模型(SM)	N	N	Y	N	N

注:Y-满足;N-不满足;Z-不满足 $1.05 < \rho_s/\rho < 2.65$。

维持5个无量纲参数中的每一个原型与模型之比会导致5个单独的相似条件:

颗粒尺寸雷诺数准则:

$$N_{R_*} = \frac{N_{v_*}N_d}{N_v} = 1 \tag{7-26}$$

密度弗洛德数准则:

$$N_{F_*} = \frac{N_\rho N_{v_*}^2}{N_{\gamma_i}N_d} = 1 \tag{7-27}$$

相对沉积物密度标准:

$$\frac{N_{\rho_*}}{N_\rho} = 1 \tag{7-28}$$

相对长度标准:

$$\frac{N_\lambda}{N_d} = 1 \tag{7-29}$$

相对下降速度标准:

$$N_{V_\omega} = \frac{N_\omega}{N_{v_*}} = 1 \tag{7-30}$$

7.3.2.1 最佳模型要求

最佳模型需要满足所有5个沉积物运动比尺。由于在满足5个标准中的3个条件时会受到限制,因此在实践中难以进行操作。

维持相对长度的原型与模型之比即可满足要求:

$$N_\lambda = N_d \text{ 或 } N_d = N_L \tag{7-31}$$

这意味着必须根据模型长度比尺在几何上减少沉积物颗粒。

相对沉积物密度的比尺为：

$$N_{\rho_s} = N_{\rho}$$ (7-32)

假设模型中的流体是水，此时 $N_{\rho} \approx 1$，在此情况下，模型泥沙的密度应当与原型的密度相近。由于模型里流体密度、泥沙密度均与原型相同，所以泥沙相对密度也会保持一致，即：

$$N_{\gamma_i} = 1$$ (7-33)

可以通过求解标准 $N_{\mathrm{F_*}} = 1$ 得出颗粒尺寸雷诺数的比尺表示比率 N_{v_*}，并将其代入 $N_{\mathrm{R_*}}$ 的表达式中。要得到：

$$N_{\mathrm{R_*}} = \left(\frac{N_{\gamma_s} N_d}{N_{\rho}} \right)^{1/2} \frac{N_d}{N_v}$$ (7-34)

对于最佳模型，$N_{\gamma_s} = N_{\rho} = N_v = 1$ 且 $N_d = N_L$，得到：

$$N_{v_*} = \sqrt{N_L}, N_{\mathrm{R_*}} = N_L^{3/2}$$ (7-35)

沉积物下落速度与颗粒直径大致成正比，范围在0.13~1.0mm之间。对于特殊情况，当原型和模型中值粒径均在此范围内（并且知道原型和模型沙都具有相同的沉浸相对密度）时，对于最佳模型，沉积物沉速比尺可以近似为 $N_{\omega} = N_d = N_L$，相对下降速度标度变为：

$$N_{V_{\omega}} = \sqrt{N_L}$$ (7-36)

7.3.2.2 最佳模型剪切应力

保持密度弗劳德数的尺度比，对于沉积物剪切应力尺度比产生以下关系：

$$N_{\rho} N_{v_*}^2 = N_{\gamma_i} N_d \text{ 或 } N_{\tau_b} = N_{\gamma_i} N_d$$ (7-37)

式中，$N_{v_*} = \sqrt{N_{\tau_b}/N_{\rho}}$。注意 $N_{\gamma_i} = 1$ 且 $N_d = N_L$（对于最佳模型），剪应力按如下比尺缩放：

$$N_{\tau_b} = N_L$$ (7-38)

流体运动引起的底部切应力必须与模型中的沉积物切应力成比例，以忠实再现原型尺度的行为。由等式给出的短波底部剪切应力为：

$$(N_{\tau_o})_{\mathrm{wave}} = N_L$$ (7-39)

假设流体模型为水,则 $N_{k.} = N_d = N_L$。同样,通过将 $N_\gamma = 1$,几何上未变形的当前底部剪切应力 $N_{k.} = N_d = N_L$ 且 $N_\rho = 1$ 代入方程式,得到:

$$(N_{\tau_e})_{\text{current}} = N_L \tag{7-40}$$

因此,短波和当前的底部切应力(海上最佳模型)与沉积物切应力具有相同的尺度。从等式中可以找到相应的近海最佳模型当前速度比尺:

$$N_{U_e} = \sqrt{N_g N_L} \tag{7-41}$$

这是速度的弗劳德相似。最佳模型标准也可以用作没有短波的近海模型,但仅适用于几何形状不失真的流体动力学情况,因为需要保持相对粗糙度范围。对于这种限制性情况,可以从等式中找到近海最佳模型当前速度标度:

$$N_{U_e} = \sqrt{N_g N_L} \tag{7-42}$$

综上所述,根据弗劳德准则,在最佳模型中对波浪、水流进行缩放,与在近海和近海模型中缩放泥沙时,所提供相同的剪切应力缩放情况是相同的。从以上关系中,对于最佳模型(假设模型中介质为水且河床平坦)而言,试验者选择小于原型的模型沉积物直径。除此之外,所有其他比尺都是固定的,泥沙的密度必须与原型泥沙相同,所有的水动力都是根据几何上不扭曲的弗劳德准则在长度尺度上指定的。

7.3.2.3 最佳模型比尺效应

实际使用中,最佳模型的一个主要限制是要求减少模型沉积物作为模型长度比尺,在许多情况下,这将导致模型沉积物具有典型的黏土直径,带来一系列全新的问题。因此,实质上,"最佳模型"仅适用于原型颗粒尺寸为直径几毫米或更大的情况。

放宽最佳模型中的颗粒尺寸雷诺数准则会引入与黏度有关的可能的尺度效应,因此有必要假设与沉积物传输有关的黏性力很小。只要模型中的边界层保持粗糙湍流,就可以合理满足。原型颗粒尺寸雷诺数非常大,即使使用较大的比尺因子,模型雷诺数也应保持在湍流范围内。一个例外是在低流速或逆流期间,当沉积物颗粒周围的流动在模型中比在原型中流动时更早变得黏滞。

在最佳模型中,沉积物下落速度与剪切速度之比小于原型,这意味着按长度比尺缩放沉积物会导致模型沉积物相对于剪切应力驱动而言花费更长的时间达到沉降。但是,这种尺度效应可能不会成为问题,因为最佳模型仅在原型颗粒尺寸相对较大时才可行,因此悬浮的泥沙输送量可能很小。

前面假设底床面是平坦的,实际上,运动过程中会形成波纹,除非底部波纹的高度和长度看起来减小到深度标度,否则最佳模型将包含粗糙度失真。这可能会影响近海区域的模型结果。

7.3.3 沙模型要求

Kamphuis描述了沙模型(SM),它满足了模型沉积物具有与原型相同的密度的要求,并且许多人认为使用沙子作为模型沉积物更适合沿海沉积物迁移模型。假设模型中使用了水,这意味着:

$$N_{\rho_s/\rho} = N_{\gamma_i} = 1 \tag{7-43}$$

建模者可以自由选择长度标度(N_L)和沉积物直径标度(N_d),其余比尺则根据这两个比尺定义。

7.3.3.1 弗劳德模型剪切应力

因为在沙模型中不需要保持泥沙剪切应力的大小,即 $N_{F_*} \neq 1$,剪应力定义为由等式给出的短波底部剪应力。通过将短波剪切应力表达式(对于平坦床面,$N_\gamma = 1$,$N_{K_s} = N_d$)代入 N_{F_*} 的计算模型,可以找到密度弗劳德数的比尺:

$$N_{F_*} = \frac{(N_{\tau_s})_{\text{wave}}}{N_{\gamma_i} N_d} = \frac{(N_L)^{1/4} (N_d)^{3/4}}{N_{\gamma_i} N_d} \tag{7-44}$$

当 N_{γ_i}=1时,公式更简单:

$$N_{F_*} = \left(\frac{N_L}{N_d}\right)^{1/4} \tag{7-45}$$

以类似的方式,发现颗粒尺寸雷诺数的比尺 N_{R_*} 为:

$$N_{R_*} = \sqrt{\frac{(N_{\tau_s})_{\text{wave}}}{N_\rho}} \frac{N_d}{N_\nu} = \sqrt{\frac{(N_L)^{1/4} (N_d)^{3/4}}{N_\rho}} \frac{N_d}{N_\nu} \tag{7-46}$$

当水是模型流体时,减少到:

$$N_{R_*} = N_L^{1/8} N_d^{11/8} \tag{7-47}$$

式(7-47)已根据 N_L 和 N_d 给出了在近海沙模型和近海沙模型中正确再现当前水流所必需的速度尺度。

7.3.3.2 比尺效应

沙模型可以解决由于使用轻质材料而引起的一些比尺效应,但如果不保持模型中的原型密度弗劳德数会导致严重的误差。Kamphuis指出,在沙模型中,N_{F}和N_{R}的非相似性将在低速下产生不正确的泥沙输送,并且在波浪周期中,该模型中泥沙运动的时间被夸大了。这在较深的水中尤为明显,在较深的水中,波浪引起的底部速度降低了。

沙模型具有模拟沿海沉积物迁移的潜力,但最好使用比尺系列或将模型响应与原型测量值进行比较来评估比尺效应。

7.3.4 泥沙起动

在稳定流动床模型中,如果初期沉积物运动是建模工作的关键方面,则认为Shields参数(密度弗洛德数)的相似性很重要。但是,作者对在不稳定的沿海流量中是否应保留Shields参数持不同意见,因为过程要复杂得多。当预计底部边界层中的流动会短暂过渡为层流时,在逆流过程中尤其如此。

Dalrymple提出了保留Shields准则的推移质模型,因为沉积物的运输、沉积物悬浮、波纹几何形状和海滩恢复过程都以Shields参数表示。Oumeraci指出,原型和模型之间不同的Shields参数会影响沉积物的初期运动,并且沉积物运动的时间尺度被夸大了(波浪花费更长的时间来移动沉积物)。他还指出,不同的Shields参数会产生不同的波纹形式,进而使底部摩擦变形。

Motta对平底泥沙运动阈值条件的严格相似性表示出有限的关注,他认为这在实际原型(以及模型中更有可能出现的情况)中并非关键考量因素,因为波纹现象总是难以避免。这一观点凸显了实际海洋环境中复杂动态过程对泥沙运动阈值条件严格相似性的挑战。此外,Dean对Shields参数在海滩过程中的重要性提出了质疑。他认为,沉积物的动员并非主要依赖于剪切应力,而是通过破坏波的湍流作用实现的。这一观点揭示了海滩沉积物运动机制的复杂性,并指出了传统Shields参数在海滩过程模拟中的局限性。Dean还进一步指出,通过缩放沉积物下落速度,可以在一定程度上满足Shields标准的适用性,但这也暗示了在实际应用中需要根据具体情况对Shields参数进行调整和优化。

综合两位学者的观点,我们可以理解,在模拟和预测海洋环境中的泥沙运动时,需要充分考虑实际环境的复杂性和动态性,以及不同机制对沉积物运动的影响。因此,在进行相关研究和工程实践时,需要综合运用多种方法和手段,以更准确地描述和预测海洋环境中的泥沙运动过程。

7.3.4.1 沙纹的相似性

Mogridge在实验室中使用波浪水槽(小尺度)和振荡波隧道(接近原型尺度)研究了动床模型中床形(沙纹)的形成。天然沙和轻质颗粒材料被用作动床沉积物。Mogridge指出,在模型中必须正确再现床形,以确保正确的推移质传输速率和波衰减。

通过使用密度与原型相同的模型沉积物以及使用模型长度从原型尺寸减小的中值粒径尺寸,可以最好地模拟流动引起的波纹。这些是最佳模式的基本要素。在无法通过N_L缩放沉积物的情况下,Mogridge建议对轻质沉积物引入颗粒尺寸畸变,并使用由等式确定的水平和垂直长度比因子将生成的床形比尺缩放为原型。如果材料选择提供了密度弗劳德数(即轻量模型或密度弗劳德模型)的相似性,那么床形变形将很小。

7.3.4.2 推移质模型形态

在推移质主导的动床物理模型中确定形态学时标是非常主观的,这些时标最好通过将模型响应时间与已知的原型响应进行比较来确定。Kamphuis提出了原型沉积物模型与模型的比尺,用于近海区域的近岸沉积物传输速率(每单位宽度)和沿海传输速率。这些传输速率比例因子是其他模型比尺的组合,另外它们还包含一个因式中给出的一个或多个无量纲参数不相似而代表总比尺效应的因子。通常,比尺效应因子是未知的,只能通过直接比较原型和模型沉积物的传输速率来确定。

一旦凭经验确定了原型到模型的运输速度尺度,就可以将形态学时间尺度估算为:

$$N_{t_m} = \frac{N_x N_z N_{(1-p)}}{N_q} \tag{7-48}$$

式中,N_{t_m}为形态时间尺度;N_q为输沙量比尺(单位宽度);N_x为水平长度刻度;N_z为垂直长度刻度;$N_{(1-p)}$为材料孔隙率标度(p为孔隙率)。

7.3.4.3　模拟海滩变化过程

海滩的风暴侵蚀已被广泛认识为一种主要由湍流和悬浮物质运输驱动的沉积物迁移过程。然而，随着研究的深入，我们逐渐认识到，海滩在平静条件下的恢复过程同样重要。然而，针对这一恢复过程的比尺模型研究面临挑战，主要是由于对海滩轮廓上部渗水过程的模拟不够准确。海滩恢复过程的一个关键组成部分涉及较长周期的涌浪，这些涌浪将沉积物带到海滩上部，并随着缓慢流动的水渗透穿过海滩而沉积。在模拟这一过程中，无论是基于河床负荷还是为正确再现水面以下运输而采用的悬浮负荷运输标准来减小沉积物尺寸，都会发现通过不饱和沙滩砂的渗透相对较慢，这是由于孔隙率较小导致的。因此，由于较少的水从海滩渗出，大量水流回海滩，进而可能冲走已沉积的沉积物。

此外，大多数海滩的渗流具有极低的雷诺数，且已知在弗劳德比尺的海岸模型中，黏性流的相似性并不成立。这进一步增加了模拟海滩恢复过程中渗流现象的复杂性。目前，渗滤在海滩恢复过程中的重要性仍是一个待解决的问题。如果渗滤过程对海滩恢复具有显著影响，那么渗流相似度的不当处理将给非原型比尺模型模拟带来困难。因此，针对这一主题的深入研究对于提高模型预测的准确性至关重要。

7.3.4.4　泥沙运动变态模型

应用流体动力学的长波弗洛德准则，并遵循近岸推荐的尺度准则，可以有效构建和操作床形沉积物输运过程的几何变形长波模型。对于这类模型，尽管存在替代推移质模型的失真缩放标准，但在某些实际场景中，经过初始的校准测试后，模型几何失真往往基于经验选择。这些几何变形的动床模型通常与长岸运输问题、港口浅滩或潮汐入口和河口等复杂海洋环境紧密相关。在构建这些模型时，一个默认的假设是原型泥沙运输主要依赖于推移质的作用。这一假设有助于我们更准确地理解和模拟海洋环境中沉积物的动态输运过程。

7.4　悬移质主导输移模型

在某些沿海地区，泥沙的输送以高水平的湍流运动为特征，这种运动使沉积物颗粒上升到水柱中，在水柱中它们被水流以悬浮运输的方式移动。在物理模型中，以湍流为主的悬移质建模的能力很重要,因为这种模式与海滩侵蚀、沉积、冲刷以及由风暴或高能波浪作用引起的其他沿海工程问题有关。

悬移质的运移与推移质运输有很大的不同,毫不奇怪,悬浮沉积物运移的动床建模需要考虑该过程的不同物理参数。不可避免地,这将导致悬移质的缩放标准不同于推移质输移标准,也意味着在模型中,一种运输模式(取决于哪种模式未正确缩放)将具有与其相关的缩放效果。

如前文所述,Kamphuis 提出了悬移质泥沙输运的一般关系,由式(7-49)给出:

$$\Pi_{S_0} = g\left(\frac{\sqrt{gH_b}\,d}{\nu}, \frac{\rho g H_b}{\gamma_i d}, \frac{\rho_s}{\rho}, \frac{H_b}{d}, \frac{\omega}{\sqrt{gH_b}}\right) \tag{7-49}$$

若在某受湍流影响的区域内,沉积物的输送过程确实可由方程式中定义的5个无量纲参数的特定函数来描述,那么,对于构建几何不变形的活动床模型的比尺模型而言,确保模型与原型之间的相似性至关重要。通过以下原型到模型的比例关系,给出了几何不变形的活动床模型的比例模型相似性标准:

颗粒尺寸雷诺数准则:

$$N_{Re} = \frac{\sqrt{N_g N_L}\,N_d}{N_v} = 1 \tag{7-50}$$

流动性标准:

$$N_{mb} = \frac{N_\rho N_g N_L}{N_{\gamma_i} N_d} = 1 \tag{7-51}$$

相对沉积物密度标准:

$$\frac{N_{\rho_s}}{N_\rho} = 1 \tag{7-52}$$

相对长度标准:

$$\frac{N_L}{N_d} = 1 \tag{7-53}$$

相对下降速度标准:

$$\frac{N_\omega}{\sqrt{N_g N_L}} = 1 \tag{7-54}$$

破波高度比尺 N_{H_b} 可用长度比尺 N_L 代替。当然,对于模型设计者来说,不可能同时满足所有上述提及的缩放比尺标准。对于悬移质的缩放比尺标准,其历史发展更多是沿着满足特定相似条件(如海滩坡度的相似性或颗粒下落轨迹的相似性)的路径进行的。这些相似条件构成了建立有效缩放比尺标准的基础,旨在确保模型中的物理过程能够尽可能真实地反映实际场景中的行为。因此,在制定悬移质缩放比尺标准时,需要权衡各种相似条件,并选择那些对于特定研究目标最为关键和适用的条件。

7.4.1　Noda 尺度准则

Noda进行了一项实验室研究,目的是确定原型和模型参数之间的合适模型关系,当实验室结果按原型大小缩放时,这些模型关系将产生相同的平衡海滩剖面,旨在用于模拟冲浪区沉积物的传输。对于原型数据,野田佳彦使用在大型波浪水槽中形成的平衡海滩剖面,在原型尺度数据中表示了四种颗粒尺寸。

Noda从理论角度分析了尺度问题,然后根据他的实验室结果建立了经验关系。首先将原型尺度的轮廓与小尺度的平衡轮廓进行比较,后者是在使用沙子作为模型沉积物时形成的。他发现,将沙子用作模型沉积物时,除非模型的水平比尺与垂直比尺(即几何变形的模型)不同,否则无法达到轮廓相似度(对于测试的沉积物尺寸范围)。当模型沉积物具有与原型相同的密度时,Noda提出了水平标度(N_x)、垂直标度(N_z)和沉积物直径标度(N_d)之间的以下关系:

$$N_d = (N_z)^{0.55} \tag{7-55}$$

$$N_x = (N_z)^{1.32} \tag{7-56}$$

式(7-55)和式(7-56)要求模型轮廓的变形(定义为 $\Omega = N_x/N_z$)为:

$$\Omega = (N_z)^{0.32} \tag{7-57}$$

此方法根据基于垂直长度比尺的几何未变形弗劳德比尺进行缩放,但变形仅适用于海滩轮廓,不适用于波浪。

Noda使用具有不同密度和粒度的各种模式沉积物进行了大量的小尺度试验,最终获得了由14种不同的材料和22种不同的颗粒尺寸形成的130个平衡轮廓。通过将所得的模型剖面图与原型尺度数据进行比较,通过包括沉入沉积物的相对密度尺度来概括其冲浪区尺度关系。

$$N_{\rho'} = \frac{(\rho')_p}{(\rho')_m} = \frac{\left(\dfrac{\rho_s}{\rho} - 1\right)_p}{\left(\dfrac{\rho_*}{\rho} - 1\right)_m} \tag{7-58}$$

Noda 中给出的广义比尺关系为：

$$N_d (N_{\rho'})^{1.46} = (N_Z)^{0.55} \tag{7-59}$$

$$N_X = (N_Z)^{1.32} (N_{\rho'})^{-0.35} \tag{7-60}$$

浸入式相对密度标度的指数变化如下：

$$N_d (N_{\rho'})^{1.85} = (N_Z)^{0.55} \tag{7-61}$$

$$N_X = (N_Z)^{1.32} (N_{\rho'})^{-0.386} \tag{7-62}$$

式(7-61)和式(7-62)是 Noda 缩放标准的形式，常出现在文献中。这些方程式指定了水平尺度和垂直尺度、沉积物直径和沉入的相对密度刻度之间的关系。试验人员可以自由选择其中两个尺度，其余两个尺度就可以确定了。

变态模型往往具有较大的颗粒，这些颗粒会增加渗流，从而在一定程度上抵消反射率的增加。Noda 提到他的结果是从冲浪区域的相当大的比尺模型(垂直比尺为1:4)获得的，并且需要测试外推至1:50和1:100之间的比尺。

使用比尺指导进行动床模型研究时还应注意以下事项：

(1)尽可能使用沙子作为模型沉积物，但确保不要使用平均直径小于0.1mm的沙子。

(2)使用除沙子以外的密度接近沙子的材料时，须尝试使用形状与原型沙子相似的颗粒。

(3)当使用较轻的模型材料时，形状不是很重要，但应尝试使沉积物的相对密度高于1.4。

(4)较轻的材料产生的海滩轮廓在诸如长岸等特征上缺乏清晰度。对于较低的波浪，海滩剖面对波高的变化更为敏感。

(5)模型应尽可能符合经济性原则。

7.4.2　泥沙沉速

开展动床模型研究时，一种理论论证的深化方法在于明确与沉积过程密切相关的关键无量纲参数或物理特征，并确保这些参数或特征在原型与模型之间维持恒定的一致性。特别是在近岸地区,湍流运动在沉积物的动员和输送过程中起着举足轻重的作用。因此,在构建和验证动床模型时,必须特别关注这些与湍流运动紧密相关的参数和特征,以确保模型能够准确反映实际近岸环境中沉积物的动态行为。越来越多的证据表明无量纲沉速参数为:

$$\frac{H}{\omega T} \tag{7-63}$$

式中,H 为波高;T 为波周期;ω 为流体中沉积物的实际下降速度。当 Dean 将其纳入表达式中以区分涨潮和暴风剖面时,它得到了普及。可以将沉速参数视为比率,即沉积物下降时间/波周期。

如果沉积物的下降时间比波浪期大,Gourlay 认为颗粒将保持悬浮状态并以悬移质的形式运动。相反,如果下降时间等于或小于波浪周期,则沉积物将主要作为推移质移动。Dalrymple 和 Thompson 开发的一种模型定律要求几何形状不失真,其波浪根据弗劳德准则进行缩放,并且选择沙粒大小以保留下降速度参数的原型值。该模型定律未经实验室测试,但 Dalrymple 和 Thompson 指出,它似乎最实用,因为它还保留了波陡度参数。他们还建议将沙子用作模型床材料,以避免可能的附加效应。

Noda 进行了动床模型试验,其下降速度参数的值表示为:

$$\frac{\pi\omega}{gT} \tag{7-64}$$

采用沙粒作为模型沉积物在几何未扭曲比尺模型中时,其特性需保持恒定。试验中应严格遵循方程式给定的参数值,以确保试验的准确性和可重复性。Noda 选取了中值粒径范围在 0.17~0.6mm 之间的沙粒,并在一个长为 20m、宽为 0.5m、水深为 0.4m 的波浪槽中进行了试验。在试验设计中,对于不同长度范围内的模型,下降速度参数的值需保持相同,以确保试验条件的一致性和可比性。Noda 的研究发现,当两个模型的下降速度参数相同时,不同比尺模型之间能够实现平衡海滩剖面的良好匹配。然而,当比较 H_0/d_{50} 参数值相同的模型轮廓时,他发现对应关系并不理想。针对这一现象,Noda 探讨了基于沉积物下落速度的几何变形模型的可能性,但并未就其实际效果给出明确结论。随后,Kamphuis 的研究为这一领域带来了新的见解。他指出,在涉及大量沉积物悬浮的模型中,保留下降速度参数可以显著减少因尝试按几何尺寸缩放石英砂粒径而引入的缩放效应。这一发现对于提高模型试验的准确性和可靠性具有重要意义。

通过使参数的原型和模型值相等,即可轻松得出维持原型和模型之间沉速参数相似性的比尺要求:

$$\frac{H_p}{\omega_p T_p} = \frac{H_m}{\omega_m T_m} \tag{7-65}$$

式中,下标 p 和 m 分别代表原型和模型。进一步简化为:

$$\frac{H_p}{H_m} = \frac{\omega_p T_p}{\omega_m T_m} \tag{7-66}$$

可以用比尺表示为:

$$N_Z = N_\omega N_T \tag{7-67}$$

对于根据弗劳德准则缩放流体力学的模型:

$$N_T = \sqrt{\frac{N_Z}{N_g}} \tag{7-68}$$

进一步地:

$$\frac{N_\omega}{\sqrt{N_g N_Z}} = 1 \tag{7-69}$$

在使用包含沉积物沉速的比尺关系时,实际需要考虑的问题是确定代表性材料和颗粒尺寸的下落速度值。可以从 Navier-Stokes 方程中得出关于静态黏性流体中颗粒下落速度的理论公式,但是这些方程的解法仅限于特殊的几何形状,例如球体。

为深入理解沉积物沉速机制,研究人员采用了半经验方法,将影响沉积物沉速的关键参数进行整合。随后,通过将这些半经验关系与试验观测值进行拟合,从而精确地确定经验系数的数值。这种方法显著减少了研究变量的数量,主要是聚焦于静态流体中单个沙粒的下降过程。然而,需要指出的是,这种方法在简化问题的同时,也忽略了一些重要的复杂性因素。具体而言,当大量颗粒在流体中悬浮并发生相互碰撞时,以及当流体自身处于运动状态时,这些动态交互过程对沉积物沉速的影响被忽略。尽管这些简化处理使得模型更为简洁,但在实际应用中,对于涉及复杂流体动力环境的工程问题,可能需要进一步考虑这些被忽略的因素。尽管如此,在没有流体运动的情况下,这些简化模型仍为工程应用提供了有价值的参考,有助于快速估计和预测沉积物的运动特性。在后续研究中,可以进一步探讨这些简化模型的适用范围和局限性,以便更准确地模拟和预测复杂流体环境中的沉积物运动。

在动床模型中可以使用许多经验沉速关系,所有这些关系都应提供相似的结果。Hallermeier通过数据集,得到沉积物终末下降速度以及沉积物和流体的相关属性的试验值,建立经验表达式将沉沙下降速度雷诺数与沉入式浮力相关联:

$$\frac{\omega d_{50}}{\nu} = c_1(A)^{c_2} \tag{7-70}$$

$$A = \frac{\rho' g(d_{50})^3}{\nu^2} \tag{7-71}$$

式中,A 为沉积物颗粒浮力;ρ' 为浸没相对密度,$\rho' = (\rho_s - \rho)/\rho$;$\rho_s$ 为投降密度;ρ 为流体密度;ω 为粒度终端下降速度;d_{50} 为颗粒中等粒径;ν 为运动黏度;c_1、c_2 为经验常数。

Hallermeier 发现,试验数据最好用三个不同的表达式表示,它们在"浮力参数"的不同范围内有效。这些表达式表示为:

$$\frac{\omega d_{50}}{\nu} = \frac{A}{18} \quad (A < 39) \tag{7-72}$$

$$\frac{\omega d_{50}}{\nu} = \frac{(A)7/10}{6} \quad (39 < A < 10^4) \tag{7-73}$$

$$\frac{\omega d_{50}}{\nu} = 1.05(A)^{1/2} \quad (10^4 < A < 3 \times 10^6) \tag{7-74}$$

哈勒迈尔的无量纲方程很容易转换为相应的显式方程,用于沉积物沉降速度:

$$\omega = \frac{\rho' g(d_{50})^2}{18\nu} \quad (A < 39) \tag{7-75}$$

$$\omega = \frac{(\rho' g)^{7/10} d_{50}^{11/10}}{6(\nu)^{2/5}} \quad (39 < A < 10^4) \tag{7-76}$$

$$\omega = \frac{(\rho' g)^{1/2} (d_{50})^{1/2}}{0.91} \quad (10^4 < A < 3 \times 10^6) \tag{7-77}$$

正确使用哈勒迈尔关系[式(7-75)~式(7-77)]来确定沉积物颗粒的下降速度,首先需要确定A的值,然后使用适当的方程式求解沉积物的下降速度。任意一组方程式都可以与任何一致的单位一起使用,但是在用数值代替变量时应格外小心。例如,用于沉积物粒度的长度尺寸必须与用于重力和运动黏度的长度尺寸相同。

式(7-76)通常适用于淡水或盐水中d_{50}在0.13~1.0mm之间的石英砂。这些方程式是根据来自不同来源的大量数据集确定的,这为哈勒迈尔的关系提供了可信度。

7.5　试验案例

　　海底沉积物和水之间的相互作用诱发了不同的海底形态。多形态的海底影响着海面瞬时近床流动动力学和水力特征。当海床上的波纹波长约为表面的2/3时，就会发生布拉格共振反射。因此，周期性波动的海床会反射大部分入射波。在实际工程应用中，沙波纹的几何形状和发展对于海上风力涡轮机桩基础、海底电缆、沉管隧道和其他水下结构的冲刷和维护至关重要。实验室通常采用波浪水槽试验研究波纹波长和高度。Faraci和Foti分析了不规则波影响的波纹特性的演变，并观察到波纹迁移速度高达7mm/min。Cobos等证明了中反射条件下的波纹和沙洲动力学是同步的。流动迁移率参数已被证明具有以下形式：

$$\psi_w = u_w^2 / (s-1) g d_{50} \tag{7-78}$$

　　式中，s 为沉积物相对密度；u_w 为最大近床波轨道速度。此外，ψ_w 对河床形态有显著影响，反映了波的强度。最被接受的预测公式适用于 ψ_w 值小于30的相对规则的二维床型。Soulsby等对英格兰东海岸的现场观测表明，传统的小尺度公式可以准确地预测水流产生的波纹的性质。然而，对于波浪产生的波纹，该公式往往低估了波纹的波长和高度。因此，有必要修改几何预测公式，以准确预测更大 ψ_w 值的三维床面形态。为了解决以往对这类河床波纹预测的研究局限，开发了一个大尺度物理模型来研究大 ψ_w 值在不规则波浪作用下的影响。

7.5.1　试验概况

　　试验在交通运输部天津水运工程科学研究院大比尺波浪水槽中进行，试验段长度为55m，试验中使用的泥沙为非黏性砂。为消除作用于底波的边界效应，将核心试验段设在槽坑底部下方1~2m处，长度为15m，将上下游长度延长至22.5m，并将非黏性细沙深度增加0.3m，以保证在动床条件下的冲刷。试验段上方水深为2.08m。该造波机可产生最大波高3.5m、波周期范围2~10s的波浪。

　　在水槽中安装一根大的连接管，将水槽的上下游部分连接起来，确保两端的水位均匀上升。这种设置有效地防止了供水初期的单向冲刷现象。声学多普勒测速仪（ADV）分别位于距离水槽壁和底部0.7m和0.03m处，用于记录波浪的速度和方

向。使用5m范围和1mm精度的浪高仪(KENEK)测量试验场上游的波高。使用
Trimble CX激光扫描仪获取波纹形成的点云数据。扫描速度和宽度分别为54000
点/s和80m,视角为360°×300°。缓慢排水后对床型进行扫描。试验布置图如
图7-1所示。

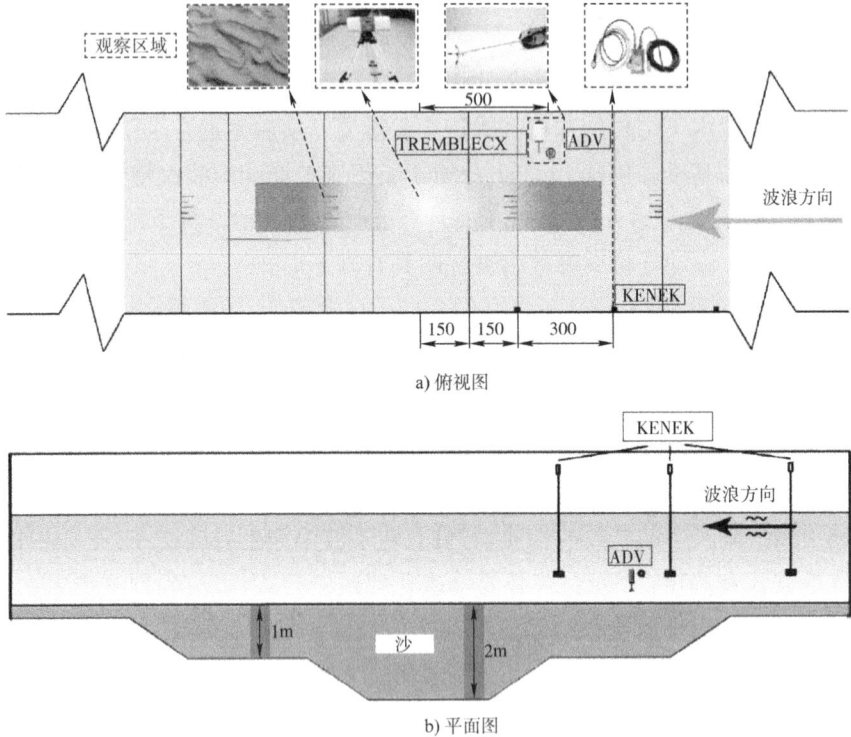

a) 俯视图

b) 平面图

图7-1 试验布置图(尺寸单位:cm)

7.5.2 试验方法

水槽的沙子粒度分布基本均匀,主要粒径为d_{50} = 0.09mm、d_{10} = 0.04mm、d_{84} =
0.16mm。浸没相对密度Δ= 1.64。试验基于ψ_w从小到大的数值,这样就覆盖了整
个波纹发展形态。为了避免破波,增加了周期和高度,导致ψ_w增大。表7-4列出了
5种不同波浪参数的情况。试验过程中,波浪不断冲刷床层。每次冲刷过程持续
4~5h,这使得波纹接近动态平衡。使用波浪计记录相关元素,并使用光谱分析
计算。

试验工况表   表7-4

工况	有效波高$H_{1/3}$（m）	有效周期$T_{1/3}$（s）	最大近床波轨道速度（m/s）	近床波浪运动幅度A_w（m）	流动迁移率ψ_w	特征
IW-1	0.42	2.54	0.19	0.08	22.3	直线形
IW-2	0.61	3.05	0.41	0.19	103.9	弯曲形
IW-3	0.67	3.07	0.47	0.23	136.6	交错形
IW-4	0.73	3.37	0.56	0.30	193.9	新月形
IW-5	0.88	3.73	0.73	0.43	329.2	平坦形

7.5.3　结果分析

7.5.3.1　海底形态演化分类

受弱波到强波作用的波纹床形（处于平衡阶段）呈现出从简单的二维到复杂的三维形状不等的形状。形态属性可以使用各种方法进行分类。Lefebvre通过计算滑块的存在及其三维属性，模拟了考虑流动的三维形态。形态类型的有效分类有助于准确评估海底演化。为了量化波纹图案的三维性质，在数值模拟中应用了皮尔逊相位相关系数法。尽管如此，相关系数对沙丘高度敏感，因此，ψ_w被认为是描述海床的合适参数。

当受到不同强度的波浪冲击时，床型经历两个发展阶段。首先，稳定的波纹几何形状ψ_w（通常小于10）发生变化。随后，到达片状流动阶段，其中波纹几何形状作为海底底部流动强度的函数而减小。在本书中，选择了不同的流动性参数进行设计，条件范围从沙粒到沙丘发育。图7-2描绘了从温和的二维形态到三维形态的演化过程。

在图7-2a)中，ψ_w=22.3时形成小波，平行波峰线呈轻微弯曲，整体垂直于波向。波纹高度沿波的传播方向变化。随着ψ_w的增加[图7-2b)、c)]，横向波纹的形成导致波峰间距、方向的改变，并逐渐形成了三维床型地形。床附近的能量维持波峰和波谷的稳定性，并从IW-1的一个方向向两个方向（波传播和横向）分散。因此，即使波的迁移率增加，形成波纹尺度的能力也会缓慢增长，甚至在一定程度上下降。波纹的双向生长有助于河床平面形状错开到一定角度，这可能是波纹特性的未来发展方向。

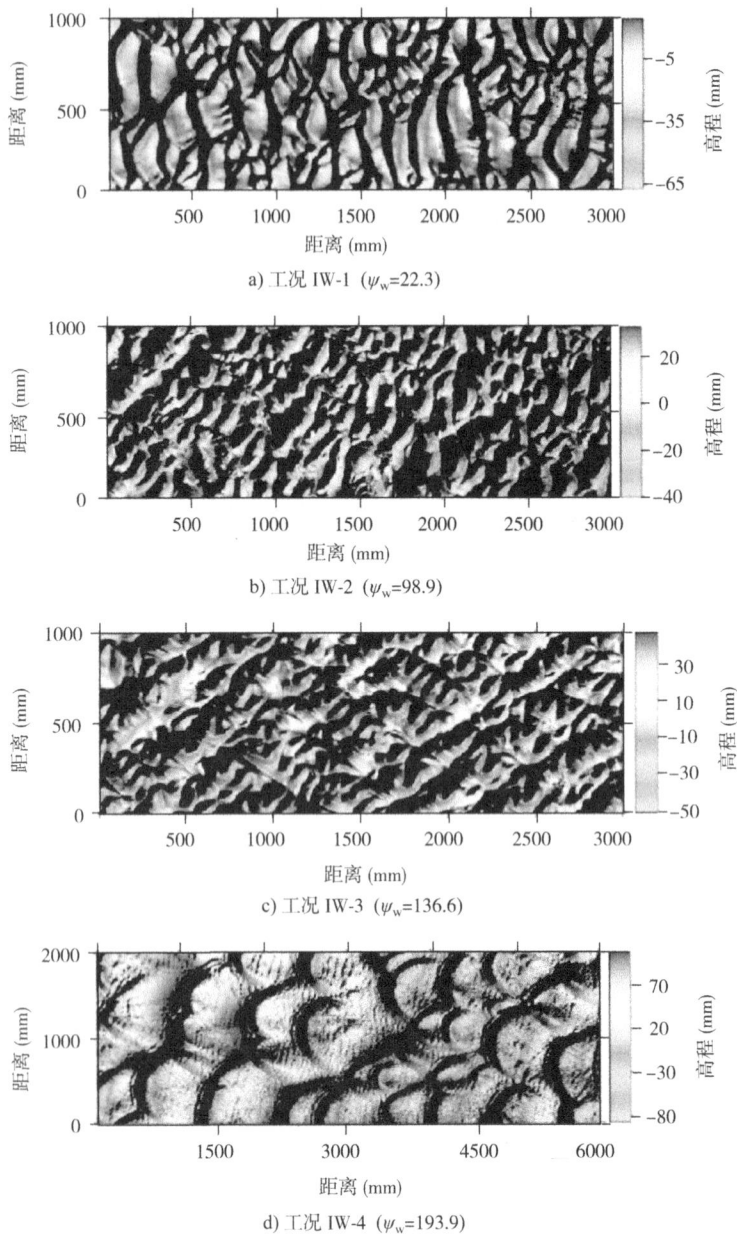

a) 工况 IW-1 (ψ_w=22.3)

b) 工况 IW-2 (ψ_w=98.9)

c) 工况 IW-3 (ψ_w=136.6)

d) 工况 IW-4 (ψ_w=193.9)

图 7-2

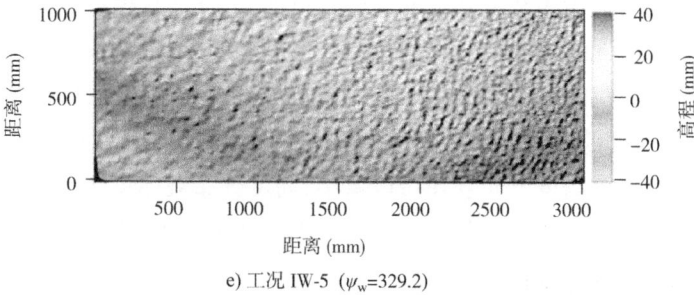

e) 工况 IW-5（ψ_w=329.2）

图7-2　床面形态随迁移率参数的演化

注:波的传播方向为从右向左。由于波峰的遮挡,黑色区域呈现光秃秃的点。

在图7-2d)中,随着ψ_w的增大,波纹减小,导致沙丘的初始生长。扫描区域的样条检查显示,沙丘形成不对称的新月形,具有陡升和平缓的坡度。由于缓慢的振动,在峰顶后面产生了一个庇护所,这使得微小的涟漪得以保存。随着波浪运动的增加,沙丘的尺度被延长为一种新型的床型,直到它最终在极端的波浪强度下变成一个沙丘。床型的详细视图显示了平坦的地形,如图7-2e)所示。

为了量化波纹形状三维程度,使用了一个离散随机变量。为了简化三维特征的评价,在纵向和横向上分别采用$S_{\bar{x}}$和$SS_{\bar{x}}$两个统计参数进行评价。

$$
\left\{
\begin{aligned}
S_{\bar{x}} &= \left[\frac{1}{n}\sum_{i=1}^{n}\left(\bar{x}_i - \bar{X}\right)^2\right]^{\frac{1}{2}} = \left[\frac{1}{n}\sum_{i=1}^{n}\left(\bar{x}_i - \frac{1}{n}\sum_{i=1}^{n}\bar{x}_i\right)^2\right]^{\frac{1}{2}} \\
SS_{\bar{x}} &= \left[\frac{1}{n}\sum_{i=1}^{n}\left(s_i - \bar{S}\right)^2\right]^{\frac{1}{2}} = \left[\frac{1}{n}\sum_{i=1}^{n}\left(s_i - \frac{1}{n}\sum_{i=1}^{n}s_i\right)^2\right]^{\frac{1}{2}}
\end{aligned}
\right.
\tag{7-79}
$$

式中,$\bar{x}_i$为波纹柱切片η_i的平均高度;s_i为η_i的标准差。$\bar{x}_i$和s_i的两个均方根值包含初级尺度信息,并为各种波纹切片计算。床型特征越相似,$S_{\bar{x}}$和$SS_{\bar{x}}$越小。三维特征量化结果如图7-3所示。

通过结合床型平面视图和床型三维形态参数图,在波纹期间观察到4种主要形态:直、弯、交错、月状和平坦。

7.5.3.2　波纹几何统计

不同波纹形态的几何统计量服从一定的分布规律。在计算相关的水动力因子时,不准确的波纹尺度可能会产生显著的变化。对统计结果的分析产生了测量数据的分布、测量数据的预测和不确定度分析。目前,数值波纹模拟往往依赖于基于公式的定值模拟,而通过模拟数据分布得到的结果可以更准确地近似自然情况。在不同的水流条件下,从轻微到强烈,随着波纹高度的降低,床型从波纹到沙丘都有变化。通过小波滤波方法获取波纹尺度(高度和长度)后,得到图7-4所示的统计结果。从图7-4的波纹高度分布规律可以看出,高度分布规律逐渐由正态型向指数型转变。与波纹长度分布相反,增大ψ_w,波纹高度更加分散。随着波强的增加,波纹尺度的不稳定性变得普遍。

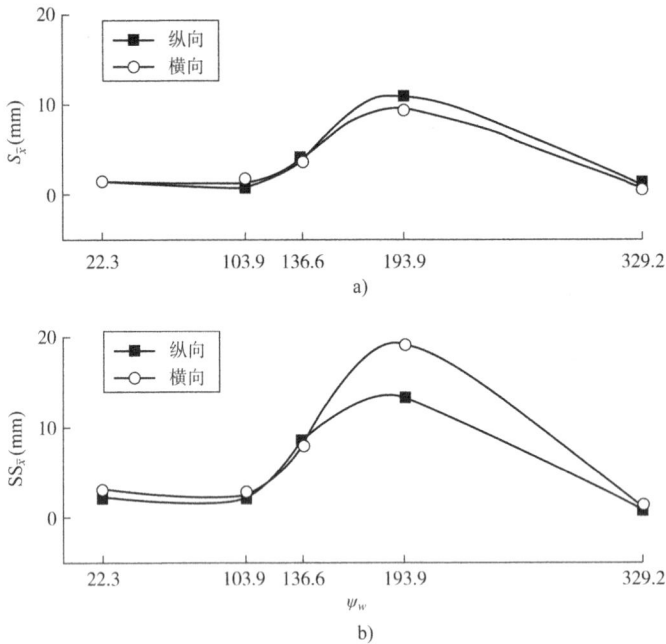

图7-3 关于ψ_w的三维特征参数(对应IW-1~IW-5)

7.5.3.3 波纹的预测

为了优化大尺度波纹的预测公式,可以使用测量数据拟合涉及η/A_w、η/λ和ψ_w的预测因子。在对这些典型预测因子进行分析后,得到了以下一般表达式:

$$\eta/A_w = k_1\psi_w^\alpha + C_1 \tag{7-80}$$

$$\eta/\lambda = k_2\psi_w^\beta + C_2 \tag{7-81}$$

式中,k_1、k_2、C_1、C_2、α、β为尺度系数。

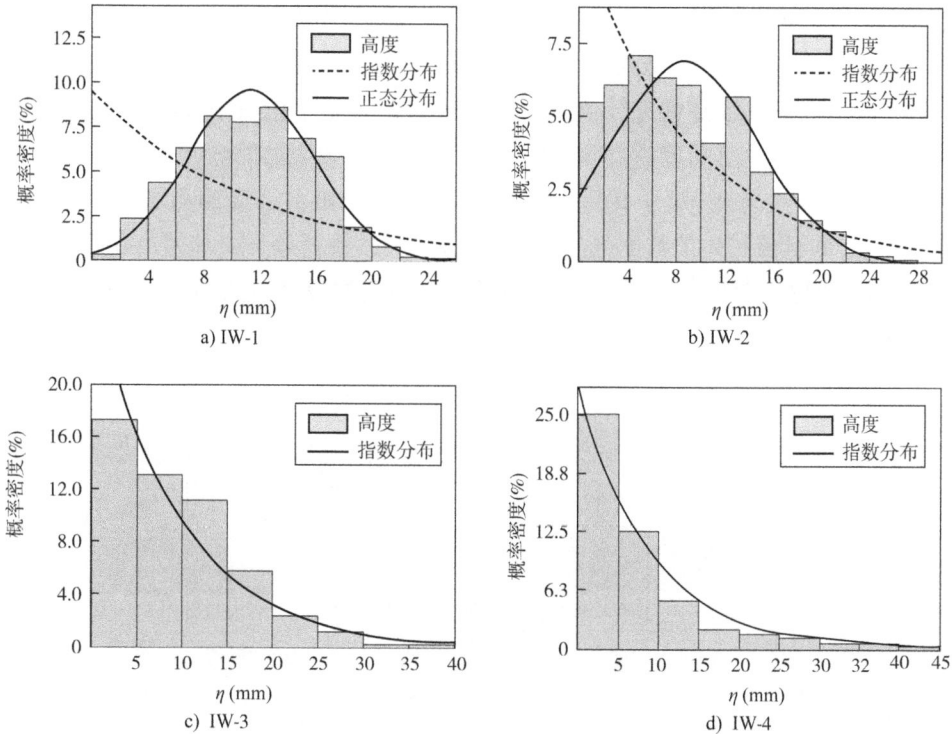

图7-4 波纹高度分布及概率密度函数

在大型水槽中弯曲波纹几何预测器的一般表达式的测量数据如图7-5所示。从图7-5的拟合结果来看,基于大波水槽的不规则波浪试验波纹几何预测公式可表示为:

$$\begin{cases} \eta/A_w = 0.6\psi_w^{-0.2} - 0.2 \\ \eta/\lambda = -3.9 \times 10^{-4}\psi_w + 0.1 \end{cases} \tag{7-82}$$

7.5.3.4 波纹形态分析

为了评估波纹数据的可重复性,图7-6、图7-7分别显示了经典尼尔森预测器、G&K预测器和测量数据的拟合曲线的比较。它们的尺度分别对应于小尺度水槽、港池和大尺度水槽。与以往研究人员的试验数据相比,波纹高度η/A_w和归一化波纹长度λ/A_w随着流动度参数ψ_w的增大而减小,这是由于波纹的冲刷作用。在图7-6中,当ψ_w超过100时,经典的尼尔森和G&K波纹几何预测器低估了η/A_w。当ψ_w较小时,本书的预测结果与现有试验数据和两个预测器的值吻合较好。与两个经典预测器相比,本书的预测结果在较大的波迁移率情况下存在一些差异。由于采用小波变换方法对波纹高度进行了优化,因此可以抑制更多的噪声波纹,而前人的方法则不能。虽然波纹高度的值和范围很小,但会导致较大的间隙,波纹长度 λ/A_w 和范围远大于波纹高度 η/A_w。因此,波纹长度的测量比波纹高度测量更准确。随着 ψ_w 的增加,测量值与先前数据之间的差异迅速增加,特别是当 ψ_w 超过100时。修正后的 G&K 和尼尔森预测器显示,随着试验尺度的增加,λ/A_w 也相应增加,这与 G&K 的结论一致。

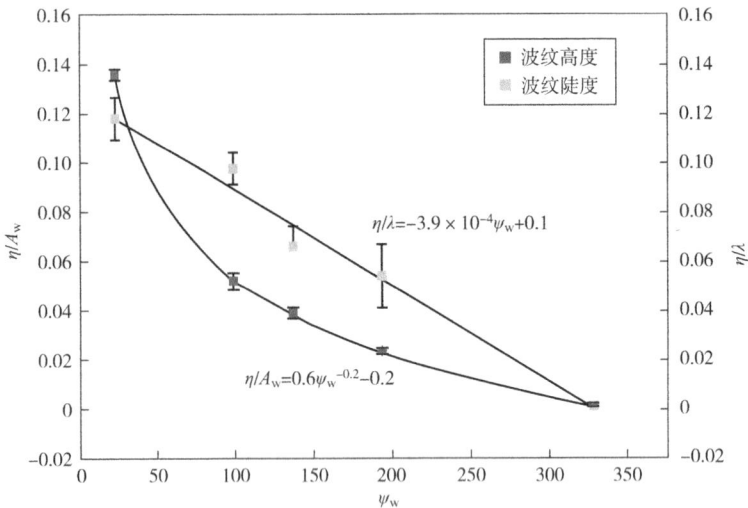

图7-5　波纹长度和高度拟合公式(每个点表示应用于至少1000个波纹计数的小波滤波方法获得的平均高度或长度)

7.5.4　试验结论

波纹在分析海底沉积物的特征和行为方面发挥着重要作用。提出的小波滤波方法用于处理4种波纹信号类型,并基于迁移率参数 ψ_w 对其进行分类,得到以下结论:

(1)随着大尺度水槽中流动性参数 ψ_w 值的增大,波纹呈现出不同的形态:直线、曲线、交错和月形。对波纹长度和高度的统计分析表明,波纹长度数据符合伽马和对数正态分布,而高度分布逐渐由正态分布向指数分布转变。此外,冲刷作用在波纹演化中占有重要的比重。

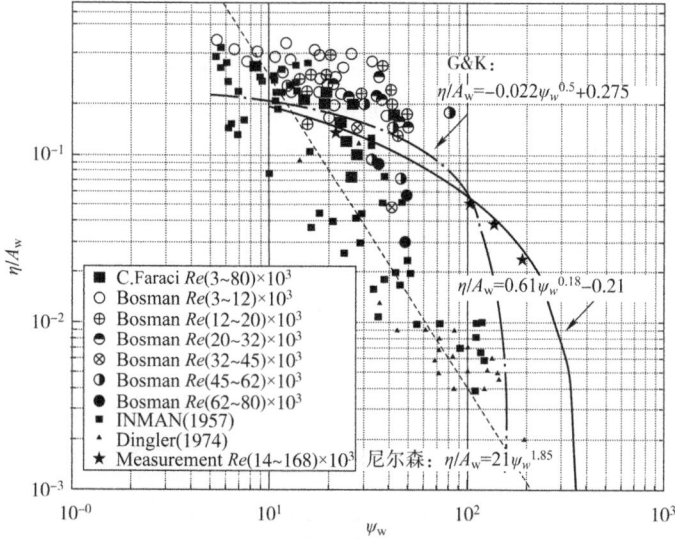

图7-6　归一化波纹高度 η/A_w 对 ψ_w 的散点图

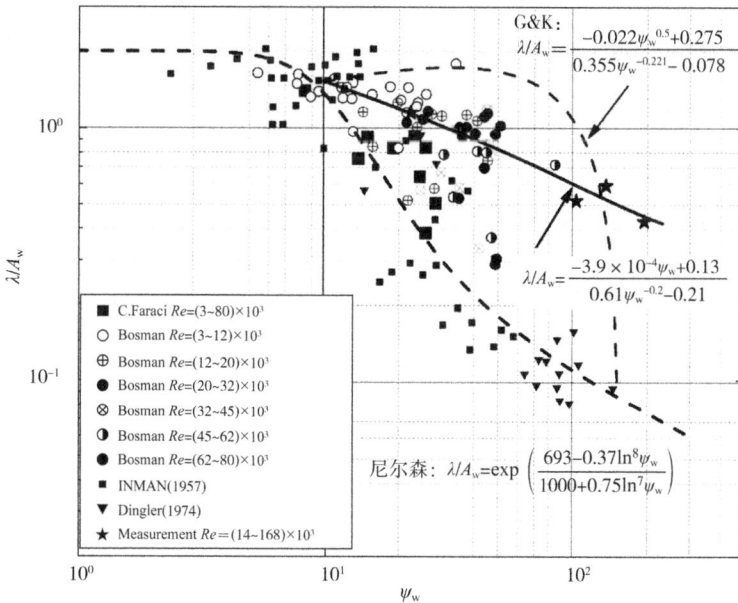

图7-7　归一化波纹长度 λ/A_w 对 ψ_w 的散点图

(2)建立了预测大尺度波纹几何尺度公式。测量了大量的数据,从小波纹到大尺度的河床形态都有。然而,预测器是基于有限的案例进行预测,因此必须在应用之前进行测试。尽管波纹几何预测器已经得到了广泛的研究,但对于不同尺度的沙丘,它们缺乏统一的预测方法。这主要是因为沙丘和沙洲在不同的水动力条件下进行了大量的重建,因此更大尺度的沙丘不会以类似于涟漪的方式进化。在未来,需要对波纹和沙丘进行更精确的分类。此外,还应从沙丘演化的角度,考虑对海底地层条件的探索。

参考文献

[1] 陈松贵,王泽明,张弛,等.珊瑚礁地形上直立式防浪堤越浪大水槽试验[J].科学通报,2019a,64 (Z2): 3049-3058.

[2] 陈伟民,付一钦,郭双喜,等.海洋柔性结构涡激振动的流固耦合机理和响应[J].力学进展,2017(47): 201702.

[3] 陈松贵,张华庆,陈汉宝,等.不规则波在筑堤珊瑚礁上传播的大水槽实验研究[J].海洋通报,2018,37(5):576-582.

[4] 陈松贵,郑金海,王泽明,等.珊瑚岛礁护岸对礁坪上极端波浪传播特性的影响[J].水利水运工程学报,2019b(6): 59-68.

[5] 段自豪,陈杰,蒋昌波,等.非恒定流作用下的推移质泥沙输移实验研究[J].中国科学: 技术科学, 2019, 49(11): 1372-1382.

[6] 黄祥鹿.船舶与海洋结构物运动的随机理论[M].上海:上海交通大学出版社,1994.

[7] 李远林.近海结构水动力学[M].广州:华南理工大学出版社,1999.

[8] 冯铁成,朱文蔚.船舶操纵与摇荡[M].北京:国防工业出版社,1989.

[9] 中华人民共和国交通运输部.防波堤与护岸设计规范:JTS 154—2018 [S].北京:人民交通出版社股份有限公司,2018.

[10] 中华人民共和国交通运输部.港口与航道水文规范:JTS 145-2—2015 [S].北京:人民交通出版社股份有限公司,2015.

[11] 顾懋祥.离举工程中的水动力学与实验问题[J].海洋工程,1983(1):10-16.

[12] 李曼.立管涡激振动模型试验中的尺度效应问题研究[D].上海:上海交通大学,2013.

[13] 刘应中,缪国平.船舶在波浪上的运动理论[M].上海:上海交通大学出版社,1986.

[14] 刘岳元,冯铁成,刘应中.水动力学基础[M].上海:上海交通大学出版社,1990.

[15] 孙意卿.海洋工程环境条件及其载荷[M].上海:上海交通大学出版社,1989.

[16] 盛振邦,刘应中.船舶原理(上下册)[M].上海:上海交通大学出版社,2003/2004.

[17] 中华人民共和国交通运输部.水运工程模拟试验技术规范:JTS/T 231—2021 [S].北京:人民交通出版社股份有限公司,2021.

[18] 台兵,马玉祥,杨思宇,等.破碎波冲击直立桩柱的大比尺试验研究[J].海洋学报(中文版),2021(10):43.

[19] 陶尧森.船舶耐波性[M].上海:上海交通大学出版社,1985.

[20] 王卫,王百智,陈松贵,等.海上风电单桩胶结抛石体防冲刷措施模型试验研究[J].清华大学学报(自然科学版),2022(3):1-7.

[21] 向琪芪,李亚东,魏凯,等.桥梁基础冲刷研究综述[J].西南交通大学学报,2019,54(2):235-248.

[22] 叶剑红,何坤鹏,单继鹏.中国南海岛礁护岸防波堤在波浪冲击作用下稳定性试验研究[J].爆破,2019,36(4):13-23.

[23] 严似松.海洋工程导论[M].上海:上海交通大学出版社,1987.

[24] 郑金海,时健,陈松贵.珊瑚岛礁海岸多尺度波流运动特性研究新进展[J].热带海洋学报,2021,40(3):44-56.

[25] 张火明.基于等效水深截断的混合模型试验方法研究[D].上海:上海交通大学,2005.

[26] 左其华.水波相似与模拟[M].北京:海洋出版社,2006.

[27] BLENKINSOPP C E, BAYLE P M, CONLEY D C, et al. High-resolution, large-scale laboratory measurements of a sandy beach and dynamic cobble berm revetment[J]. Scientific Data, 2021, 8(1):22.

[28] CHEN S, GONG E, ZHAO X, et al. Large-scale experimental study on scour around offshore wind monopiles under irregular waves[J]. Water Science and Engineering, 2022, 15(1):40-46.

[29] CHEN S, XIAO T, ZHANG J, et al. Large-scale physical experimental study on the evolution of 3D bedform by irregular waves[J]. Ocean Engineering, 2023(288):115992.

[30] COBOS M, CHIAPPONI L, LONGO S, et al. Ripple and sandbar dynamics under mid-reflecting conditions with a porous vertical breakwater[J]. Coastal Engineer-

ing,2017(125): 95-118.

[31] DEAN R G. Heuristic models of sand transport in the surf zone[C]//First Australian Conference on Coastal Engineering, 1973: Engineering Dynamics of the Coastal Zone. Sydney, NSW: Institution of Engineers, Australia, 1973: 215-221.

[32] FARACI C, FOTI E. Geometry, migration and evolution of small-scale bedforms generated by regular and irregular waves[J]. Coastal Engineering, 2002, 47(1): 35-52.

[33] FROMANT G, HURTHER D, ZANDEN V D, et al. Wave boundary layer hydrodynamics and sheet flow properties under large-scale plunging-type breaking waves [J]. Journal of geophysical research: Oceans,2019,124(1):75-98.

[34] GENDRON B C, CHOUAER M A, SANTERRE R, et al. Wave measurements with a modified HydroBall® buoy using different GNSS processing strategies[J]. Geomatica,2019,73(1):1-14.

[35] GAO J, MA X, DONG G, et al. Investigation on the effects of Bragg reflection on harbor oscillations[J]. Coastal Engineering,2021(170): 103977.

[36] GRASMEIJER B T, KLEINHANS M G. Observed and predicted bed forms and their effect on suspended sand concentrations[J]. Coastal Engineering,2004,51(5-6): 351-371.

[37] HOFLAND B, KAMINSKI M L, WOLTERS G. Large scale wave impacts on a vertical wall[J]. Coastal Engineering Proc,2010(1):32.

[38] JIN R, JIANG Y, SHEN W, et al. Coupled dynamic response of a tension leg platform system under waves and flow at different heading angles: An experimental study[J]. Applied Ocean Research,2021(115):102848.

[39] KAMPHUIS J W. Practical scaling of coastal models [M]. Coastal Engineering, 1974(5): 2086-2101.

[40] KAMPHUIS J W. Physical modeling[J]. Handbook of coastal and ocean engineering,1991(2): 1049-1066.

[41] LI Y, ZHANG C, CHI S H, et al. Numerical test of scale relations for modelling coastal sandbar migration and inspiration to physical model design[J]. Journal of Hydrodynamics,2022,34(4):700-711.

[42] LEFEBVRE A. Three-dimensional flow above river bedforms: Insights from numerical modeling of a natural dune field (Río Paraná, Argentina)[J]. Journal of Geophysical Research: Earth Surface, 2019, 124(8): 2241-2264.

[43] NELSON T R, VOULGARIS G, TRAYKOVSKI P. Predicting wave-induced ripple equilibrium geometry[J]. Journal of Geophysical Research: Oceans, 2013, 118(6): 3202-3220.

[44] NODA E K. Equilibrium beach profile scale-model relationship[J]. Journal of the Waterways, Harbors and Coastal Engineering Division, 1972, 98(4): 511-528.

[45] OUMERACI H. More than 20 years of experience using the Large Wave Flume (GWK): Selected research projects[J]. Die Küste, 2010(77): 179-239.

[46] RAVINDAR R, SRIRAM V, SCHIMMELS S, et al. Large-scale and small-scale effects in wave breaking interaction on vertical wall attached with large recurve parapet[J]. Coastal Engineering Proceedings, 2020 (36v): 22.

[47] SOULSBY R L, WHITEHOUSE R J S, MARTEN K V. Prediction of time-evolving sand ripples in shelf seas[J]. Continental Shelf Research, 2012(38): 47-62.

[48] SCHIMMELS S, SRIRAM V, DIDENKULOVA I, et al. On the generation of tsunami in a large scale wave flume[J]. Coastal Engineering Proceedings, 2014, 1 (34): 14.

[49] VAN G, MARCEL R. The New Delta Flume for Large-Scale Physical Model Testing. In Proceedings of the 36th IAHR World Congress[C]//The Hague, the Netherlands, 2015.

[50] WENNEKER I, HOFFMANN R, HOFLAND B. Wave generation and wave measurements in the new delta flume[C]//6th international conference on the application of physical modelling in coastal and port engineering and science, 2016.

[51] WANG D, YUAN J. Geometric characteristics of coarse-sand ripples generated by oscillatory flows: a full-scale experimental study[J]. Coastal Engineering, 2019 (147): 159-174.

[52] WANG W, YAN J, CHEN S, et al. Gridded cemented riprap for scour protection around monopile in the marine environment[J]. Ocean Engineering, 2023(272): 113876.

[53] YOSHII T, TANAKA S, MATSUYAMA M. Tsunami deposits in a super-large wave flume[J]. Marine Geology, 2017(391): 98-107.

[54] YANG R Y, WANG C W, HUANG C C, et al. The 1: 20 scaled hydraulic model test and field experiment of barge-type floating offshore wind turbine system [J]. Ocean Engineering, 2022(247): 110486.

[55] ZHANG H, GENG B. Introduction of the world largest wave flume constructed by TIWTE[J]. Procedia engineering, 2015(116): 905-911.

[56] ZHANG F, CHEN X, FENG T, et al. Experimental study of grouting protection against local scouring of monopile foundations for offshore wind turbines [J]. Ocean Engineering, 2022(258): 111798.